EUL VERLAG

Konzeption und prototypische Implementierung eines entscheidungsunterstützenden IT-Systems für den Einsatz cyber-physischer Produktionssysteme

Von der Fakultät 10 – Wirtschafts- und Sozialwissenschaften der Universität Stuttgart
zur Erlangung der Würde eines
Doktors der Wirtschafts- und Sozialwissenschaften (Dr. rer. pol.)
genehmigte Abhandlung

Vorgelegt von

Jens Felix Lachenmaier

aus Böblingen

Hauptberichter: Prof. Dr. Hans-Georg Kemper

Mitberichter: Prof. Dr. Georg Herzwurm

Tag der mündlichen Prüfung: 11. April 2019

Betriebswirtschaftliches Institut der Universität Stuttgart

2019

Reihe: Wirtschaftsinformatik · Band 93

Herausgegeben von Prof. Dr. Dietrich Seibt, Köln, Prof. Dr. Hans-Georg Kemper, Stuttgart, Prof. Dr. Georg Herzwurm, Stuttgart, Prof. Dr. Dirk Stelzer, Ilmenau, und Prof. Dr. Detlef Schoder, Köln

Dr. Jens Felix Lachenmaier

Konzeption und prototypische Implementierung eines entscheidungsunterstützenden IT-Systems für den Einsatz cyber-physischer Produktionssysteme

Mit einem Geleitwort von Prof. Dr. Hans-Georg Kemper, Universität Stuttgart

EUL VERLAG

Bibliografische Information der Deutschen Nationalbibliothek

Die Deutsche Nationalbibliothek verzeichnet diese Publikation in der Deutschen Nationalbibliografie; detaillierte bibliografische Daten sind im Internet über <http://dnb.d-nb.de> abrufbar.

Dissertation, Universität Stuttgart, 2019

D 93

ISBN 978-3-8441-0586-5
1. Auflage Juni 2019

JOSEF EUL VERLAG GmbH
Zeithstr. 356
53721 Siegburg
Tel.: 0 22 05 / 90 10 6-80
Fax: 0 22 05 / 90 10 6-88
E-Mail: info@eul-verlag.de
https://www.eul-verlag.de

Bei der Herstellung unserer Bücher möchten wir die Umwelt schonen. Dieses Buch ist daher auf säurefreiem, 100% chlorfrei gebleichtem, alterungsbeständigem Papier nach DIN 6738 gedruckt.

Geleitwort

Die industrielle Produktion – eine der tragenden Säulen der deutschen Wirtschaft – steht unter erheblichem Veränderungsdruck. Der Wandel von Verkäufer- zu Käufermärkten, die Globalisierung und die wachsende Konkurrenz durch die auf den Weltmarkt drängenden Schwellenländer stellen die Produktion der führenden Industriestaaten vor neue Herausforderungen. Ressourcenproduktivität, Produktdifferenzierung und Time-to-Market sind bedeutende kritische Erfolgsfaktoren geworden und verlangen nach innovativen Strukturen in der Fertigung. Das Konzept „cyber-physischer Produktionssysteme – CPPS“ ist in diesem Zusammenhang einer der wichtigsten Ansätze, die im Kontext des Zukunftsprojekts „Industrie 4.0“ der High-Tech-Strategie 2020 der Bundesregierung diskutiert werden. Aufgrund ihrer umfassenden digitalen Vernetzung sind sie in der Lage, auf Daten, Dienste und Prozesse anderer Systeme zuzugreifen bzw. ihre eigenen diesen zur Verfügung zu stellen. Es liegt auf der Hand, dass der CPPS-Einsatz traditionelle Formen der Produktion gravierend verändert und somit auch erhebliche Auswirkungen auf die notwendige Informationsversorgung der zuständigen Mitarbeiter festzustellen sind.

In diesem Themengebiet ist die Arbeit von Herrn Jens Lachenmaier angesiedelt. Sie beschäftigt sich mit entscheidungsunterstützenden IT-Systemen, auf deren Basis Aufgabenträger in der Prozess- und Produktionsplanung (PPP) in innovativen Produktionsumgebungen mit relevanten Informationen versorgt werden können. Hierfür erhebt Herr Lachenmaier auf der Grundlage empirischer Explorationen und einer Fallstudie die erforderlichen Requirements und entwickelt ein imposantes unternehmensunabhängiges Rahmenkonzept. Die anschließende prototypische Umsetzung und die Evaluation auf der Basis umfangreicher Szenarien runden die gelungene Arbeit ab und dokumentieren eindrucksvoll die Anwendbarkeit des Ansatzes.

Stuttgart, im Mai 2019 Prof. Dr. Hans-Georg Kemper

Vorwort

Die vorliegende Arbeit[1] entstand im Rahmen meiner Tätigkeit am Lehrstuhl für Allgemeine Betriebswirtschaftslehre und Wirtschaftsinformatik 1 (Business Intelligence) der Universität Stuttgart von 2011 bis 2019. Gefördert wurde die Tätigkeit zeitweise vom Bundesministerium für Bildung und Forschung im Rahmen des Projekts „Validierung eines Konzepts zur multidimensionalen Analyse Digitaler Produktmodelle in Business-Intelligence-Infrastrukturen (DIPRO-BI)“.

Mein Dank gilt meinem Doktorvater Prof. Dr. Hans-Georg Kemper, der diese Arbeit betreut und mit vielen Denkanstößen bereichert hat. Ebenso danke ich dem Mitberichter Prof. Dr. Georg Herzwurm für die Erstellung des Gutachtens und Herrn Prof. Dr. Burkhard Pedell für die Übernahme des Prüfungsvorsitzes.

Des Weiteren geht mein Dank an die zahlreichen Interviewpartner aus den verschiedenen Unternehmen, die mir ihre wertvolle Zeit zur Verfügung gestellt haben und ohne die eine praxisorientierte Arbeit nicht möglich wäre.

Ich möchte auch meinen Kolleginnen und Kollegen danken, die stets für kritische Diskussionen bereitstanden. Namentlich sind dies: Dr. Henning Baars, Julian Ereth, Clemens Haußmann, Sven Herzberg, Dr. Philip Hollstein, Dr. Margarete Koch, Prof. Dr. Heiner Lasi, Michelle Moisa, Dominik Morar, Kathrin Pfähler, Dr. Xuanpu Sun und Dr. Michael Zimmer. Insbesondere Herr Lasi hat zum Gelingen dieser Arbeit durch gute Ratschläge beigetragen. Frau Viola Koppetzki danke ich für die Unterstützung bei begleitenden Verwaltungstätigkeiten. Auch den studentischen und wissenschaftlichen Hilfskräften des Lehrstuhls gebührt Dank für ihre Tätigkeit – vor allem Florian Dilger, Birgit Herrmann und Sana Herzog haben zu dieser Arbeit beigetragen.

Dem Josef Eul Verlag danke ich für die professionelle Betreuung und die Unterstützung bei der Drucklegung.

Meinen guten Freunden Andre, Florian, Markus, Sebastian und Stefan danke ich für ihre Ermutigungen und ihr Interesse an meiner Arbeit.

[1] Da im Rahmen der Arbeit Softwarelösungen der Microsoft Corporation eingesetzt werden, ergeht folgender Hinweis: This is an independent publication and is neither affiliated with, nor authorized, sponsored, or approved by, Microsoft Corporation. Screenshots mit Genehmigung von Microsoft.

Meinen Eltern möchte ich für Ihre Unterstützung danken; insbesondere meine Mutter hat durch unermüdliches Korrekturlesen der Arbeit deren sprachliche Qualität und Lesbarkeit immens gesteigert. Meinem Vater danke ich für die Hinweise aus technischer Sicht und seine motivierenden Worte.

Mein persönlicher Dank richtet sich vor allem an meine Familie, die mir am meisten bedeutet - meine Frau Maike sowie unsere Töchter Sophie und Lotta. Sie haben es mir mit Liebe, Geduld und viel Verständnis ermöglicht, diese Arbeit, die mich häufig in Anspruch nahm, fertigzustellen und haben nie an mir gezweifelt. Danke, dass ihr da seid und mein Leben so vielfältig bereichert!

Stuttgart, im April 2019 Jens F. Lachenmaier

Inhaltsübersicht

Inhaltsverzeichnis

Abbildungsverzeichnis

Tabellenverzeichnis

Abkürzungsverzeichnis

ADAPT	Application Design for Analytical Processing Technologies
ARIS	Architektur integrierter Informationssysteme
AutomationML	Automation Markup Language
BI	Business Intelligence
BIA	Business Intelligence & Analytics
BMBF	Bundesministerium für Bildung und Forschung
BPMN 2.0	Business Process Model and Notation 2.0.2
CAD	Computer Aided Design
CAE	Computer Aided Engineering
CAM	Computer Aided Manufacturing
CAP	Computer Aided Planning
CAPP	Computer Aided Process Planning
CAx	Computer-Aided-Everything
CPPS	Cyber-physisches Produktionssystem
CPS	Cyber-physisches System
DIPRO-BI	Validierung eines Konzepts zur multidimensionalen Analyse Digitaler Produktmodelle in Business-Intelligence-Infrastrukturen (Forschungsprojekt)
DWH	Data Warehouse
ERM	Entity-Relationship-Modell
ERP	Enterprise-Resource-Planning
IS	Informationssystem

JT	Jupiter Tesselation
MES	Manufacturing Execution System
MES4.0	Manufacturing Execution System im Kontext cyber-physischer Produktionssysteme
NC	Numeric Control
OEE	Overall Equipment Efficiency
OLAP	Online Analytical Processing
PPP	Prozess- und Produktionsplanung
PPS	Produktionsplanung und -steuerung
RAMI4.0	Referenzarchitekturmodell Industrie 4.0
RFID	Radio-Frequency Identification
SQL	Structured Query Language
STEP	Standard for the Exchange of Product Model Data
WI	Wirtschaftsinformatik
XML	Extensible Markup Language
XSLT	Extensible Stylesheet Language Transformation

Zusammenfassung

Die sogenannte vierte industrielle Revolution, auch als Industrie 4.0 bezeichnet, basiert auf der Entwicklung und Nutzung cyber-physischer Produktionssysteme (CPPS) in Industrieunternehmen. Was 2011 mit der technischen Innovation der cyber-physischen Systeme im Produktionseinsatz begann, hat mittlerweile Auswirkungen, die weit über den Produktionsbereich von Industrieunternehmen hinausgehen. Durch CPPS und ihre Komponenten ergeben sich Gestaltungspotenziale, die von den Unternehmen vielfältig genutzt werden. Mittlerweile beschäftigen sich neben der Produktion auch andere Unternehmensbereiche mit CPPS und ihren Möglichkeiten. So folgen nun zunehmend die betriebswirtschaftliche Auseinandersetzung mit dem Thema sowie die Entwicklung geeigneter Konzepte zur Ausschöpfung der Potenziale.

Die vorliegende Arbeit fokussiert die Prozess- und Produktionsplanung (PPP). Diese soll einen zuverlässigen und gleichzeitig flexiblen Ablauf der Produktion mit CPPS sicherstellen. Im Laufe der Arbeit wird analysiert, wie die Planung gestaltet werden kann, um die Potenziale zu nutzen, die sich aus den CPPS ergeben. Dazu wird zunächst über eine Interviewreihe die etablierte Prozess- und Produktionsplanung empirisch untersucht, um diese der Planung im Umfeld cyber-physischer Produktionssysteme gegenüberzustellen. Die Eigenschaften cyber-physischer Produktionssysteme werden mittels einer Case Study zu einer cyber-physischen Motorblockfertigung exploriert und über die Untersuchung zweier weiterer cyber-physischer Produktionssysteme ergänzt. Als Ergebnis der Empirie werden die notwendigen Veränderungen auf Seiten der Prozess- und Produktionsplanung identifiziert.

Im Anschluss daran werden auf Basis der gestaltungsorientierten Wirtschaftsinformatik Anforderungen an die Informationsversorgung der Aufgabenträger in der Prozess- und Produktionsplanung für CPPS erhoben. Dazu gehören funktionale Anforderungen sowie der Informationsbedarf der Aufgabenträger, bestehend aus Informationsart und -güte. Ein entsprechendes Konzept für die Entscheidungsunterstützung, das den Informationsbedarf deckt und die Anforderungen erfüllt, wird entwickelt und evaluiert.

Hauptartefakt der Arbeit ist ein fachliches Konzept zur Entscheidungsunterstützung in der Prozess- und Produktionsplanung. Das Konzept umfasst die erforderlichen Extraktions-, Transformations- und Ladeprozesse aus Computer-Aided-Design-Systemen, die semantischen Datenmodelle zur Datenhaltung, eine Hub-and-Spoke-Architektur sowie Analysesysteme.

Zur Evaluation des Konzepts wird zunächst eine prototypische Implementierung unter Verwendung des Microsoft SQL Servers durchgeführt. Darauf basierend wird das Konzept mit Anwendern und Anbietern von CPPS-Komponenten zum Nachweis der Relevanz, der Originalität und der Übertragbarkeit der Lösung diskutiert.

Die Arbeit schließt mit einer kritischen Diskussion der Limitationen und einem Ausblick bezogen auf die Forschung und den Unternehmenskontext.

Abstract

The so-called fourth industrial revolution, which is also known as "Industry 4.0" in Germany, is based on the development and usage of cyber-physical production systems (CPPS) in industrial enterprises. What started in 2011 as a technical innovation on the shop floor has extensive implications beyond manufacturing, which have become obvious over the past years. This concerns other functions within companies, their business models, as well as other research disciplines besides engineering. Therefore, Industry 4.0 is increasingly discussed in the economic sciences and the development of appropriate concepts and solutions that tap the full potential of CPPS is promoted in engineering, information systems, software engineering and others.

This dissertation focuses on process and production planning. Planning is directly linked to the introduction of cyber-physical systems to production environments. In the course of this thesis, managerial tasks are identified that fit CPPS. For this purpose, a first series of interviews is conducted to explore process and production planning before the introduction of a CPPS. Afterwards, an in-depth case within combustion engine manufacturing is studied thoroughly and extended through assessments of additional CPPS to analyse the corresponding changes in process and production planning.

Subsequently, information and functional requirements are collected, assessed and listed. Based on the requirements, a concept for decision support during production and process planning is developed and evaluated based on the principles of design-oriented information systems research and design science research. This concept, including the associated extraction, transformation and loading processes from Computer Aided Design Systems, as well as the semantic and logical data models for data storage and analytics, is the main result of this thesis.

For the purpose of evaluation, the concept is implemented as a prototype using Microsoft SQL Server. The prototype is used in a second series of discussions with domain experts about the relevance, originality, and transferability of the concept.

The thesis ends with a critical assessment of the limitations of the work and an outlook on future research as well as practical implications for CPPS users and suppliers.

1. Einführung in die Thematik und Relevanz der Arbeit

Im ersten Kapitel wird das Umfeld der Arbeit vorgestellt und die Relevanz verdeutlicht. Dann wird die Problemstellung analysiert, die im Folgenden adressiert wird. Im Anschluss daran wird anhand einer Literaturanalyse die Forschungslücke aufgezeigt. Zudem wird das Vorgehen erläutert (siehe Abbildung 1). Dazu gehört die Abgrenzung der Zielsetzung, die Festlegung der Forschungsfrage sowie die Erstellung des Bezugsrahmens und des Forschungsdesigns.

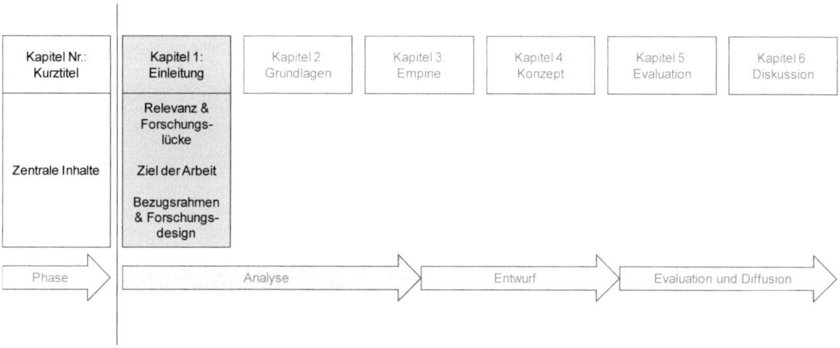

Abbildung 1: Einordnung von Kapitel 1 in den Gang der Arbeit[2]

1.1 Eingrenzung des Umfelds der Arbeit

Produzierende Unternehmen sind für die deutsche Wirtschaft von großer Bedeutung. Als umsatzstärkster Sektor trägt das verarbeitende Gewerbe mit knapp 23 % der Bruttowertschöpfung zum Bruttoinlandsprodukt Deutschlands bei und über 17 % aller Erwerbstätigen sind in diesem Wirtschaftsabschnitt beschäftigt.[3] Damit erzielen deutsche Industrieunternehmen im europäischen Vergleich die höchste wirtschaftliche Leistung.[4] Gleichzeitig stellen sie mit Abstand die meisten Exportgüter her und sichern damit ein Viertel der Arbeitsplätze im Land.[5] Innerhalb des Industriezweigs gehören Maschinenbauunternehmen und Automobilhersteller sowie deren Zulieferer zu den

[2] Eigene Darstellung.
[3] Vgl. Statistisches Bundesamt (Destatis) (Hrsg., 2018), S. 334, S. 359, S. 521 und S. 553.
[4] Vgl. Statistisches Bundesamt (Destatis) (Hrsg., 2017a), S. 684.
[5] Vgl. Statistisches Bundesamt (Destatis) (Hrsg., 2018), S. 436 und S. 680; Statistisches Bundesamt (Destatis) (Hrsg., 2017b), S. 5 und S. 15.

größten Arbeitgebern und Exporteuren.[6] Diese Branchen werden daher von der vorliegenden Arbeit adressiert.

Industrieunternehmen stehen jedoch vor immensen Herausforderungen. Laut einer Studie, an der über 270 deutsche Industrieunternehmen teilnahmen, sind die bedeutendsten darunter der hohe Kosten- und Leistungsdruck durch nationalen und internationalen Wettbewerb sowie die zunehmende Nachfrage nach kundenindividuellen Produkten.[7] Beide Aspekte haben einen direkten Einfluss auf die Ausgestaltung der Produktion und sind im weiteren Verlauf der Arbeit relevant.

Um die Wettbewerbsfähigkeit der Industrieunternehmen zu erhalten bzw. zu steigern und um den genannten Herausforderungen zu begegnen, rief die Bundesregierung in den Jahren 2011/2012 die Forschungsinitiative „Industrie 4.0“ im Rahmen der Hightech-Strategie 2020 ins Leben.[8] Die unter diesem Begriff thematisierte vierte industrielle Revolution basiert auf cyber-physischen Systemen[9], deren Entwicklung und Einsatz in der Produktion gefördert wird.[10]

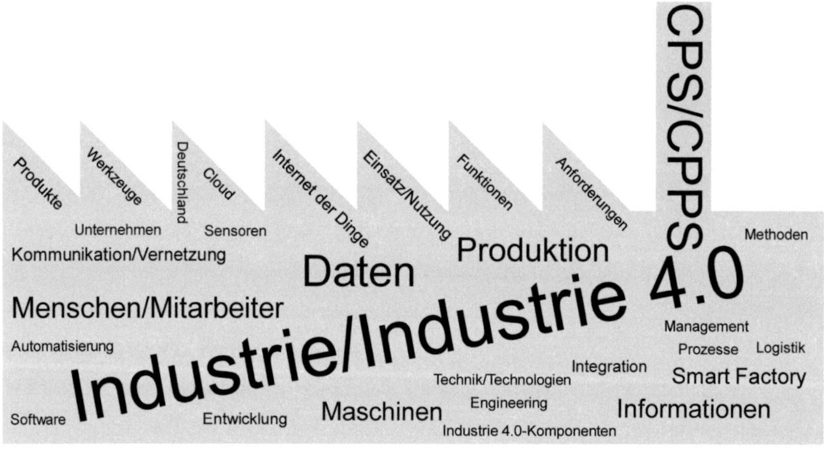

Abbildung 2: Tag-Cloud zu den Schwerpunkten von Industrie 4.0[11]

[6] Vgl. Statistisches Bundesamt (Destatis) (Hrsg., 2018), S. 549 und S. 552-553.
[7] Vgl. Haußmann u.a. (2014), S. 7.
[8] Vgl. Bundesministerium für Bildung und Forschung (Hrsg., 2018), S. 15-18.
[9] Cyber-physische Systeme werden im Kapitel 2.2. definiert.
[10] Cyber-physische Systeme werden auch in Medizin, Energiewirtschaft oder Logistik eingesetzt. Vgl. Grace et al. (2014), pp. 293-294; Törngren et al. (2017), pp. 7-10; Zhen and Hu (2014), pp. 233-234.
[11] Eigene Darstellung. Wortzählung von http://www.wortwolken.com; Inhaltliche Basis ist Bitkom e.V. u.a. (Hrsg., 2015); Kagermann u.a. (Hrsg., 2013); Reinhard (Hrsg., 2017); Vogel-Heuser u.a. (Hrsg.,

Der Begriff „Industrie 4.0“ wird in der Praxis bislang unterschiedlich verwendet.[12] In der wissenschaftlichen Auseinandersetzung ist der Begriff jedoch im Kern von den meisten Autoren an cyber-physische Produktionssysteme (CPPS) gekoppelt, die im Fokus dieser Arbeit stehen. Dies wird durch eine Analyse der Worthäufigkeiten in zentralen Publikationen zu Industrie 4.0 bestätigt (siehe Abbildung 2). Im nächsten Abschnitt werden daher die Begriffe Produktionssystem und CPPS definiert.

Ein Produktionssystem umfasst als ganzheitliches Organisationskonzept das Leistungssystem sowie das Managementsystem (siehe Abbildung 3).[13]

- Leistungssystem: Zum Leistungssystem gehören dabei neben den Maschinen auch die Transformationsprozesse und die Mitarbeiter.[14]
- Managementsystem: Das Managementsystem verwendet Informationen von innerhalb und außerhalb des Produktionssystems, um die Organisation des Leistungssystems zu planen, zu steuern und zu kontrollieren.[15]

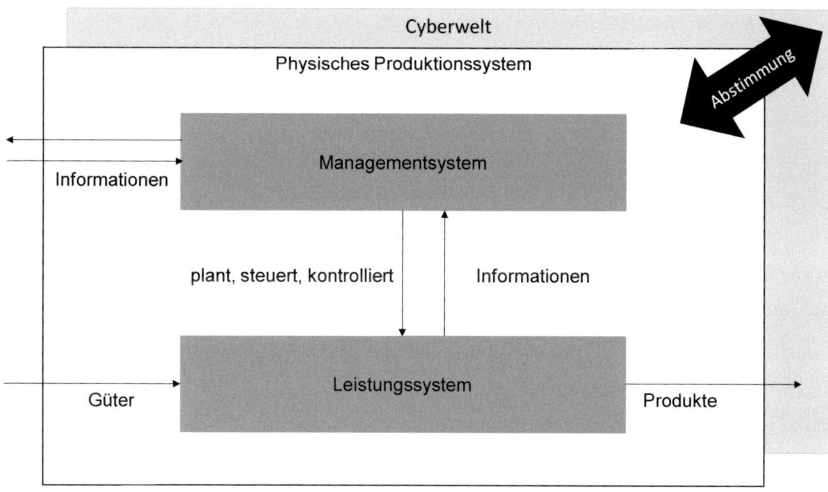

Abbildung 3: Bestandteile eines cyber-physischen Produktionssystems[16]

2017a); Vogel-Heuser u.a. (Hrsg., 2017b); Vogel-Heuser u.a. (Hrsg., 2017c) und Vogel-Heuser u.a. (Hrsg., 2017d). Der Autor hat Synonyme zusammengefasst sowie Füll- und Bindewörter entfernt.

[12] Vgl. Haußmann u.a. (2014), S. 8; Kagermann u.a. (Hrsg., 2016), S. 19.

[13] Vgl. Dyckhoff und Spengler (2010), S. 6-7.

[14] Vgl. Hummel u.a. (2009), S. 34; Schuh und Schmidt (2014), S. 3-4; Westkämper und Löffler (2016), S. 108.

[15] Vgl. Dyckhoff und Spengler (2010), S. 7.

[16] Eigene Abbildung in Anlehnung an Dyckhoff und Spengler (2010), S. 7.

Ein cyber-physisches Produktionssystem verfügt neben den angeführten physischen Bestandteilen des Systems über eine digitale Repräsentation in der Cyberwelt. Die Cyberwelt besteht aus Software, Rechnern und Netzinfrastruktur.[17] Die reale Welt und die digitale Repräsentation stehen dabei in einem gegenseitigen und ständigen Abgleich.[18] Auf Ebene des Leistungssystems werden Maschinen und Produkte durch ihren Abgleich mit der Cyberwelt zu Komponenten cyber-physischer Produktionssysteme (CPPS-Komponenten).

Mit zunehmender Verbreitung von Industrie 4.0 zeigte sich, dass die ursprünglich angestrebte Einführung cyber-physischer Systeme in Produktionsumgebungen auch Potenziale jenseits der Produktion eröffnet. In cyber-physischen Produktionssystemen sind Maschinen und Produkte als CPPS-Komponenten identifizierbar und über Netzinfrastrukturen vernetzt, um den Abgleich zwischen Cyberwelt und physischer Umgebung zu ermöglichen.[19] Die Identifizierbarkeit und Vernetzung bleiben über den Produktionskontext hinaus erhalten, sodass Produkte über ihren kompletten Lebenszyklus adressierbar bleiben. Derartig vernetzte und informationsverarbeitende Produkte werden in der Literatur als sogenannte „Smarte Produkte“ bezeichnet.[20]

Die technischen Veränderungen auf Seite der Produkte ermöglichen neue Gestaltungsmöglichkeiten bezüglich der Geschäftsmodelle und Strategien von Industrieunternehmen.[21] Beispiele sind Predictive Maintenance als passende Dienstleistung zum Produkt oder das Angebot bzw. die Entwicklung von Services anstelle von rein materiellen Produkten.[22] Um die Potenziale neuer Geschäftsmodelle zu erschließen, müssen die verschiedenen Funktionsbereiche eines Industrieunternehmen so gestaltet werden, dass sie ihren Teil beitragen. Zum Beispiel wird die Produktentwicklung mit vielfältigen Herausforderungen, aber gleichzeitig auch neuen Chancen konfrontiert.[23] Dazu gehört beispielsweise die Sicherstellung der Zuverlässigkeit smarter Produkte unter Beachtung wirtschaftlicher Kriterien.

---

[17] Vgl. Lee and Seshia (2017), p. 4.
[18] Vgl. Lee and Seshia (2017), p. 1.
[19] Vgl. Anderl (2014), p. 5; Anderl u.a. (2016), S. 122.
[20] Vgl. Porter and Heppelmann (2014), pp. 76-77; Porter and Heppelmann (2015), pp. 101-108.
[21] Vgl. Obermaier (2017), S. 13-30.
[22] Vgl. Weking et al. (2018), pp. 5-7.
[23] Vgl. Abramovici u.a. (2018), S. 3.

So folgt nun mit zeitlichem Versatz zunehmend die Auseinandersetzung mit cyber-physischen Produktionssystemen außerhalb der Produktion und der Ingenieurwissenschaften, um deren Potenziale zugänglich zu machen.

Als erstes werden die Auswirkungen der CPPS in der der Produktion direkt vorgelagerten und eng mit der eigentlichen Produktion verbundenen Prozess-[24] und Produktionsplanung (PPP) offensichtlich. Die Verwendung cyber-physischer Systeme in der Produktion eröffnet der PPP neue Potenziale, die genutzt werden können, um eine zuverlässige und flexible Produktion in den CPPS sicherzustellen. Diese Potenziale stehen im weiteren Verlauf der Arbeit im Mittelpunkt.

1.2 Problemstellung und Motivation

Bevor mithilfe einer Voruntersuchung die praxisbezogene Problemstellung identifiziert werden kann, werden zunächst die beiden eingangs angeführten Herausforderungen im industriellen Kontext untersucht und hinsichtlich ihrer Bedeutung für die Produktion reflektiert.

- Kosten- und Leistungsdruck: Der zunehmende Kosten- und Leistungsdruck führt dazu, dass Industrieunternehmen die Ressourcenproduktivität steigern, damit vorhandene Ressourcen einen maximalen Ertrag generieren.[25] Dies ist direkt verbunden mit der Prozess- und Produktionsplanung, die eine hohe Auslastung der Ressourcen sowie die Verfügbarkeit geeigneter Ressourcen zur Produktion sicherstellen soll.
- Kundenindividuelle Nachfrage: Seit Jahren wird die Entwicklung einer zunehmend kundenindividuellen Nachfrage beobachtet, die mittlerweile als gesamtgesellschaftlicher Megatrend immense Bedeutung für die Produktion erlangt.[26] Auf Seite der Industrieunternehmen sind als Reaktion auf die zunehmende Produktvielfalt strukturelle Veränderungen erforderlich, um die Nachfrage bedienen zu können. Die Antworten der Unternehmen darauf werden seit den 1990er

[24] Gemeint ist die Planung industrieller Produktionsprozesse.

[25] Kagermann u.a. (Hrsg., 2013), S. 20. Produktivität ist der Quotient aus realem Output zu realem Input. Effizienz ist hingegen auf den Wert ausgerichtet. Vgl. Cantner u.a. (2007), S. 3; Wöhe u.a. (2016), S.38.

[26] Vgl. Baum et al. (2018), pp. 117-120; Westkämper (2013), S. 8; Zukunftsinstitut GmbH (Hrsg., 2017), URL siehe Literaturverzeichnis.

Jahren unter dem Begriff „Mass Customization“ zusammengefasst und in der Literatur thematisiert.[27]

Für diese beiden Herausforderungen werden allgemein vor allem eine Erhöhung der Flexibilität durch Dezentralisierung und eine Steigerung des Automatisierungsgrads in der Produkterstellung als Lösungswege seitens der Unternehmen angestrebt.[28] Beide Lösungsansätze werden im Folgenden erklärt und die Begriffe dabei definiert:

- Erhöhung der Flexibilität durch Dezentralisierung: „Flexibilität“ bezeichnet die Fähigkeit eines Produktionssystems, sich an geänderte Umstände inner- oder außerhalb des Systems anpassen zu können.[29] Generell kann die Flexibilität durch eine Dezentralisierung von Entscheidungen erhöht werden.[30] Die Flexibilität wird in diesem Fall dadurch gesteigert, dass durch die zunehmende Dezentralisierung immer kleinere Einheiten von Entscheidungen betroffen sind, als dies bei zentralen Entscheidungen der Fall wäre. Kleinere Einheiten können schneller auf Veränderungen reagieren als große, wodurch die Flexibilität des Unternehmens steigt.
- Steigerung des Automatisierungsgrads: Der Automatisierungsgrad ergibt sich aus dem Anteil der Tätigkeiten in der Produktion, der von Maschinen selbstständig durchgeführt werden kann, ohne dass personelle Arbeitskräfte beteiligt sind.[31] Vorteile entstehen unter anderem, wenn durch eine zunehmende Automatisierung Zeit in der Produktion eingespart wird.

Im Laufe der letzten Jahre wurden verschiedene Maßnahmen zur Steigerung der Flexibilität und des Automatisierungsgrads erarbeitet, darunter beispielsweise die fraktale Fabrik, die Computer-Aided-Design-Computer-Aided-Manufacturing-Schnittstelle (CAD-CAM-Schnittstelle) oder die wandlungsfähige Produktion.[32] Der Einsatz autonomer cyber-physischer Systeme in der Produktion kann als weiterer Lösungsan-

[27] Vgl. Davis (1996), p. 150; Piller (2006), S. 161; Pine (1993), pp. 33-53; Silveira et al. (2001), pp. 5-8.
[28] Vgl. Bauer u.a. (2016), S. 9; Koch (2014), S. 79.
[29] Vgl. Behrbohm (1985), S. 192; Gerwin (2005), p. 1172; Haberfellner (1975), S. 22-25; Mandelbaum and Buzacott (1990), p. 17; Mandelbaum (1978), p. 1; Zahn und Schmid (1996), S. 126; Zelenovic (1982), p. 323.
[30] Vgl. Wildemann (2009), S. 183.
[31] Vgl. DIN IEC 60050-351 (2014), S. 30-31.
[32] Vgl. Anderl und Castro (1990), S. 1; Koch (2014), S. 77-78; Silveira et al. (2001), pp. 7-8; Warnecke (1992), S. 142-160; Westkämper (2009a), S. 13.

satz zur Steigerung der Flexibilität und des Automatisierungsgrads angesehen werden.[33] Der übergeordnete Zweck von Industrie 4.0 ist es, durch den Einsatz cyberphysischer Produktionssysteme eine flexible Produktion zu ermöglichen, die der steigenden Produktvielfalt gerecht wird und gleichermaßen durch eine hohe Ressourcenproduktivität und -effizienz wirtschaftlich ist.[34]

Sowohl die Zunahme der Produktvielfalt als auch die erhöhte Flexibilität und Dezentralisierung im Produktionsbereich durch die Nutzung cyber-physischer Produktionssysteme eröffnen Potenziale für die der Produktion direkt vorgelagerte Prozess- und Produktionsplanung. Empfehlungen für den Umgang mit den daraus folgenden Herausforderungen werden in dieser Arbeit abgeleitet.

Die Prozessplanung soll konkret dazu beitragen, dass die Produktionsprozesse flexibel gestaltet werden können, um eine größtmögliche Produktvielfalt herstellen zu können. Die Produktionsplanung hat durch die Zuteilung von Aufträgen zu Ressourcen einen Einfluss auf die Auslastung und damit auf die Produktivität. Daher steht die Prozess- und Produktionsplanung im Fokus der Arbeit.

Im Allgemeinen bedeutet Planung, dass Aufgabenträger[35] Entscheidungen treffen, um die Zukunft zu gestalten.[36] Um fundiert entscheiden zu können, benötigen die Aufgabenträger Informationen,.[37] Das Vorliegen geeigneter Informationen in Entscheidungssituationen im Sinne einer qualitativ hochwertigen Informations-versorgung führt nachweislich zu einem gesteigerten Unternehmenserfolg.[38] Ein Beispiel im Kontext der Prozessplanung ist die Make-or-Buy-Entscheidung. Hier ist zu entscheiden, ob ein Produkt im Unternehmen gefertigt wird oder extern beschafft wird. Dazu benötigt der Aufgabenträger unter anderem Informationen zur Auslastung der Maschinen und Mitarbeiter, den voraussichtlichen Kosten der Eigenfertigung, aber auch Vergleichswerte

---

33 Vgl. Deuse u.a. (2015), S. 102; Hofmann (2017), S. 58; Scheer (2015), S. 444.

34 Vgl. Bischoff u.a. (Hrsg., 2015), S. 46; Bundesministerium für Bildung und Forschung (Hrsg., 2017a), S. 18; Europäische Kommission (2010), S. 5, S. 12 und S. 17-19; Europäische Kommission (2011), S. 6; Frank und Riess (2015), S. 9; Kagermann u.a. (Hrsg., 2013), S. 5 und S. 19-20; Majumdar and Szigeti (2011), p. 8; Taisch et al (Ed. 2013), p. 15; Voigt u.a. (2006), S. 13.

35 In dieser Arbeit wird aus Gründen der besseren Lesbarkeit das generische Maskulinum verwendet, bei dem die männliche Form für weibliche und männliche Personen gilt.

36 Vgl. Hahn (1996), S. 1522; Jakob (2012), S. 81; Schweitzer (2011), S. 40.

37 Vgl. Laux u.a. (2014), S. 5

38 Vgl. Bronner u.a. (1972), S. 197; Picot (2003), S. 60; Porter and Millar (1985), p. 152; Probst u.a. (2012), S. 24.

aus dem Markt. Informationen sind daher ein wichtiger Bestandteil eines Produktionssystems und werden in der Literatur z.T. als Produktionsfaktor bezeichnet.[39]

Für die Informationsversorgung der Aufgabenträger der Prozess- und Produktionsplanung stellt dabei die Position der PPP im Produktlebenszyklus eine besondere Herausforderung dar: Da die Prozess- und Produktionsplanung die Schnittstelle zwischen Produktentwicklung und Produktion ist (siehe Abbildung 15), können Informationen aus den beiden angrenzenden Bereichen für die Aufgabenträger der Prozess- und Produktionsplanung von Nutzen sein. Mertens geht beispielsweise davon aus, dass Produktionsplaner sowohl Daten aus Computer-Aided-Design- (CAD-) als auch aus Produktionsplanungs- und -steuerungs-Systemen (PPS-Systemen) benötigen.[40]

Die Versorgung der Aufgabenträger mit den relevanten Informationen ist jedoch für viele Industrieunternehmen aufwendig. In umfangreichen nationalen und internationalen Studien, an denen insgesamt hunderte Unternehmen beteiligt waren, wird die Informationsversorgung des Produktionsmanagements als grundsätzlich verbesserungsfähig bewertet.[41] Begründet ist dies im getrennten Ursprung der genannten Systeme, die aus verschiedenen Entwicklungslinien stammen und deren Funktionsweise konzeptionell voneinander abweicht, was die Zusammenführung der Daten aus den Systemen erschwert.[42] Die bereits von Scheer in den 1980er Jahren beobachtete Trennung von Informationssystemen[43] in Industrieunternehmen in eine sogenannte Engineering-IT und eine transaktionsorientierte administrativ-dispositive IT war Anlass für eine Voruntersuchung zur vorliegenden Arbeit im Rahmen des Forschungsprojekts „Validierung eines Konzepts zur multidimensionalen Analyse Digitaler Produktmodelle in Business-Intelligence-Infrastrukturen (DIPRO-BI)“.[44]

---

39 Vgl. Mertens u.a. (2017a), S. 101; Rebhäuser und Krcmar (1996), S. 17; Schuh und Schmid (2014), S. 5; Seidenberg (1998), S. 35.

40 Vgl. Mertens und Meier (2009), S. 20.

41 Vgl. Koch u.a. (2011), S. 459-462; Koch (2014), S.130-131; Littlefield (2015), p. 7; Nyhuis u.a. (Hrsg., 2016), S. 10-11 und S. 22.

42 Vgl. Scheer (1990), S. 3.

43 Informationssysteme sind soziotechnische Systeme, die aus Menschen, IT und Organisation bestehen. Ihre Aufgabe ist die Verarbeitung von Daten und Informationen. Vgl. Österle u.a. (2010), S. 666; Wissenschaftliche Kommission Wirtschaftsinformatik und Fachbereich Wirtschaftsinformatik in der Gesellschaft für Informatik e.V. (Hrsg., 2011), S. 1. Eine Literaturanalyse zum Begriff des Informationssystems ist zu finden bei Laudon u.a. (2015), S. 16. Anwendungssysteme werden durch Implementierung in einem Unternehmen zu Informationssystemen. Vgl. Laudon u.a. (2015), S. 12; Seibt (2012), S. 158-159.

44 Auch die Bewilligung des Forschungsprojekts spricht für die Relevanz des Themas. Vgl. Daimer u.a. (2014), S. 1.

Voruntersuchung

Die Voruntersuchung umfasst zwölf vom Autor geführte und ausgewertete Experteninterviews.[45] Mithilfe der Gespräche erfolgt eine Exploration[46] der industriellen Produktentwicklung und Produktion. Zweck der Voruntersuchung ist es, Lücken in der Informationsversorgung von Industriebetrieben aufzudecken, die dann in nachfolgenden Arbeiten adressiert werden können. Die Liste der Interviews befindet sich im Anhang.[47] Alle Unternehmen agieren international, haben jedoch ihren Stammsitz in Deutschland. Die Ansprechpartner für die Interviews werden nach drei Kriterien ausgewählt: Rolle des Experten im Unternehmen, Größe der Unternehmen, Branche der Unternehmen.

- Rolle der Experten im Unternehmen: Bei den befragten Experten handelt es sich unter anderem um Innovationsmanager, Wissensingenieure, oder Mitglieder der Geschäftsführung verschiedener deutscher Industrieunternehmen, um eine große Bandbreite an Rollen zu berücksichtigen.
- Größe der Unternehmen: Es sind sowohl KMU als auch Großunternehmen vertreten, um eine größtmögliche Vielfalt zu erreichen.
- Branche der Unternehmen: Die beteiligten Unternehmen sind der diskreten Fertigung zuzuordnen, vor allem dem Maschinenbau und der Automobilbranche. Dieser Fokus wird aufgrund der Bedeutung dieser Branchen gesetzt. Zudem werden Softwareanbieter befragt, die Lösungen für diese Industrieunternehmen entwickeln und vertreiben.

Die Trennung der Systemwelten wird im Rahmen der Voruntersuchung des Autors bestätigt und zeigt sich auch vielfach in der organisatorischen Trennung zwischen Engineering-IT- und IT-Abteilungen.[48] Um die Informationen aus beiden Welten für die betroffenen Aufgabenträger zusammenzuführen, sind geeignete Informationssysteme erforderlich, die eine wirksame Unterstützung der Aufgabenträger bei der Ausführung

---

[45] Alle Transkripte und Protokolle der Interviews sind beim Autor einsehbar. Die Interviews der Vorstudie wurden in den Jahren 2011 bis 2014 geführt.

[46] Exploration ist hier zu verstehen als Erkunden eines unbekannten Feldes. Vgl. Blumer (2004), S. 363-365; Kromrey u.a. (2016), S. 65-66.

[47] Grund für die Verwendung von Experteninterviews in der Vorstudie ist einerseits die Bestrebung, eine praxisrelevante Problemstellung zu identifizieren und andererseits die Tatsache, dass nicht alles Wissen in der Literatur abgebildet, sondern in der realen Welt z.B. in Form von Erfahrung zu finden ist. Vgl. Österle u.a. (2010), S. 666.

[48] Vgl. Kemper (2014), S. 22; Lachenmaier u.a. (2013), S. 45-46.

ihrer Aufgaben gewährleisten.[49] Diese Informationssysteme müssen so gestaltet sein, dass sie für die Planung cyber-physischer Produktionssysteme verwendet werden können.[50] Verschiedene Autoren weisen in diesem Zusammenhang darauf hin, dass eine Auswertung historischer Daten mittels Informationssystemen eine unerlässliche Grundlage für die Prozess- und Produktionsplanung cyber-physischer Produktionssysteme ist.[51]

Zusammengefasst besteht die Problemstellung in der Praxis darin, dass sich die Prozess- und Produktionsplanung aufgrund des Einsatzes cyber-physischer Produktionssysteme verändert und in der Folge Informationsbedarfe der Aufgabenträger nicht ausreichend gedeckt werden können. Zur Unterstützung der Aufgabenträger ist eine bedarfsgerechte Informationsversorgung durch geeignete Informationssysteme herzustellen.

1.3 Stand der Forschung, verwandte Arbeiten und Forschungslücke

Zunächst wird der Stand der Forschung untersucht, um bestehende Lösungen einzuordnen und den Forschungsbedarf zu analysieren. Zum Stand der Forschung und zur Sicherstellung einer Forschungslücke wird eine Literaturanalyse zur Informationsversorgung in der Prozess- und Produktionsplanung im Kontext cyber-physischer Produktionssysteme durchgeführt. Als Ergebnis der Literaturanalyse werden bestehende Forschungsarbeiten in Themenfeldern betrachtet, um den Stand der Forschung darzustellen.

Das methodische Vorgehen besteht aus vier Schritten: Auswahl der Literaturquellen, Stichwortsuche, Filtern sowie Analyse und Gruppierung (siehe Abbildung 4):

1. Auswahl der Literaturquellen: Das Themengebiet Prozess- und Produktionsplanung wird von den Forschungsdisziplinen Betriebswirtschaftslehre, Ingenieurwissenschaften, Informatik und Wirtschaftsinformatik bearbeitet. Daher wird die Suche in den Datenbanken Business Source Premier, Scopus und der electro-

[49] Vgl. Abele und Reinhart (2011), S. 178; Krcmar (2015), S.147; Wollnik (1988), S. 38.
[50] Vgl. Kagermann u.a. (Hrsg., 2013), S. 96.
[51] Vgl. Denkena u.a. (2017), S. 315-316; Diegner u.a. (2015), S. 28; Kagermann u.a. (Hrsg., 2013), S. 20, S. 46-47 und S. 92 ff.; Littlefield (2015), p. 20; Müller et al. (2017), pp. 150 -156; Taisch et al. (Ed., 2013), p. 15 and pp. 62-79.

nic Library der Association for Information Systems durchgeführt, die das Spektrum der Publikationen aus diesen Bereichen abdecken.[52] Ergänzend wird der Katalog des Südwestdeutschen Bibliotheksverbunds für Monografien und in Buchform erschienene Titel verwendet.[53] Insgesamt stehen damit über 85 Millionen Beiträge zur Verfügung.

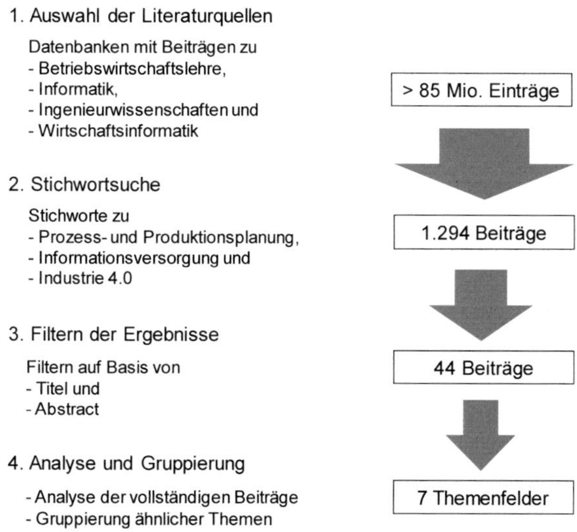

Abbildung 4: Vorgehen bei der Literaturanalyse[54]

2. Stichwortsuche: Die Literaturanalyse umfasst eine internationale[55] Literatursuche[56] nach Stichwörtern aus den drei Bereichen Prozess- und Produktionsplanung, Entscheidungsunterstützung und Industrie 4.0. Ebenfalls wurden aufgrund der Nähe von Industrie 4.0 zum Computer Integrated Manufacturing

---

[52] Die Library der Association for Information Systems enthält zum Zeitpunkt der letzten Suche über 35.500 Beiträge aus der Wirtschaftsinformatik. Die Datenbank Business Source Premier deckt über 6.200 Journals und Zeitschriften aus den Bereichen der Betriebswirtschaftslehre und der Wirtschaftsinformatik ab. Die Scopus Datenbank bietet über 60 Millionen Einträge aus über 21.500 Journals und Zeitschriften – unter anderem aus den Bereichen der Ingenieurwissenschaften, der Informatik und der Betriebswirtschaftslehre. Vgl. Association for Information Systems (2017), URL siehe Literaturverzeichnis; EBSCO Information Service (2017), URL siehe Literaturverzeichnis; Elsevier (Ed., 2016), p. 9.

[53] Der Katalog des Südwestdeutschen Bibliotheksverbunds enthält über 23,5 Millionen Titel aus verschiedenen Themenbereichen. Vgl. Bibliotheksservice-Zentrum (2017), URL siehe Literaturverzeichnis.

[54] Eigene Darstellung.

[55] Deutsch- und englischsprachig.

[56] Vgl. vom Brocke et al. (2009), p. 8.

(CIM) Suchworte zu CIM verwendet.[57] Auf Basis der Technik cyber-physischer Produktionssysteme sollen zukünftig selbststeuernde Fabriken entstehen, daher wird der Begriff der „Smart Factory" in der Literatur häufig mit Industrie 4.0 in Verbindung gebracht und in der Literatursuche berücksichtigt.[58] Als englische Begriffe werden neben der direkten Übersetzung von Industrie 4.0 auch die teilweise synonym verwendeten Begriffe „Industrial Internet of Things" und „Manufacturing 2.0" einbezogen.[59] Die genauen Suchbegriffe[60] sind im Anhang der Arbeit zu finden. Die stichwortbasierte Suche in den Datenbanken ergab insgesamt 1.294 Treffer.[61]

3. Filtern der Ergebnisse: Die 1.294 identifizierten Beiträge werden auf Basis ihrer Titel und Abstracts gefiltert und auf Relevanz bezüglich der potenziellen Forschungslücke überprüft. Es verbleiben 44 Quellen, die vollständig gelesen und analysiert werden.
4. Analyse und Gruppierung: Die 44 Beiträge werden im Anschluss vom Autor zu Themenfeldern in der Forschung zugeordnet und kategorisiert. Dazu werden in einem iterativen Prozess Kategorien für Themenfelder aus den Beiträgen abgegrenzt.[62] Abschließend wird der Bezug zur vorliegenden Arbeit eingeschätzt. Das Ergebnis der Literaturanalyse ist in der folgenden Tabelle ersichtlich (siehe Tabelle 1).[63]

Wie aus der Tabelle hervorgeht, ist die Prozess- und Produktionsplanung Gegenstand vieler Forschungsarbeiten. Diese Arbeiten können im Zusammenhang mit Entscheidungsunterstützung und Informationsversorgung sieben verschiedenen Themenfeldern zugeordnet werden (siehe Tabelle 1). Die identifizierten Themenfelder werden im Folgenden hinsichtlich ihres jeweiligen Fokus analysiert:

---

[57] Vgl. Mertens (2014), S. 27. Zu den Ursprüngen von CIM vgl. Wisnosky (1977), pp. 14-15.

[58] Vgl. Hofmann (2017), S. 58; Kagermann u.a. (Hrsg., 2013), S. 23; Reinhart (2017), S. VII.

[59] Vgl. Gilchrist (2016), p. 1; Jacobi (2013), S. 87.

[60] Wenn möglich, wurde die Suche auf Titel, Keywords und Abstract beschränkt. Aufgrund verschiedener Datenbankfunktionalitäten war dies jedoch nicht immer möglich, sodass teilweise auch die gesamten Beiträge durchsucht wurden. Vgl. vom Brocke et al. (2015), p. 210.

[61] Davon 172 in der AIS Library, 616 in Scopus, 441 in Business Source Premier und 65 im Katalog des Südwestdeutschen Bibliothekverbunds. Die Suche wurde letztmals am 08.06.2017 und am 09.06.2017 durchgeführt.

[62] Zur Bildung von Kategorien vgl. Krippendorff (2012) pp. 366-367; Kuckartz (2018), S: 83-86; Mayring (2015), S. 85-87.

[63] Zur Ergebnisaufbereitung vgl. Schryen (2015), pp. 305-318.

Themenfeld Nr.	Themenfeld	Bezug zur vorliegenden Arbeit
1	Mathematische Verfahren für die Produktionsplanung[64]	Die vorliegende Arbeit fokussiert die Informationsversorgung der Aufgabenträger.
2	Arbeiten zur Produktionssteuerung[65]	CPPS steuern sich weitgehend dezentral selbst. Ein Eingriff in den Produktionsablauf ist aber weiterhin möglich und kann durch Informationen gestützt werden.
3	Integration (v.a. von Daten) zu Planungszwecken auf der Ebene operativer Informationssysteme[66].	Integration ist nach wie vor ein aktuelles und relevantes Thema. In der vorliegenden Arbeit wird zur Deckung des Informationsbedarfs der Aufgabenträger und zur Unterstützung der veränderten Aufgaben in der Prozess- und Produktionsplanung ein geeignetes Konzept entworfen.
4	Informationsversorgung in Industrieunternehmen[67]	Übertragbare Teilaspekte bestehender Lösungen werden – soweit möglich – berücksichtigt.
5	Ontologien für den Produktionsbereich[68]	Ontologien haben ihren Einsatzzweck in der Beschreibung von Objekten und deren Beziehungen.[69] In dieser Arbeit wird ein Konzept zur Entscheidungsunterstützung entwickelt.[70]
6	Simulationslösungen zur Planung[71]	Die vorliegende Arbeit kann die Genauigkeit von Simulationslösungen durch Einbezug historischer Daten verbessern.[72]
7	Ausgestaltung der Prozesse der etablierten Prozess- und Produktionsplanung[73]	Mit der in dieser Arbeit thematisierten Veränderung von Aufgaben geht eine Veränderung der Prozesse einher. Die Ausgestaltung der Prozesse ist ein Thema für folgende Arbeiten.

Tabelle 1: Verwandte Forschungsarbeiten

64 Vgl. Bitran and Hax (1977), pp. 49-50; Günther und Tempelmeier (2016), S. 155-235; Koberstein u.a. (2009), S. 91; Kor (1996), S. 256-258; Wilhelm et al. (1998), p. 102.

65 Vgl. Archimede et al. (2017), p. 868; Hu et al. (2008), p. 430; Kletti u.a. (Hrsg., 2015), S. 173; Lorenzen et al. (2006), p. 99; Thiel (2011), S. 36; Wang et al. (2016), p. 1851; Zattar et al. (2010), p. 447.

66 Vgl. Aldakhhilallah and Ramesh (1999), p. 482; Isenberg (1990), S. 2 und S. 167; ISO 10303-242 (2014), p. Scope; Lin and Jeng (2006), p. 82; Lucke (2013), S. 22; Kumar and Rajotia (2006), p. 115; Scheer (1990), S. 2 ff.; Scholz-Reiter (1990), S. 175; Scholz-Reiter (1991), S. 160 und S. 163; Singh (2008), p. 691; Sormaz et al. (2010), p. 587; Wang et al. (2009), p. 6072; Wardhani and Xu (2016), p. 2.

67 Vgl. Gahm und Kruse (2011), S. 277; Gronau (1994), S. 129-196; Gröger (2015), S. 73-76; Hollstein (2016), S. 205-206; Lasi (2012a), pp. 6-7; Krumeich et al. (2016), p. 271; Mamalis et al. (1996), pp. 331-332; Peng and Yu (2007), p. 285; Prakash et al. (2012), pp. 4947-4948; Seidemann (2015), S. 309; Wieland u.a. (2015), S. 519; Zhang (1993), p. 515.

68 Vgl. Ruth (1998), S. 69; Solano et al. (2014), p. 795.

69 Vgl. Krcmar (2015), S. 136-138.

70 In einer Masterarbeit des Lehrstuhls wurde der Einsatz von Ontologien untersucht. Ergebnis war, dass diese im Kontext der Produkterstellung technisch machbar sind, aber eine Komplexität aufweisen, die sich bei ihrer Erstellung und Pflege negativ auswirkt. Vgl. Hummel (2009), S. 79.

71 Vgl. Mosler (2017), S. 529; Schindler u.a. (2015), S. 126-127.

72 Vgl. Lachenmaier et al. (2017), p. 580; Sabbour et al. (2012), pp. 114-115.

73 Vgl. Colquhoun and Baines (1991), pp. 2244-2250; Wieland u.a. (2015), S. 521.

- Themenfeld 1: Die Forschungsarbeiten im Themenfeld 1 beschäftigen sich seit über 50 Jahren mit der Entwicklung und Verfeinerung mathematischer Verfahren zur Optimierung der Produktion hinsichtlich verschiedener Ziele, u.a. Minimierung der Durchlaufzeiten oder Maximierung der Ressourcenauslastung. Bei einem im Voraus determinierten Produktionsablauf können aus den Zielen damit rechnerisch Belegungs- und Zeitpläne festgelegt werden.
- Themenfeld 2: Das Themenfeld umfasst Arbeiten zur Produktionssteuerung. Dabei wird insbesondere der Einsatz von Manufacturing Execution Systemen (MES) beleuchtet. Die Produktionssteuerung beschäftigt sich mit der kurzfristigen Anpassung des Produktionsablaufs. Dies wird durch Daten unterstützt, die häufig in MES gesammelt und aufbereitet werden.
- Themenfeld 3: Die Forschungsbeiträge aus Themenfeld 3 beschäftigen sich mit der Integration von Informationssystemen in Industriebetrieben. Zumeist wird die Datenintegration thematisiert, wie sie auch in der vorliegenden Arbeit durchgeführt wird. In den gefundenen Quellen werden die Daten auf der operativen Ebene zur Laufzeit der Prozesse zusammengeführt.
- Themenfeld 4: In diesem Themenfeld sind die Beiträge enthalten, in denen die Informationsversorgung in Industriebetrieben thematisiert wird oder Konzepte für die Entscheidungsunterstützung entwickelt werden. Diese Beiträge werden speziell dahingehend geprüft, welche Komponenten der bestehenden Konzepte, Vorgehensmodelle oder Informationssysteme für die vorliegende Arbeit relevant sein könnten und gegebenenfalls werden sie in der Entwurfsphase berücksichtigt. Es konnten jedoch keine Vorarbeiten festgestellt werden, die für den Einsatz in der Prozess- und Produktionsplanung cyber-physischer Produktionssysteme konzipiert sind.
- Themenfelder 5 und 6: Diesen Gruppen sind Arbeiten zu Ontologien und Simulationen zugeordnet, die in der Prozess- und Produktionsplanung unterstützend eingesetzt werden können. In Kombination mit den Ergebnissen dieser Arbeit können bestehende Ontologien erweitert und Simulationen passgenauer eingesetzt werden.
- Themenfeld 7: In Themenfeld 7 werden die Planungsprozesse selbst thematisiert. Da sich die Planung verändert, um mit cyber-physischen Produktionssystemen umgehen zu können, werden sich ebenfalls die Prozesse der Planung

mit verändern.[74] Für folgende Arbeiten gilt es, Empfehlungen für die Ausgestaltung der Planungsprozesse zu erarbeiten.

Als Ergebnis der durchgeführten Literaturanalyse ist festzuhalten, dass mehrere Arbeiten im Kontext der Entscheidungsunterstützung der etablierten Prozess- und Produktionsplanung identifiziert werden konnten. Nach kritischer Analyse können die Themengebiete 3 und 4 mit den Schwerpunkten Datenintegration und Informationsversorgung als besonders relevant angesehen werden, da diese dem Thema der vorliegenden Arbeit am nächsten kommen.

Zusätzlich konnten vom Autor nur wenige Arbeiten identifiziert werden, die auf Basis eigener Überlegungen oder Laborumgebungen die Ausgestaltung der Prozess- und Produktionsplanung im Kontext cyber-physischer Systeme thematisieren, jedoch nicht die Entscheidungsunterstützung der Aufgabenträger.[75]

Eine Lücke stellt damit die noch nicht abschließend untersuchte Konstellation der Entscheidungsunterstützung in cyber-physischen Produktionssystemen dar. Hier sind weitere Beiträge erforderlich, um die Potenziale cyber-physischer Produktionssysteme zu realisieren.

Im nächsten Schritt wird aus der Forschungslücke das Ziel der Arbeit abgeleitet und ein geeignetes Forschungsdesign zur Erreichung des Ziels erarbeitet.

1.4 Ziel der Arbeit, wissenschaftliche Einordnung und Gang der Arbeit

Die vorliegende Arbeit leistet einen Beitrag zur Schließung der Forschungslücke, indem ein Konzept zur Nutzung der Potenziale erarbeitet wird, die sich aus dem Einsatz cyber-physischer Produktionssysteme ergeben. Abgeleitet aus der Forschungslücke wird das Ziel der Arbeit wie folgt festgelegt:

> Ziel der Arbeit ist die Konzeption und prototypische Umsetzung eines IT-Systems zur Entscheidungsunterstützung für die Aufgabenträger in der Prozess- und Produktionsplanung cyber-physischer Produktionssysteme.

[74] Vgl. Koziol (1976), S. 43; Scherm und Pietsch (2007), S. 150.
[75] Vgl. Bauernhansl (2017), S. 15-16; Kuprat u.a. (2015), S. 14; Schmidt u.a. (2017), S. 35-41.

Aus der Forschungslücke und dem Ziel der Arbeit resultiert die Forschungsfrage. Sie adressiert das Vorgehen zur Zielerreichung mittels Informationssystemen und lautet: Wie kann ein generisches Konzept für Informationssysteme gestaltet sein, mit dem Aufgabenträger in der Prozess- und Produktionsplanung im Kontext von cyber-physischen Produktionssystemen wirksam bei ihren Aufgaben unterstützt werden?

Die Arbeit ist der gestaltungsorientierten Wirtschaftsinformatik (WI) zuzuordnen. Die gestaltungsorientierte Wirtschaftsinformatik ist eine Realwissenschaft[76], die sich mit dem Entwurf betrieblicher Informationssysteme unter Beachtung der Wirtschaftlichkeit befasst.[77] Insbesondere sind auch Informationssysteme, die im Kontext der Produkterstellung eingesetzt werden, Forschungsgegenstand der Wirtschaftsinformatik.[78]

Die vorliegende Arbeit lässt sich anhand der Merkmale aus dem Memorandum der gestaltungsorientierten Wirtschaftsinformatik wie folgt dieser Disziplin zuordnen (siehe Tabelle 2)[79]:

- ✓ Anspruchsgruppen: Anspruchsgruppe dieser Arbeit sind vor allem produzierende Unternehmen, die als Anwender cyber-physische Produktionssysteme zukünftig einführen wollen bzw. bereits eingeführt haben. Zusätzlich richtet sich die Arbeit auch an Hersteller von Komponenten cyber-physischer Produktionssysteme, die ihre Produkte in der Produktion bei Kunden einsetzen möchten.
- ✓ Erkenntnisgegenstand: Der Erkenntnisgegenstand dieser Arbeit ist ein anpassbares Konzept zur Entscheidungsunterstützung, auf dessen Basis Informationssysteme entwickelt werden können.

[76] Wirtschaftsinformatik ist eine angewandte, konstruktionsorientierte Wissenschaft. Vgl. Frank (2016), o.S.; Kornmeier (2007), S. 22. Konstruktionsorientierte Wissenschaft erfordert ein spezielles Theorieverständnis, in dem unter anderem der Entwurf von Modellen von zentraler Bedeutung ist. Vgl. Bichler et al. (2016), pp. 312-316; Frank (2017), pp. 5730-5731; Winter (2014), p. 4. Dies zeigt sich auch in der Abgrenzung gegenüber den Information Systems. Vgl. Herzwurm und Stelzer (2008), S. 25. Die WI verwendet auch Elemente aus anderen Disziplinen, u.a. der empirischen Sozialforschung. Vgl. Österle u.a. (2010), S. 668; Wissenschaftliche Kommission Wirtschaftsinformatik und Fachbereich Wirtschaftsinformatik in der Gesellschaft für Informatik e.V. (Hrsg., 2011), S. 2.

[77] Vgl. Österle u.a. (2010), S. 664-669; Wissenschaftliche Kommission Wirtschaftsinformatik und Fachbereich Wirtschaftsinformatik in der Gesellschaft für Informatik e.V. (Hrsg., 2011), S. 2. Die gestaltungsorientierte Wirtschaftsinformatik kann der weiter gefassten Design Science Research zugeordnet werden. Vgl. Hevner et al. (2004), pp. 75-105. Die Zugehörigkeit zur Design Science Research kann auch über eine Checkliste geprüft werden. Vgl. Hevner and Chatterjee (2010), p. 20.

[78] Vgl. Hollstein u.a. (2012), S. 78-79.

[79] Vgl. Österle u.a. (2010), S. 666-668.

- ✓ Erkenntnisziel: Erkenntnisziel ist die nachvollziehbare Konstruktion des Konzepts, sodass dieses in Industrieunternehmen umgesetzt werden kann.
- ✓ Ergebnistyp: Das Konzept liegt in Form semantischer Daten- und Prozessmodelle sowie einer Architektur vor.
- ✓ Erkenntnismethoden: Als Erkenntnismethoden werden Interviews mit Experten, Case Study Research, Beobachtungen, Modellierung und Prototyping verwendet.

Merkmal	Mögliche Ausprägungen i. d. gestaltungsorientierten WI	Ausprägung in der vorliegenden Arbeit
Anspruchs-gruppe	Unternehmen, Kunden, Mitarbeiter, Politik, Verwaltung	Aufgabenträger der Prozess- und Produktionsplanung in Industrieunternehmen mit cyber-physischen Produktionssystemen
Erkenntnis-gegenstand	Informationssysteme (IS)	Anpassbares Konzept zur Entscheidungsunterstützung als Grundlage für Informationssysteme
Erkenntnis-ziele	Handlungsanleitungen zur Konstruktion und zum Betrieb von IS (Ziel-Mittel-Aussagen)	Konstruktion eines Konzepts zur Deckung des Informationsbedarfs und der Anforderungen aus der PPP im Kontext cyber-physischer Produktionssysteme
Ergebnis-typen	Konzepte, Modelle, Methoden, Instanzen in Form von Leitfäden, Patenten, Software	Konzept zur Entscheidungsunterstützung in Form von Modellen (Daten- und Prozessmodelle)
Erkenntnis-methoden	Analyse: Interviews, Umfragen Entwurf: Modellierung mit Werkzeugen, Konstruktion eines Prototypen Evaluation: Laborexperiment, Simulation, Pilotierung, Prüfung durch Experten	Analyse: Interviews, Beobachtung, Case Study Research Entwurf: Modellierung Evaluation: Prototyp und Prüfung durch Experten

Tabelle 2: Die vorliegende Arbeit im Kontext der gestaltungsorientierten Wirtschaftsinformatik

Dem weiteren Verlauf der Arbeit wird ein Bezugsrahmen zugrunde gelegt (siehe Abbildung 5). Dieser stellt die zu betrachtenden Faktoren und den Gestaltungsbereich der Arbeit dar.

Der Bezugsrahmen zeigt, dass Industrieunternehmen mit diskreter Produktion fokussiert werden.[80] Weiterhin leistet die Arbeit einen Beitrag zum Umgang mit cyber-physischen Produktionssystemen, die im weiteren Verlauf der Arbeit untersucht werden.

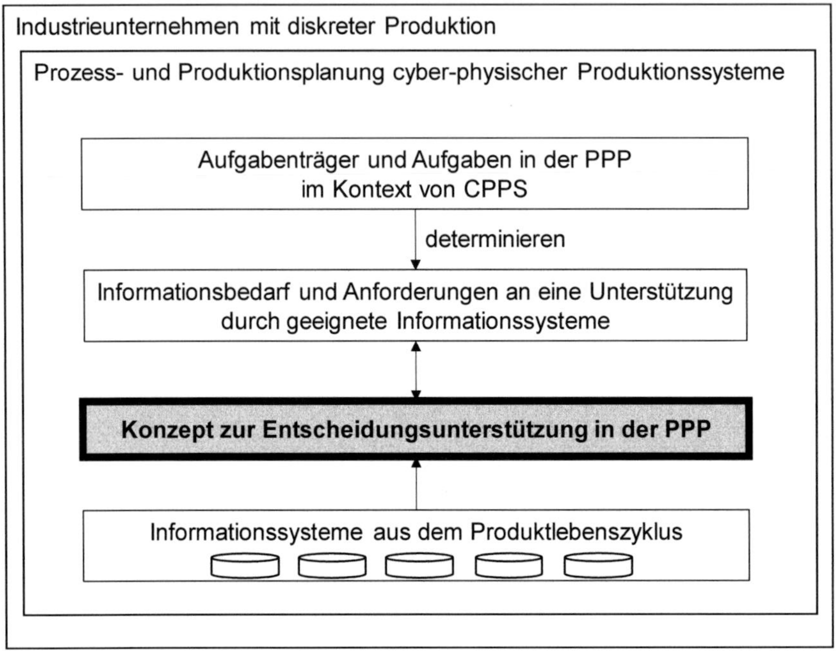

Abbildung 5: Bezugsrahmen der Arbeit[81]

Im zentralen Gestaltungsbereich der Arbeit steht das zu entwickelnde Entscheidungsunterstützungskonzept für Aufgabenträger in der Prozess- und Produktionsplanung. Für die Entwicklung dieses Konzepts sind zunächst der zu deckende Informationsbedarf sowie funktionale Anforderungen zu erheben. Der Informationsbedarf besteht aus Informationsarten und der zugehörigen Informationsgüte für die Informationsarten.[82] Der Informationsbedarf lässt sich allgemein aus den zu erfüllenden Aufgaben und den Aussagen der Aufgabenträger bestimmen, weshalb die Aufgabenträger und ihre Aufgaben ebenfalls detailliert untersucht werden.[83]

[80] Die Prozessfertigung, wie sie unter anderem bei chemischen Herstellungsprozessen eingesetzt wird, bleibt also außen vor.

[81] Eigene Darstellung.

[82] Vgl. Koch (2014), S. 36; Picot u.a. (2003) S. 81.

[83] Vgl. Gluchowski u.a. (2008), S. 267; Horvath u.a. (2015), S. 180-182; Koch (2014), S. 34.

Um den Informationsbedarf der Aufgabenträger zu decken, stehen Daten aus den Informationssystemen bereit, die in Industrieunternehmen zur Unterstützung der Aufgabenträger in allen Phasen des Produktlebenszyklus eingesetzt werden.

Aus dem Bezugsrahmen ergeben sich folgende Teilgebiete, die in der Arbeit untersucht werden:

- Aufgaben im Rahmen der Prozess- und Produktionsplanung (Kapitel 3),
- Informationsbedarf der Aufgabenträger (Kapitel 3),
- verfügbare Informationssysteme im Rahmen der Produkterstellung und von diesen bereit gestellte Daten (Kapitel 3),
- erforderliche Komponenten eines geeigneten Konzepts (Kapitel 4) und
- Ausgestaltung der Komponenten des Konzepts (Kapitel 4).

Die weitere Arbeit ist nach dem Erkenntnisprozess der gestaltungsorientierten Wirtschaftsinformatik strukturiert (siehe Abbildung 6).[84] Der Forschungsprozess besteht allgemein aus den Phasen Analyse, Entwurf, Evaluation und Diffusion:

- Analyse: Die Analysephase umfasst die Identifikation einer Problemstellung in der Praxis, die Feststellung einer Forschungslücke und die Erstellung eines Forschungsdesigns.[85]
- Entwurf: In der Entwurfsphase werden relevante Artefakte gemäß den Ansprüchen der Rigorosität auf Basis des vorhandenen Wissensfundus entwickelt.[86] Dazu werden – häufig iterativ – Anforderungen erhoben und umgesetzt.[87]
- Evaluation: Die Evaluation hat den Zweck, die Artefakte insbesondere hinsichtlich ihrer betrieblichen Relevanz, Übertragbarkeit und Originalität zu überprüfen.[88]
- Diffusion: In der Phase der Diffusion werden die Forschungsergebnisse verbreitet.[89]

[84] Vgl. Österle u.a. (2010), S. 667-668.
[85] Vgl. Österle u.a. (2010), S. 667.
[86] Vgl. Hevner and Chatterjee (2010), pp. 16-19.
[87] Vgl. Hevner et al. (2004), pp. 88-89.
[88] Die Evaluationsphase ist fester Bestandteil eines Forschungsprozesses in der gestaltungsorientierten Wirtschaftsinformatik. Vgl. Frank (2000a), S. 44; Heinrich (2000), S. 8; Hevner and Chatterjee (2010), p. 109; Vaishnavi and Kuechler (2015), p. 8.
[89] Vgl. Österle u.a. (2010), S. 668.

Basierend auf dem Bezugsrahmen und dem generischen Forschungsprozess der gestaltungsorientierten Wirtschaftsinformatik wird für die vorliegende Arbeit ein individuelles Forschungsdesign erarbeitet.[90]

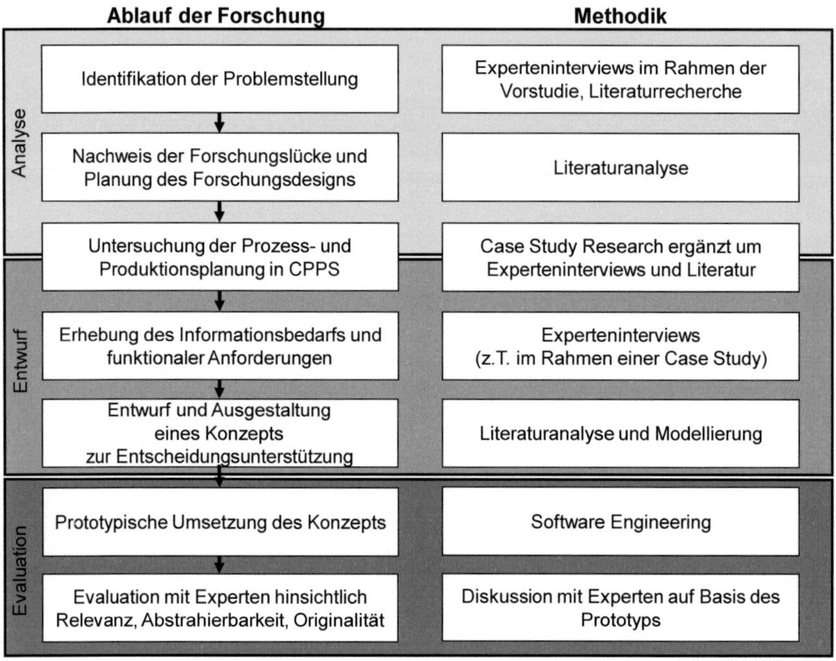

Abbildung 6: Forschungsdesign – Ablauf und Methodik[91]

Das Forschungsdesign, an dem sich auch der Aufbau der Arbeit weitgehend nachvollziehen lässt, ist in Abbildung 6 dargestellt.[92] Die Schritte zur Problemstellung und Forschungslücke wurden bereits abgearbeitet (Kapitel 1). Im nächsten Schritt werden für das Verständnis der Arbeit zentrale Begriffe definiert (Kapitel 2). Daran schließt sich die empirische Untersuchung der Prozess- und Produktionsplanung im Kontext cyberphysischer Produktionssysteme an (Kapitel 3). Es folgt die Erhebung der Anforderun-

[90] Vgl. Hevner, et al. (2004), p. 80; Österle u.a. (2010), S. 667-668; Vaishnavi and Kuechler (2015), p. 7.

[91] Eigene Darstellung.

[92] Das Forschungsdesign enthält die durchzuführenden Schritte eines Forschungsvorhabens. Vgl. Lamnek und Krell (2016), S. 702. Es dient zur Planung, aber auch zur Dokumentation der Forschungsarbeiten. Vgl. Kromrey u.a. (2016), S. 69 und S. 77.

gen an das zu entwickelnde Konzept in Form des Informationsbedarfs der Aufgabenträger und weiterer funktionaler Anforderungen (Kapitel 3). Der Entwurfsphase wird ebenfalls die Ausarbeitung des Konzepts zur Entscheidungsunterstützung zugeordnet (Kapitel 4). Die Evaluation umfasst einen Prototyp und die Vorstellung der Zwischenergebnisse auf wissenschaftlichen Tagungen und in Unternehmen mit anschließender Diskussion des entwickelten Konzepts. Als Evaluationskriterien werden Relevanz, Übertragbarkeit und Originalität des Konzepts überprüft (Kapitel 5). Ein Ausblick auf konkrete Gestaltungsbereiche sowie die kritische Reflexion der Limitationen bilden den Schluss der Arbeit (Kapitel 6).

Zur Diffusion der Ergebnisse dient vor allem die vorliegende Arbeit. Zudem wurden bereits zu Evaluationszwecken einzelne Teile der Arbeit veröffentlicht, was ebenfalls zur Diffusion beiträgt.[93]

1.5 Positionierung der Arbeit im Referenzarchitekturmodell für Industrie 4.0

Die vorliegende Arbeit bzw. das darin entwickelte Lösungskonzept wird zur besseren Nachvollziehbarkeit für andere Akteure im Umfeld von Industrie 4.0 in das Modell einer Referenzarchitektur für Industrie 4.0 (RAMI4.0)[94] eingeordnet. Hierdurch wird erkennbar, in welchen Bereichen der aktuelle Wissensstand durch die vorliegende Arbeit erweitert wird.

RAMI4.0 dient dazu, Arbeiten und Vorhaben verschiedener Akteure im Zusammenhang mit Industrie 4.0 voneinander abzugrenzen und einzuordnen.[95] Anhand der Referenzarchitektur werden der Untersuchungs- und der Gestaltungsbereich[96] dieser Arbeit eingeordnet, um die Bedeutung und die Zuordnung der Ergebnisse für den übergeordneten Forschungsbereich Industrie 4.0 darzustellen.

Zunächst wird der allgemeine Aufbau des RAMI4.0 anhand der drei Achsen erläutert:

- x-Achse – „Life Cycle“: Auf der x-Achse des RAMI4.0 ist der Produktlebenszyklus abgebildet. Dabei wird insbesondere die Trennung zwischen Produkttyp in

[93] Siehe Kapitel 5.
[94] Vgl. Adolphs u.a. (2015a), S. 43; Adolphs u.a. (2016a), S. 19.
[95] Vgl. Adolphs u.a. (2015a), S. 42; Adolphs u.a. (2015b), S. 6.
[96] Der Untersuchungsbereich enthält alle Elemente, die in der Arbeit analysiert werden. Der Gestaltungsbereich hingegen umfasst nur die veränderbaren Elemente. Vgl. Scherer u.a. (1998), S. 51.

der Produktentwicklung und Produktinstanz ab der Produktion betont.[97] Wird ein Produkt in einem CAD-System entwickelt, handelt es sich um einen Produkttyp. Von diesem Typ können in der Produktion beliebig viele Produktinstanzen hergestellt werden.

- y-Achse – „Layers": Die y-Achse beschreibt Assets[98] und Informationen über deren Umgebung – zum Beispiel den Einsatzzweck, Eigenschaften oder Möglichkeiten zur Kommunikation mit anderen Assets oder Produkten.
- z-Achse – „Hierarchy Levels": Auf der z-Achse wird eine Fabrik in Anlehnung an internationale Normen der Leitsystemtechnik hierarchisch eingeteilt. Die Achse beginnt beim Produkt und endet bei der weltweiten Vernetzung in Produktionsnetzwerken.

Der Untersuchungsbereich der vorliegenden Arbeit ist bewusst weit gefasst (siehe Abbildung 7). Anhand einer Case Study und ergänzenden empirischen Untersuchungen werden cyber-physische Produktionssysteme und deren Potenziale in der gesamten Produkterstellung analysiert. Für die Einordnung in RAMI4.0 bedeutet dies folgendes:

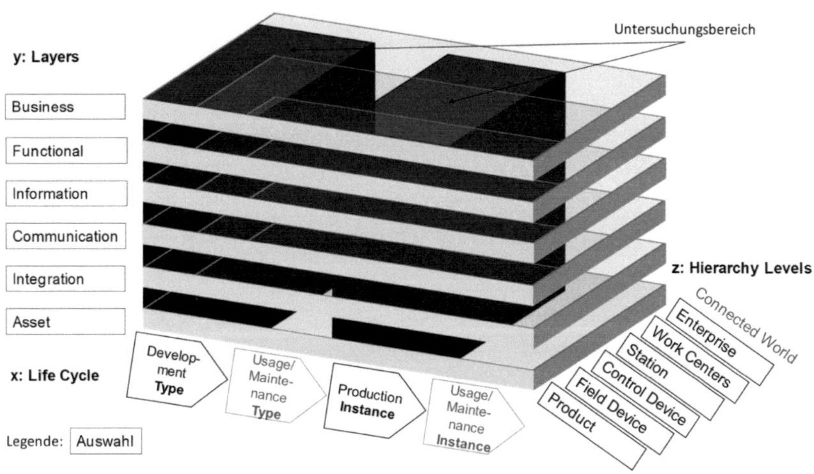

Abbildung 7: Einordnung des Untersuchungsbereichs der Arbeit in RAMI4.0[99]

[97] Vgl. Adolphs u.a. (2015a), S. 45; DIN EN 62890 (2017), pp. 12-15.

[98] Das Asset beschreibt im engen Verständnis dieser Arbeit den physischen Anteil eines Produkts oder einer Ressource. Vgl. Heidel u.a. (2017), S. 31-32.

[99] Eigene Darstellung auf Basis von Adolphs u.a. (2016a), S. 19.

- x-Achse – Life Cycle: In Bezug auf den Produktlebenszyklus werden die Phasen der Typentwicklung („Development Type") und der Instanzherstellung („Production Instance") untersucht.
- y-Achse – Layers: Bei den Ebenen der Architektur wird im Untersuchungsbereich keine Einschränkung vorgenommen.
- z-Achse – Hierarchy Levels: Hinsichtlich der Hierarchien werden ein Standort, dessen cyber-physische Produktionsanlagen und die Produkte fokussiert.

Der Gestaltungsbereich dieser Arbeit lässt sich wie folgt in das RAMI4.0 einordnen (siehe Abbildung 8):

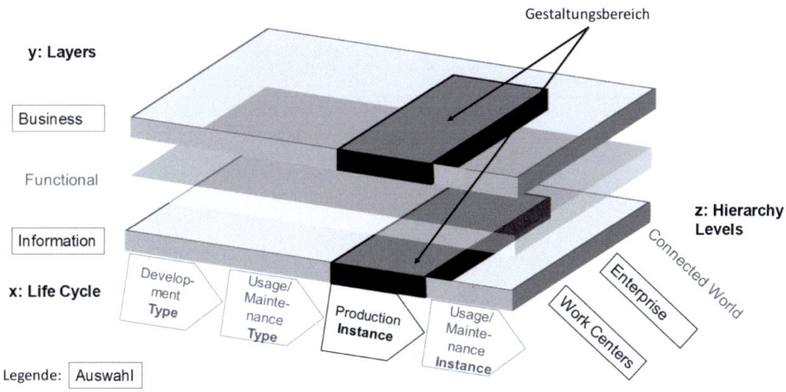

Abbildung 8: Einordnung des Gestaltungsbereichs der Arbeit in RAMI4.0[100]

- x-Achse – Life Cycle: Wie die Prozess- und Produktionsplanung selbst dient auch das Konzept zur Entscheidungsunterstützung vornehmlich der Gestaltung der Produktion („Production Instance").
- y-Achse – Layers: Der Gestaltungsbereich lässt sich der Business- und der Informationsebene des Referenzarchitekturmodells für Industrie 4.0 zuordnen (siehe Abbildung 8). Diese beiden Ebenen beschäftigen sich unter anderem mit Regeln für Produktionssysteme, Rahmenbedingungen der Produktion, Verfügbarkeit von Ressourcen, Orchestrierung bestehender Ressourcen, Steuerung von Produktionsprozessen sowie mit Informationen und Datenmodellen.[101]

[100] Eigene Darstellung auf Basis von Adolphs u.a. (2016a), S. 19.
[101] Vgl. Adolphs u.a. (2016a), S. 20; Heidel u.a. (2017), S. 50-51.

- z-Achse – Hierarchy Levels: In der vorliegenden Arbeit wird erarbeitet, wie Industrieunternehmen die Produktion in cyber-physischen Produktionssystemen planen können, weshalb sie den Ebenen der Unternehmen („Enterprise") und einzelner CPPS-Komponenten („Work Centers") zuzuordnen ist.

Die Relevanz dieser Arbeit wird durch die erwartete zunehmende Verbreitung cyber-physischer Produktionssysteme steigen. Die Plattform Industrie 4.0, die Forschungs- und Entwicklungsaktivitäten zum Thema Industrie 4.0 koordiniert[102], strebt die Normierung von Industrie 4.0-Komponenten an, die in der Lage sein sollen, in der Produktion herstellerübergreifend miteinander zu kommunizieren.[103] Industrie 4.0-Komponenten sind cyber-physische Systeme, die über spezifische Fähigkeiten verfügen bzw. definierte Anforderungen erfüllen.[104] Die Aktivitäten der Plattform Industrie 4.0 sind aktuell mehrheitlich auf den unteren Ebenen des RAMI4.0 einzuordnen, mit dem Fokus auf der technischen Realisierung cyber-physischer Produktionssysteme. Die Potenziale in der Planung der Produktion, die dem Business Layer zuzuordnen ist, werden in dieser Arbeit komplementär dazu fokussiert.

[102] Vgl. Plattform Industrie 4.0 (Hrsg., 2017), URL siehe Literaturverzeichnis.

[103] Vgl. Adolphs u.a. (2015a), S. 56; Adolphs u.a. (2016c) S. 20; Vialkowitsch u.a. (2018), S. 7-17.

[104] Vgl. Adolphs u.a. (2016b), S. 6; Adolphs u.a. (2016c), S. 29; Bedenbender u.a. (2016), S. 12-13; Bedenbender u.a. (2018), S. 10-11; Heidel und Dübrich (2017), S. 91; Hoffmeister (2015), S. 1. Jede Industrie 4.0-Komponente muss unter anderem über eine sogenannte Verwaltungsschale verfügen – die digitale Repräsentation der Assets.

2. Aufbereitung relevanter theoretischer Grundlagen der Arbeit

Im zweiten Kapitel der Arbeit werden die theoretischen Grundlagen gelegt. Darunter fallen die Definition und Abgrenzung der relevanten Begriffe aus dem Kontext der Prozess- und Produktionsplanung sowie cyber-physischer Produktionssysteme (siehe Abbildung 9).

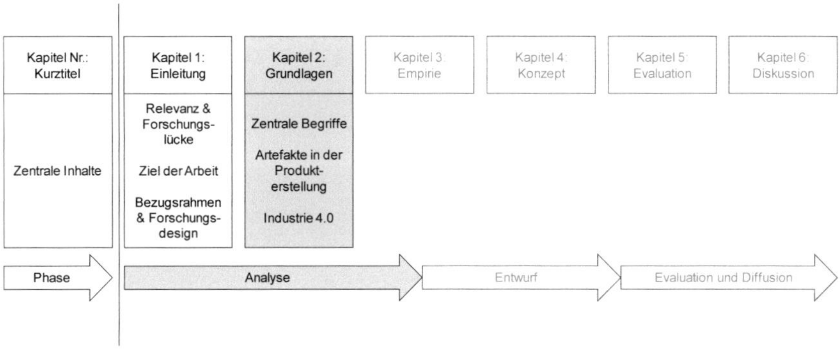

Abbildung 9: Einordnung von Kapitel 2 in den Gang der Arbeit[105]

Methodisches Vorgehen

Die im Folgenden diskutierten Grundlagen entstammen einer qualitativen Literaturrecherche, die aus vier Schritten besteht: Auswahl der relevanten Grundbegriffe, Auswahl von Quellen, Auswertung der Quellen, Erweiterung der Quellen und Begriffe (siehe Abbildung 10):

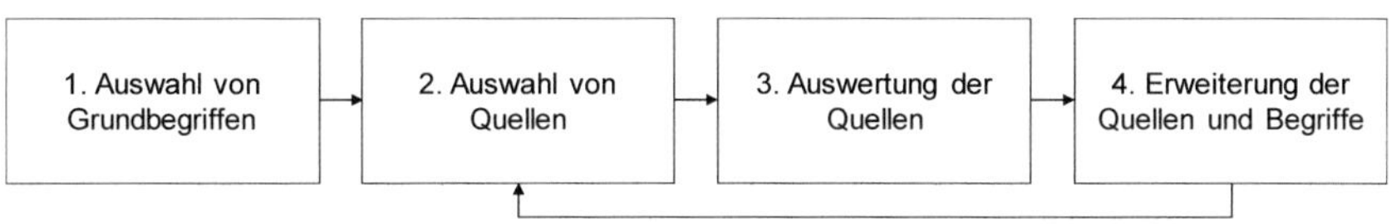

Abbildung 10: Vorgehen bei der Literaturrecherche[106]

1. Auswahl der relevanten Grundbegriffe: Zunächst werden vom Autor die relevanten Grundbegriffe aufgelistet. Als relevant werden die Begriffe angesehen,

[105] Eigene Darstellung.
[106] Eigene Darstellung.

die für das Verständnis der folgenden Kapitel der Arbeit erforderlich sind. Beispiele sind „Produkt“, „Produktionssystem“, „Produktion“ und „Produktionsplanung“.

2. Auswahl von Quellen: Die Auswahl der Quellen basiert zunächst auf einer Stichwortsuche in zwei Bereichen, die sich aus dem Kontext dieser Arbeit abgrenzen lassen.[107] Diese beiden Bereiche sind Grundlagen der Produktion sowie der PPP einerseits und Industrie 4.0 und cyber-physische Systeme andererseits. Für den ersten Bereich werden die Stichwörter „Produktionsmanagement“, „PPS“, „Produktionsplanung“, „Prozessplanung“ und „Produktentwicklung“ verwendet. Für den zweiten Bereich sind es die Stichwörter „Industrie 4.0“, „vierte industrielle Revolution“, „cyber-physische Systeme“ und „cyber-physische Produktionssysteme“. Als Quellen werden in diesem Grundlagenkapitel vor allem deutsch- und englischsprachige Normen, Standards sowie Fach-/Lehrbücher aus der Betriebswirtschaftslehre, den Ingenieurwissenschaften und der Wirtschaftsinformatik verwendet.[108] Gesucht wird vor allem im Titel dieser Werke über den Buchhandel, die Perinorm-Datenbank sowie den Katalog des Südwestdeutschen Bibliotheksverbunds Baden-Württemberg. Es werden ca. 60 Werke in der ersten Suche berücksichtigt.
3. Auswertung der Quellen: Die Quellen werden hinsichtlich Definitionen und grundlegenden Zusammenhängen sowie Strukturen zu deren Einordnung ausgewertet.[109] Für den ersten Bereich sind die Ergebnisse in Kapitel 2.1 dargestellt. Der zweite Bereich zu Industrie 4.0 und CPPS findet sich in Kapitel 2.2 und 2.3 wieder.
4. Erweiterung der Quellen und Begriffe: Die gefundenen Ergebnisse werden iterativ mit einer Rückwärtssuche in Bezug auf den Autor bzw. die Autoren oder in Bezug auf die jeweils verwendeten Quellen erweitert. D.h. es werden sowohl Beiträge, die der jeweilige Autor zuvor oder anschließend veröffentlicht hat, als auch die Quellen, die der Autor zitiert, berücksichtigt Dieses Vorgehen ist für eine Literaturrecherche empfohlen.[110] Zudem werden weitere Begriffe ergänzt, die zum Verständnis der ursprünglichen Begriffe erforderlich sind. Ein Beispiel

[107] Vgl. vom Brocke et al. (2009), p. 8; Levy and Ellis (2006), p. 190.
[108] Zu einer Übersicht möglicher Quellen vgl. vom Brocke et al. (2009), p. 4.
[109] Die Auswertung der Quellen erfolgt in Anlehnung an Levy and Ellis (2006), pp. 192-200.
[110] Vgl. Levy and Ellis (2006), pp. 190-191; Webster and Watson (2002), p. xvi.

ist „Produktlebenszyklus“, der benötigt wird, um die Phasen der Produktionsplanung und der Produktion einzuordnen. Die Quellen werden bezüglich dieser Begriffe erneut ausgewertet.

2.1 Definition und Abgrenzung grundlegender Begriffe der Arbeit

In diesem Teil der Arbeit werden die relevanten Grundbegriffe festgelegt und für die vorliegende Arbeit abgegrenzt. Zunächst werden Begriffe definiert, die aus dem Unternehmenskontext stammen, anschließend folgen Begriffe aus dem Verlauf des Produktlebenszyklus.

Der Zusammenhang zwischen den Begriffen aus dem Unternehmenskontext ist in der folgenden Abbildung strukturiert dargestellt (siehe Abbildung 11). Die ausgewählten Begriffe aus dem Unternehmenskontext sind Industrieunternehmen / Industriebetrieb, Produkt, Produktionssystem, Produktionsmanagement und Produktionslogistik.

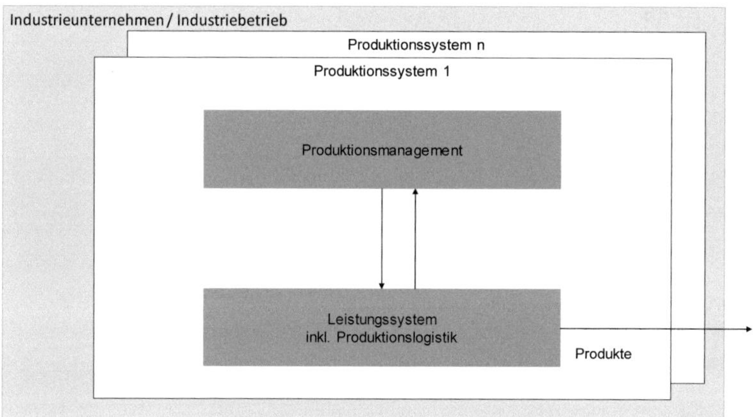

Abbildung 11: Zentrale Begriffe im Unternehmenskontext[111]

Industrieunternehmen / Industriebetrieb

Ein Industrieunternehmen ist definiert als Unternehmen, das hauptsächlich materielle Produkte herstellt und diese Produkte aus Zwischenerzeugnissen (nicht Rohstoffen) mithilfe von Arbeitskraft oder Maschinen durch Umformen oder Umwandeln erstellt.[112]

[111] Eigene Darstellung auf Basis von Dyckhoff und Spengler (2010), S. 7.
[112] Vgl. Weber (1999), S. 24.

Industriebetrieb und Produktionsbetrieb sind bekannte Synonyme, die in wissenschaftlichen Publikationen verwendet werden.[113] In der vorliegenden Arbeit werden die beiden Begriffe Industrieunternehmen und Industriebetrieb verwendet.

Produkt

Im Mittelpunkt der folgenden Definitionen steht das Produkt. Ein Produkt ist das Ergebnis der Produktion eines Unternehmens, das den Kunden angeboten wird.[114] Für den Begriff des Produkts sind in der Literatur drei Ausprägungen zu finden, abhängig davon, ob diese materiell oder immateriell sind[115]:

- Materielle Produkte: Materielle Produkte werden als Erzeugnis oder Sachgut bezeichnet.[116] Produkte können im Rahmen einer Lieferkette wiederum als Einzelteile oder sogenannte Halbfabrikate Eingang in weitere Produkte finden.
- Immaterielle Produkte: Auch Dienstleistungen können als Produkte verstanden werden.[117] Hierbei handelt es sich um eine immaterielle Leistung.[118]
- Mischformen: Produkte sind heute häufig Produkt-Service-Systeme oder hybride Leistungsbündel, die aus materiellen und immateriellen Komponenten (Software, Dienstleistungen) bestehen.[119]

Im Fokus dieser Arbeit stehen Sachgüter, also physische, industriell gefertigte Produkte bzw. deren materieller Anteil.

Produktionssystem

Ein zentraler Begriff in der vorliegenden Arbeit ist der des Produktionssystems. Jedes System besteht aus seinen Elementen, deren Beziehungen untereinander sowie einer Abgrenzung gegenüber der Umwelt.[120] Ein Produktionssystem besteht auf Ebene des Leistungssystems aus den Elementen Infrastruktur, Prozess, Fertigungstechnologien, Ressourcen und aus der Ebene des Managementsystems, die ebenfalls Prozesse und

[113] Vgl. Warnecke (1995), S. III.
[114] Vgl. VDI 4520 (2017), S. 4.
[115] Vgl. Corsten und Gössinger (2016), S. 9.
[116] Vgl. Gutenberg (1983), S. 1.
[117] Vgl. Haller (2017), S. 7-20.; VDI 4510 (2006), S. 6.
[118] Vgl. Haller (2017), S. 8.
[119] Vgl. Dangelmaier (2001), S.4; Meier und Uhlmann (2012), S. 6. Softwareaspekte werden in Spohn (2016) betrachtet.
[120] Vgl. Baetge (1974), S. 11; Krallmann u.a. (2013), S. 42-44. Die Abgrenzung eines spezifischen Systems erfolgt dabei immer problembezogen. Vgl. Krallmann u.a. (2013), S. 42.

Ressourcen, aber auch Ablauf- und Aufbauorganisation beinhaltet, sowie deren Beziehungen (siehe Abbildung 12).[121]

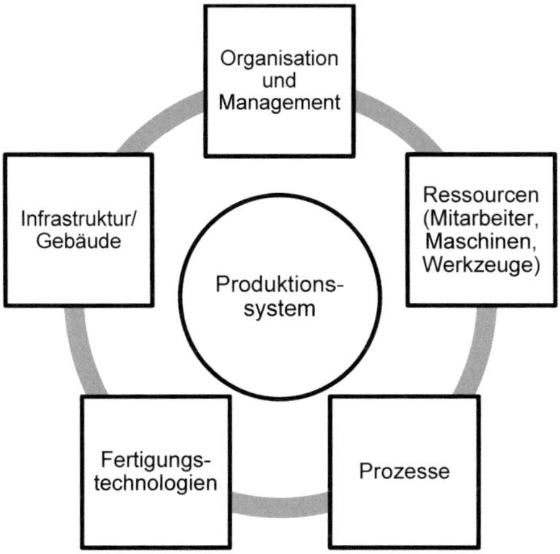

Abbildung 12: Elemente eines Produktionssystems[122]

Produktionssysteme können auf Basis der Systemtheorie auf mehreren Ebenen im Unternehmen abgegrenzt werden.[123] So kann – abhängig von der jeweiligen Systemgrenze und dem Fokus der Betrachtung – beispielsweise sowohl ein einzelner Arbeitsplatz als auch ein Standort als Produktionssystem bezeichnet werden (siehe Abbildung 13).[124] In dieser Arbeit ist mit einem Produktionssystem in der Regel eine Produktionslinie gemeint.

Eine Produktionslinie umfasst mehrere Arbeitsplätze und Maschinen, die in einer zusammenhängenden Linie angeordnet sind und auf der eine sachlogisch zusammengehörige Menge von Produktions- und Prüfschritten durchgeführt wird.[125]

In der Literatur werden Produktionssysteme zu Typen klassifiziert, indem Kriterien und die zugehörigen Merkmalsausprägungen des jeweiligen Produktionssystems erfasst

[121] Vgl. Westkämper und Löffler (2016), S. 108.
[122] Eigene Darstellung.
[123] Vgl. Schuh und Schmidt (2014), S. 3; Westkämper (2009b), S. 61.
[124] Vgl. Ebenda.
[125] Vgl. Fritz (2018), S. 212; Kämpf (2007b), S. 58; Lochmann (1999), S. 5-9.

werden.[126] Einzelne Produktionssysteme können dabei nicht immer eindeutig nur einer einzigen Merkmalsausprägung zugeordnet werden.

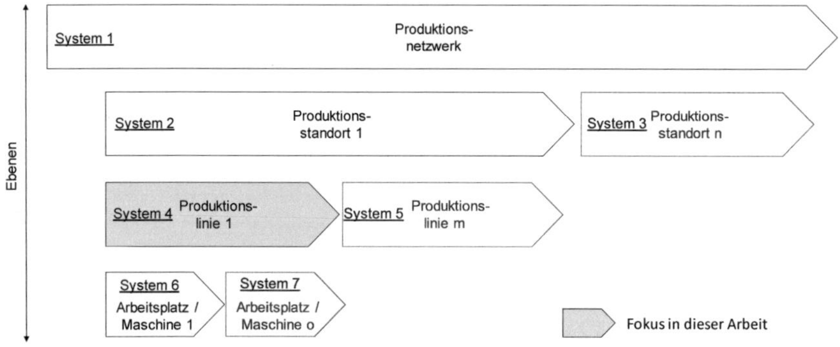

Abbildung 13: Beispielhafte Abgrenzung von Produktionssystemen auf mehreren Ebenen[127]

Im Rahmen des folgenden empirischen Teils der vorliegenden Arbeit ist die Unterscheidung zwischen den Kriterien Wiederholungsgrad der Produktion eines Produkts mit den möglichen Ausprägungen Einzel-, Serien- und Massenfertigung sowie die Anordnung der Maschinen in Werkstatt-, Insel- und Reihenfertigung relevant. Weitere Kriterien sind unter anderem die Beschaffungsart (Push/Pull), die Erzeugnisstruktur oder die Anzahl verschiedener Produkte bzw. Varianten, die gefertigt werden.[128]

Produktionsmanagement

Das Produktionsmanagement ist ein Teil des Produktionssystems.[129] Aufgabe des Produktionssystems ist es, die Produktion auf der Leistungsebene zu planen und zu steuern.[130] Im institutionellen Sinne[131] umfasst das Produktionsmanagement diejenigen Aufgabenträger, welche die Produktion planen und steuern.[132]

[126] Morphologische Kästen zu Produktionstypen sind u.a. zu finden bei Corsten und Gössinger (2016), S. 32; Dyckhoff und Spengler (2010), S. 15; Schuh u.a. (2012b), S. 138; Schuh und Schmidt (2014), S. 41.

[127] Eigene Abbildung auf Basis von Westkämper (2009b), S. 61.

[128] Vgl. Adam, 2001, S. 8; Schuh und Schmidt (2014), S.41.

[129] Vgl. Dyckhoff und Spengler (2010), S. 6-7; Schuh und Schmidt (2014), S. 4-5.

[130] Die Wissenschaft, die sich mit dem Produktionsmanagement auseinandersetzt, nennt sich Produktionswirtschaft. Vgl. Zahn und Schmid (1996), S. 14-15.

[131] Der Begriff des Managements kann institutionell oder funktionell verstanden werden. Vgl. Krcmar (2015), S. 25.

[132] In der Literatur wird teilweise ein normatives, ein strategisches und ein operatives Produktionsmanagement abgegrenzt. Vgl. Kämpf (2007c), S. 7; Rüegg-Stürm und Grand (2017), S.

Produktionslogistik

Eng mit der Produktion verbunden ist die Produktionslogistik, die inner- und außerhalb eines Industriebetriebs die Aufgabe hat, die benötigten Einzelteile für die Produktion bereitzustellen.[133] Logistikmanagement beschäftigt sich laut wissenschaftlichen Quellen mit der Planung, Steuerung und Kontrolle des Materialflusses.[134] Die Logistik hat Wechselwirkungen mit der Produktion, wird aber im Rahmen dieser Arbeit nicht vertieft untersucht, da sie nicht im Fokus der Arbeit ist.[135]

Im nächsten Abschnitt werden Begriffe aus dem Produktlebenszyklus abgegrenzt und deren Verständnis für die vorliegende Arbeit sichergestellt. Die Reihenfolge orientiert sich an der folgenden Abbildung (siehe Abbildung 14).

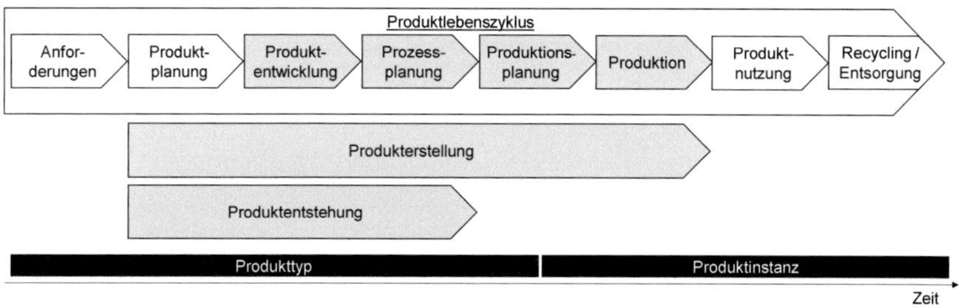

Abbildung 14: Übersicht und Einordnung der relevanten Phasen im Produktlebenszyklus[136]

Die Phasen sind entsprechend der Abbildung nach Zeitverlauf und Lesefluss geordnet; die hervorgehobenen Begriffe werden im Folgenden abgegrenzt.

Produktlebenszyklus

Der Produktlebenszyklus ermöglicht den verantwortlichen Aufgabenträgern im Unternehmen eine ganzheitliche Sicht auf das Produkt. Er beinhaltet die Entwicklung, die Produktion und die Nutzung sowie die abschließende Entsorgung bzw. das Recycling eines Produkts.[137] Hierbei ist es unerheblich, ob es sich um Produkte handelt, die in Serie oder einmalig gefertigt werden. Die Darstellung zeigt einen idealisierten bzw.

180. Diese Unterscheidung wird jedoch in der vorliegenden Arbeit nicht verfolgt, da in dieser Arbeit die Aufgaben vorrangig über den Fokus Prozess- und Produktionsplanung abgegrenzt werden.

[133] Vgl. Pawelleck (2007), S. 14.

[134] Vgl. Large (2012), S. 6.

[135] Vgl. Large (2016), S. 51.

[136] Eigene Darstellung auf Basis von Eigner und Stelzer (2009), S. 2.

[137] Vgl. Eigner und Stelzer (2009), S. 2 und S. 9.

vereinfachten Ablauf. In der Realität sind unter anderem Iterationsschleifen zwischen den Phasen sowie Überlappungen oder ein zeitlicher Versatz zwischen den einzelnen Phasen möglich.

Produktentwicklung

Im Rahmen der Produktentwicklung erfolgt in der Regel die technische Ausarbeitung einer Produktidee auf Ebene des Produkttyps.[138] Ansätze der integrierten Produktentwicklung sehen vor, dass Aufgabenträger aus verschiedenen Funktionsbereichen sich in produktfokussierten, interdisziplinären Teams zusammenschließen.[139] So sollen Vertreter verschiedener Funktionsbereiche gemeinsam für das zu erstellende Produkt abgestimmte Lösungen erarbeiten, um aufwändige Iterationen zu vermeiden. Für die Produktentwicklung werden häufig Design-for-X-Vorgaben gemacht, die entsprechend dem „X" bestimmte Prioritäten festlegen.[140] Beispielsweise würde eine Design-for-Manufacturing-Vorgabe bedeuten, dass bei der Produktentwicklung besonders auf die Fertigbarkeit der Produkte geachtet wird.

Prozessplanung[141]

Ab einem bestimmten Zeitpunkt der Produktentstehung – meist noch bevor die Produktentwicklung vollständig abgeschlossen ist – beginnt parallel zur Entwicklung die Planung der Produktionsprozesse und die Vorbereitung der Ressourcen in der Produktion für die Herstellung des Produkts.[142] Dies wird unter dem Begriff der Prozessplanung zusammengefasst.[143] Bezugspunkt der Prozessplanung sind dabei in der Regel Produkte.[144]

Produktionsplanung

Sind die Produktionsprozesse und Ressourcen für die Produktion eines Produkts vorbereitet, kann im Anschluss der Produktionsablauf geplant werden.[145] Dies wird als

[138] Vgl. VDI 2221-1 (2018), S. 5.
[139] Vgl. Ehrlenspiel und Meerkamm (2017), S. 231, S. 235-237 und S.253.
[140] Vgl. Gusig u.a. (Hrsg., 2010), S. 241; Molloy et al. (1998), p. 9.
[141] Auf den Begriff der Arbeitsvorbereitung wird hier bewusst verzichtet, da dieser in der Literatur nicht eindeutig verwendet wird. Die Arbeitsvorbereitung beinhaltet meist Aspekte der Prozess- und auch der Produktionsplanung.
[142] Vgl. Vajna u.a. (2009), S. 4.
[143] Vgl. Eigner und Stelzer (2009), S. 2.
[144] Vgl. Wiendahl (2014), S. 59.
[145] Vgl. Töpfer (2007), S. 779.

Produktionsplanung bezeichnet. Dabei werden die zu produzierenden Produktinstanzen der verschiedenen Produkttypen zunächst in Produktionsaufträgen zusammengefasst und im Anschluss werden diese Aufträge auf die verfügbaren und geeigneten Ressourcen verteilt.[146]

Produktion

In der Literatur wird häufig zwischen „Produktion im engeren Sinne“ und „Produktion im weiteren Sinne“ unterschieden. Der Unterschied liegt in der Art des Produkts: Bei der Produktion im engeren Sinne wird die Erstellung materieller Sachgüter fokussiert; die Produktion im weiteren Sinne umfasst zusätzlich die Erbringung von Dienstleistungen oder anderen immateriellen Leistungen.[147]

Unter Produktion wird im Rahmen der vorliegenden Arbeit – passend zum Produktbegriff – die Durchführung von industriell-technischen Transformationen verstanden, also das engere Verständnis der Produktion zugrunde gelegt.[148] Mithilfe dieser Transformationsschritte werden Produktmerkmale realisiert.[149] Innerhalb der Produktion wird in den Ingenieurwissenschaften häufig zwischen Fertigung und (End-)Montage unterschieden, wobei verschiedene Fertigungsverfahren zum Einsatz kommen. In der Fertigung werden Produktmerkmale auf Basis eines zugekauften Teils oder Rohstoffs durch Urformen, Umformen, Trennen, Beschichten oder Änderung der Stoffeigenschaften realisiert.[150] Bei der Montage werden zuvor gefertigte Einzelteile zusammengefügt.[151]

Produkterstellung

Der Begriff der Produkterstellung bezeichnet den Teil des Lebenszyklus bis zum Abschluss der physischen Herstellung eines Produkts.[152] Dies umfasst typischerweise

[146] Vgl. Wiendahl (2014), S. 59.
[147] Vgl. Dyckhoff und Spengler (2010), S. 3; Töpfer (2007), S. 760-761.
[148] Vgl. Töpfer (2007), S. 760.
[149] Vgl. Wiendahl (2014), S. 15.
[150] Vgl. DIN 8580 (2003), S. 7.
[151] Vgl. Eigner und Stelzer (2009), S. 2; Lotter (2012), S. 2; Schuh und Schmidt (2014), S. 29-32.
[152] Produkte werden heute typischerweise in unternehmensübergreifenden Lieferketten entwickelt und die Einzelteile von verschiedenen Zulieferern produziert. Vgl. Arbeitsgruppe 5 der Plattform Industrie 4.0 und Rogalla (2018), S. 4; Bauer u.a. (2017), S. 3. Dazu schließen Industriebetriebe sich zu Produktionsnetzwerken oder Supply Chains zusammen. Vgl. Mildenberger (1998), S. 25. Im Kontext von Industrie 4.0 wird dies als horizontale Integration bezeichnet. Vgl. Kagermann u.a. (Hrsg., 2013), S. 24. Die Produktionsplanung wird dabei in der Regel von Advanced Planning Systemen unterstützt. Vgl. Kurbel (2016), S. 438; Meyr et al. (2015), pp.100-101. Diese unternehmensübergreifende

die Entwicklung, die Vorbereitung der Produktion sowie die eigentliche Produktion. Im Gegensatz zum Begriff der Produktentstehung ist bei der Produkterstellung auch die Produktion inbegriffen.[153] In den nächsten Kapiteln wird die Produkterstellung fokussiert.

Produktentstehung

Der Produktentstehungsprozess als Teil der Produkterstellung lässt sich mithilfe von Stage-Gate-Modellen beschreiben, organisieren und steuern. Diese definieren Meilensteine und Abnahmekriterien von der Ideenfindung bis zum Testbetrieb bzw. Anlauf der Serienproduktion.[154] In der Realität handelt es sich zumeist um keinen linearen Ablauf, sondern in der Regel sind mehrere Iterationen und auch Rücksprünge im Rahmen der Produktentstehung notwendig.[155]

2.1.1 Artefakte der etablierten Produkterstellung

Die Produkterstellung beschreibt generisch die Entwicklung und Produktion neuer industrieller Produkte in Unternehmen. In einem Industrieunternehmen, das in der Regel nicht nur einen, sondern mehrere Produkttypen herstellt, sind an der Produkterstellung mehrere, unterschiedliche Funktionsbereiche beteiligt. Aufgrund der Spezialisierung und Arbeitsteilung werden Produkte in getrennten Funktionsbereichen entwickelt, geplant und produziert. Zwischen den einzelnen Funktionsbereichen gibt es Schnittstellen, an denen die Zuständigkeiten wechseln und Artefakte – häufig in Form von Dokumenten – ausgetauscht werden, mit denen der jeweils nachfolgende Funktionsbereich weiterarbeitet.[156]

Die Artefakte können in der Regel einer bestimmten Phase der etablierten Produkterstellung und einem Funktionsbereich im Unternehmen zugeordnet werden (siehe Tabelle 3). Eine Ausnahme bilden Ansätze der integrierten Produktentwicklung, die vorsehen, dass Artefakte in interdisziplinären Teams erarbeitet werden[157]; trotzdem

Zusammenarbeit liegt nicht im Fokus der vorliegenden Arbeit, auch wenn Teile der erarbeiteten Lösung auf unternehmensübergreifende Szenarien übertragbar sind, was im Rahmen der Diskussion der Ergebnisse thematisiert wird.

[153] Vgl. Ehrlenspiel und Meerkamm (2017), S. 1, S. 62 und S. 199; Eigner und Stelzer (2009), S. 2 und S. 9; Westkämper u.a. (2006), S. 118.

[154] Vgl. Cooper (2000), p. 58; Gusig u.a. (Hrsg., 2010), S. 17-18.

[155] Vgl. Gausemeier und Plass (2014), S. 25-27.

[156] Vgl. Ehrlenspiel und Meerkamm (2017), S. 206-208 und S. 215.

[157] Vgl. Ehrlenspiel und Meerkamm (2017), S. 3-4; Eversheim u.a. (2005a), S. 11.

besteht meist die Einteilung des Unternehmens in Funktionsbereiche weiter, sodass Artefakte einem verantwortlichen Funktionsbereich zugeordnet werden können.

Phase der Produkterstellung	**Zuständiger Funktionsbereich im Industrieunternehmen**	**Artefakte**
Produktentwicklung	Produktentwicklung	• Digitales Produktmodell • Digital Mock-Up[158] • Stückliste • Hinweise für Prozess- und Produktionsplanung sowie Produktion[159]
Prozessplanung	Meist Aufgabenträger aus mehreren Bereichen	• Arbeitspläne • NC-Code
Produktionsplanung	Produktion, Produktionsmanagement	• Terminierte Produktionsaufträge • Ressourcenzuordnung • Ressourceneinsatzplan
Produktion (Fertigung und Montage)	Produktion, Produktionssteuerung	• Produkt

Tabelle 3: Artefakte der etablierten Produkterstellung[160]

Wesentliche Artefakte für die vorliegende Arbeit und die adressierte Prozess- und Produktionsplanung sind (siehe Abbildung 15):

- Digitale Produktmodelle,
- Stücklisten,
- Arbeitspläne,
- Numeric Control Code (NC-Code),
- Produktionsaufträge und
- Produkte.

Im Folgenden werden diese Artefakte in zeitlicher Folge ihrer Entstehung strukturiert.

Am Anfang der Produkterstellung steht die Produktidee in Form von Anforderungen bzw. Kundenwünschen.[161] Diese wird von der Produktentwicklung in digitale Modelle

[158] Der digitale Mock-Up unterscheidet sich vom Digitalen Produktmodell dadurch, dass das Digitale Produktmodell detaillierter ist. Der Mock-Up dient der Prüfung, ob verschiedene Bauteile zusammenpassen. Vgl. Lashin (2013), S. 427.

[159] Z.B. Toleranzvorgaben, die zu berücksichtigen sind.

[160] Die Tabelle erhebt nicht den Anspruch auf Vollständigkeit.

[161] Vgl. Eigner und Stelzer (2009), S. 9.

überführt und in der Konstruktion technisch realisiert. Sobald das Produkt einen vordefinierten Reifegrad erreicht hat, aber die Entwicklung noch nicht abgeschlossen ist, wird es von der Produktentwicklung freigegeben und die Prozessplanung beginnt.[162]

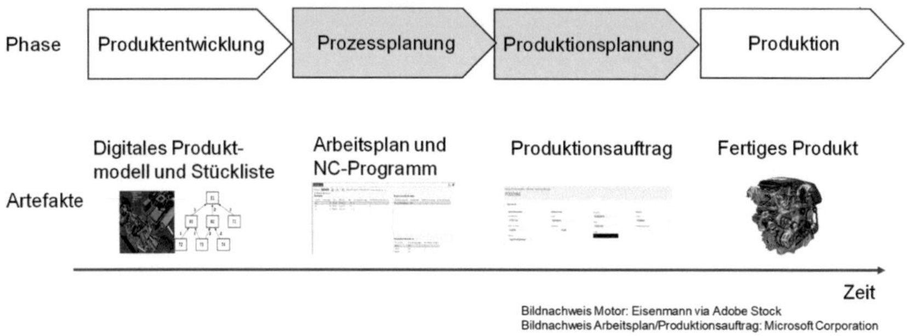

Abbildung 15: Einordnung der etablierten Prozess- und Produktionsplanung in die Produkterstellung[163]

Das simultane Engineering[164] bezeichnet genau diese zeitliche Überschneidung von Produktentwicklung und Prozessplanung.[165] Dabei wird die Stückliste[166] des Produkts als Ergebnis der Produktentwicklung weitergegeben; in der Regel gemeinsam mit dem Digitalen Produktmodell oder technischen Zeichnungen.[167]

Die Prozessplanung hat die Aufgabe, die später auszuführenden Produktionsprozesse vorzubereiten.[168] Im Rahmen der vorliegenden Arbeit wird innerhalb der Prozessplanung die Erstellung von Arbeitsplänen für verschiedene Produktionsszenarien (also verschiedene Standorte oder Ressourcen), mit denen das Produkt gefertigt werden kann, fokussiert. Ein Arbeitsplan enthält die zur Produktion eines Gutes notwendigen Arbeitsschritte mit den dafür erforderlichen Ressourcen.[169] Falls es sich um Arbeitsschritte handelt, die von Maschinen ausgeführt werden sollen, wird für die einzelnen

[162] Die zeitliche Überlappung dient dazu, die Zeit bis zur Marktreife zu verkürzen und Probleme frühzeitig zu identifizieren. Vgl. Eversheim u.a. (2005a), S. 15.
[163] Eigene Darstellung.
[164] Simultanes Engineering wird teilweise auch als Concurrent Engineering bezeichnet.
[165] Vgl. Eversheim u.a. (2005a), S. 8.
[166] Die Stückliste enthält alle in das Produkt eingehenden Rohmaterialien, Einzelteile und Baugruppen. Vgl. Schuh u.a. (2012a), S. 74. Für eine Stückliste gibt es mehrere Darstellungsformen, z.B. den Gozinthograph oder die Baukastenstückliste. Vgl. Dyckhoff und Spengler (2010), S. 254-255. Durch eine von der Konstruktionssicht abweichende Montagereihenfolge können die Stücklisten zwischen Produktentwicklung und Produktion abweichen. Vgl. Schichtel (2002), S. 100.
[167] Vgl. Ehrlenspiel und Meerkamm (2017), S. 206-208; Eversheim u.a. (2005b), S. 186.
[168] Vgl. Töpfer (2007), S. 761.
[169] Vgl. Schuh u.a. (2012a), S. 74.

Arbeitsschritte im Arbeitsplan der entsprechende Numeric Control Code (NC-Code)[170] zur Maschinensteuerung entwickelt oder generiert. Sobald die Produktentstehung abgeschlossen ist, also das Produkt und der Prozess entwickelt wurden und die entsprechenden Dokumente (u.a. ein Arbeitsplan) erstellt sind, kann die Produktionsplanung mit der Planung von Aufträgen[171] beginnen.

Die Produktionsplanung beschäftigt sich mit der Planung der Produktionsausführung.[172] Die terminierten und freigegebenen Aufträge werden von der Produktion realisiert. Die Produktionssteuerung überwacht die Produktion und hat basierend auf den in Arbeitsplänen vordefinierten Alternativen die Aufgabe, bei Turbulenzen steuernd einzugreifen.[173] Der Produkterstellungsprozess endet mit dem fertigen Produkt.

2.1.2 Grundlagen und relevante Aspekte der Prozess- und Produktionsplanung

Planung bezeichnet generell den Prozess des Entwurfs eines zukünftigen Geschehens durch systematische und informationsverarbeitende Entscheidungsvorbereitung und Entscheidungsfindung.[174] Planung hat den Zweck, vorgegebene Ziele[175] über meist mehrere Entscheidungen zu erreichen.[176] Zu jeder Entscheidung steht ein möglicher Lösungsraum zur Verfügung, d.h. in der Regel kann genau eine von mehreren bekannten alternativen Lösungsmöglichkeiten ausgewählt werden.

Entscheidungen sind im Rahmen der Ausführung betrieblicher Aufgaben zu treffen.[177] Gemäß des funktionellen Sinns des Managements wird Planung von menschlichen

---

170 Zur historischen Entwicklung des NC-Codes vgl. Kief u.a. (2017), S. 35-38. Es gibt Spezialformen wie Computer NC, direct oder distributed NC. Vgl. Kief u.a. (2017), S. 669. Diese Unterscheidung wird in der vorliegenden Arbeit nicht vertieft.

171 Produktionsaufträge sind in der Regel nicht identisch mit Kundenaufträgen, hängen aber mit diesen zusammen. Vgl. Wiendahl (2011), S. 282-283. Sie dienen der Koordination der Produktionsprozesse. Vgl. Schuh u.a. (2012a), S. 78.

172 Vgl. Töpfer (2007), S. 761.

173 Vgl. Spur (2012), S. L49.

174 Vgl. Hahn (1996), S. 1522; Jakob (2012), S. 81; Küpper u.a. (2013), S. 131-132; Schweitzer (2011), S. 40.

175 In der Produktion gibt es das Dilemma bzw. Trilemma der Ablaufplanung (Minimierung von Leerzeiten vs. Minimierung von Durchlaufzeiten vs. Minimierung von Transportzeiten) als Beispiel für Zielkonflikte. Vgl. Zahn und Schmid (1996), S. 404 und S. 501. Daher ist die Vorgabe von Zielen für die Optimierung der Prozess- und Produktionsplanung unerlässlich.

176 Vgl. Kiener u.a. (2012), S. 27.

177 Vgl. Koziol (1976), S. 50. Dieser Sachverhalt lässt sich auch auf den Produktionsbereich übertragen. Vgl. Koch (2014), S. 271-274.

Aufgabenträgern durchgeführt[178] und ist eine der Hauptaufgaben des Managements.[179]

Die Arbeitsteilung, die ihre Ursache in der Mechanisierung der Arbeit hat und heute unter dem Begriff „Taylorismus“[180] bekannt ist, führte im Laufe der Zeit zu einer zunehmenden Dezentralisierung von Entscheidungen.[181] Mit dem Taylorismus, der die Arbeitsteilung strukturiert vorantrieb, ging auch die Trennung von Planungs- und Ausführungsaufgaben einher.[182] Auf der Ausführungsebene war die Funktionsorientierung innerhalb von Unternehmen ebenfalls eine Konsequenz der Arbeitsteilung.

Empirische Forschungsarbeiten haben gezeigt, dass dabei nicht mehr durchgehend sinnbringend zwischen operativen und dispositiven Aufgaben unterschieden werden kann, da Planung sowohl objektbezogen als auch auf höheren Ebenen stattfindet.[183] Dies ist das Ergebnis einer empirischen Studie zur Aufgabenverteilung im Produktionskontext mit 67 Teilnehmern aus deutschen Industrieunternehmen.[184] Ebenfalls zeigen die Entwicklungen heute, dass Planung nicht mehr alleine durch einen getrennten Bereich, dem Management im institutionellen Sinne, durchgeführt wird, sondern Aufgabenträger aus operativen Bereichen zunehmend Planungsaufgaben wahrnehmen.[185] Vormals harte Grenzen in den Zuständigkeiten und Verantwortungsbereichen verändern sich dabei. Auch empirische Forschungsarbeiten aus dem Bereich der Führung kommen zu ähnlichen Ergebnissen. Hier wird gleichfalls festgestellt, dass Führungsaufgaben zunehmend von Führungskräften auf die Mitarbeiterebene verlagert werden.[186]

---

178 Vgl. Schweitzer (2011), S. 40. Die Produktionsplanung kann hier eine Ausnahme sein, wenn nicht nur die Entscheidungsvorbereitung, sondern auch die Entscheidung von Produktionsplanungs- und -steuerungssystemen übernommen wird. Vgl. Dangelmaier (2003), S. 60.

179 Vgl. Taylor und Wallichs (2007), S. 53; Westkämper und Löffler (2016), S. 47; Zahn und Schmid (1996), S. 145.

180 Taylorismus bezeichnet die Zerlegung von Aufgaben in kleinste Schritte und deren anschließende Optimierung im Hinblick auf die erforderliche Zeit je Schritt. Vgl. Taylor und Wallichs (2007), S. 101-104.

181 Vgl. Koch (2014), S. 74-75; Vahrenkamp (2013), S. 67; Westkämper und Löffler (2016), S. 47.

182 Vgl. Taylor und Wallichs (2007), S. 58; Vahrenkamp (2013), S. 68-69.

183 Die Trennung zwischen dispositiven und operativen Aufgaben geht auf Gutenberg zurück. Damit einher geht die Trennung des Unternehmens in operative und dispositive Bereiche. Vgl. Gutenberg (1983), S. 3.

184 Vgl. Koch u.a. (2013), S. 220. Der Autor war an dieser Studie beteiligt.

185 Vgl. Picot u.a. (2003), S. 9; Wiendahl (2014), S.84-85.

186 Vgl. Müller und Renzl (2014), S. 83-84.

Um die Flexibilität der Produktion zu erhöhen, werden Aufgaben in Unternehmen zunehmend dezentralisiert[187], d.h. kleine Einheiten agieren möglichst selbstständig und unabhängig voneinander auf Basis eines gemeinsamen Zielsystems. Dezentralisierung bedeutet, dass Entscheidungen an untere Ebenen der Aufbauorganisation delegiert werden.[188] Die Dezentralisierung erfolgt dabei in der Regel objektorientiert, d.h. einzelne Einheiten übernehmen die Verantwortung und Zuständigkeit für spezifizierte Produkte.[189] Dazu gehören sowohl die Ausführung als auch die Planung derselben. Beispiele für Ansätze der Dezentralisierung sind Gruppenarbeit, die fraktale Fabrik[190] und autonome Fertigungszellen. Im Fall von autonomen Fertigungszellen wird die Trennung zwischen Planung und Ausführung aufgebrochen, da diese auch Planungs- bzw. Steuerungsfunktionen ausüben.[191] Cyber-physische Produktionssysteme stellen eine Weiterentwicklung dieser Dezentralisierung dar.[192]

Die Arbeitsteilung und Dezentralisierung macht es erforderlich, dass einzelne Aufgabenträger, Gruppen oder Abteilungen Informationen austauschen, um gemeinsam ein Produkt herstellen zu können.[193] Ein Großteil der Informationen liegt digitalisiert in Informationssystemen der Unternehmen vor.[194] Durch die Arbeitsteilung erhält jede Organisationseinheit eine abgegrenzte Aufgabe, die mit der Zunahme der Digitalisierung durch spezifische Informationssysteme unterstützt wird.[195] Daraus entwickeln sich Informationssysteme für die einzelnen Bereiche sowie Integrationsansätze, die ein Zusammenwirken der Informationssysteme ermöglichen sollen. Zu den Integrationsansätzen[196] gehören unter anderem Schnittstellen zum Austausch von Daten zwischen Informationssystemen (siehe Abbildung 16).[197]

---

[187] Vgl. Koch (2014), S. 148; Spath (2009), S. 8.

[188] Vgl. Simon (1954) zitiert nach Frese u.a. (2012), S. 215.

[189] Vgl. Wildemann (2009), S. 192.

[190] Die fraktale Fabrik besteht aus kleinen, unabhängigen Einheiten, die selbstständig einzelne Teilaufgaben ausführen. Vgl. Warnecke (1992), S. 152.

[191] Vgl. Kämpf (2007a), S. 80.

[192] Vgl. Deuse u.a. (2015), S. 102; Hofmann (2017), S. 58; Scheer (2015), S. 444.

[193] Geschäftsprozesse wie die Entwicklung, Herstellung und Vertrieb von Produkten betreffen in der Regel mehrere Funktionsbereiche eines Industrieunternehmens. Vgl. Schmelzer und Sesselmann (2013), S. 6.

[194] Vgl. Engelmann und Großmann (2015), S. 8 und S. 11.

[195] Vgl. Scheer (1990), S. 1-2.

[196] Weitere Integrationsansätze sind z.B. die Funktionsintegration oder die Vorgangsintegration. Vgl. Mertens (2013), S. 13-16.

[197] Vgl. Mertens (2013), S. 18; Mertens und Maier (2009), S. 1

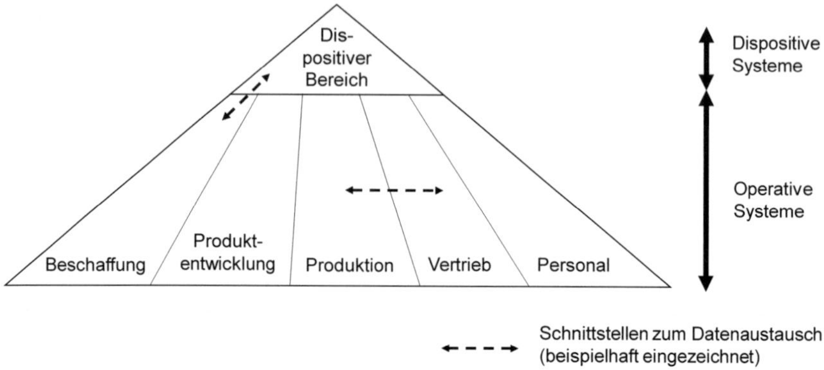

Abbildung 16: Einteilung von Informationssystemen im Unternehmen[198]

Informationssysteme lassen sich in operative und dispositive Informationssysteme einteilen. Diese Bezeichnung ist historisch bedingt, die Unterscheidung liegt im Anwendungsbereich:

- Dispositive Informationssysteme sind ursprünglich für den dispositiven Bereich des Unternehmens gedacht, können heute jedoch auch in operativen Kontexten sinnvoll verwendet werden.[199] Ein Beispiel sind Data-Warehouse-Lösungen.
- Operative Informationssysteme sind ursprünglich für den operativen Unternehmenskontext konzipiert. Einige verfügen jedoch über Funktionen, die ebenfalls den dispositiven Bereich adressieren. Ein Beispiel sind Enterprise-Ressource-Planning-Systeme.

Da die Prozess- und Produktionsplanung die Schnittstelle zwischen Produktentwicklung und Produktion bildet, steht sie in enger Interaktion mit beiden Planungsarten. Hierbei besteht die Schwierigkeit, dass aufgrund der Arbeitsteilung in Unternehmen die Unterstützung der Aufgaben historisch zur Entwicklung verschiedenartiger Informationssysteme geführt hat. Die in dieser Arbeit fokussieren operativen Informations-

[198] Eigene Darstellung auf Basis von Mertens (2013), S. 19.

[199] Auch im Zusammenhang mit Business Intelligence ist diese Veränderung zu beobachten. Diese richtete sich früher an das Management und war unter dem Namen „Management Support Systeme" bekannt. Heutige Definitionen umfassen Entscheidungsträger auf allen Hierarchieebenen. Vgl. Gluchowski u.a. (2008). S. 49-54; Kemper u.a. (2010), S. 9.

systeme der Produktion und der Produktentwicklung stammen aus getrennten Entwicklungslinien, weshalb sie nicht direkt miteinander kompatibel sind.[200] Die damit verbundene Trennung der Daten führt zu Datensilos.

Die Aufgabenträger der Prozess- und Produktionsplanung sind als Schnittstelle zwischen Produktentwicklung und Produktion angesiedelt und benötigen daher Informationen aus beiden Bereichen. Ergänzend können weitere Informationen über den Markt hilfreich sein. Ein Beispiel für relevante externe Informationen sind Marktdaten über aufgetretene Defekte im Einsatz. Bei der Unterstützung der Prozess- und Produktionsplanung durch Informationssysteme sind folglich sowohl Informationen relevant, die spezifisch auf den Bereich der Prozess- und Produktionsplanung ausgerichtet sind, als auch Informationen aus den vorhergehenden und nachfolgenden Phasen des Produktlebenszyklus. Der konkrete Informationsbedarf wird im weiteren Verlauf der Arbeit empirisch ermittelt.

2.1.3 Zunehmender Kosten- und Leistungsdruck als Herausforderung für die Prozess- und Produktionsplanung

Der Kosten- und Leistungsdruck, dem sich Industrieunternehmen ausgesetzt sehen, hat auch Auswirkungen auf die Prozess- und Produktionsplanung. Einerseits sollen die Planungsvorgänge möglichst effizient ablaufen und andererseits soll die Planung eine zielkonforme Produktion auf Basis der vorhandenen Ressourcen sicherstellen.

Um Planungsvorgänge effizienter zu gestalten, werden sie durch den Einsatz von Informationssystemen möglichst weitgehend automatisiert.[201] Beispiele sind in der Produktionsplanung Produktionsplanungs- und -steuerungssysteme, die dazu eingesetzt werden können, die Produktionsplanung anstelle menschlicher Aufgabenträger durchzuführen, oder in der Prozessplanung Schnittstellen, die eine computerbasierte Arbeitsplanung auf Basis des digitalen Produktmodells ermöglichen.

In den letzten Jahrzehnten wurden zunehmend ausgereifte mathematische Modelle zur Anwendung in der Produktionsplanung entwickelt, die eine zielorientierte Abarbeitung von Produktionsvorgängen sicherstellen sollen.[202] Als mögliches Ziel kann eine

---

[200] Vgl. Scheer (1990), S. 1-2; Vahrenkamp (2013), S. 117.
[201] Vgl. Kurbel (2016), S. 27-28.
[202] Vgl. Corsten und Gössinger (2016), S. 492-515; Günther und Tempelmeier (2016), S. 173-227.

kostenminimale Produktion oder eine maximale Auslastung der Ressourcen angestrebt werden.[203] Die Umsetzung dieser Modelle und die darauf basierende Berechnung von Ablaufplänen erfolgt meist in Produktionsplanungs- und -steuerungssystemen.

2.1.4 Zunehmende Produktvielfalt als Herausforderung für die Prozess- und Produktionsplanung

Aufgrund der stetig wachsenden Nachfrage nach kundenindividuellen Produkten entwickeln Industriebetriebe ein zunehmendes Produktspektrum und bieten dieses am Markt an. In der Literatur wird dies unter den Begriffen Varianten und Variantenmanagement diskutiert, wobei sich die Zahl der Varianten aus einer intern bedingten sowie einer extern bedingten Variation zusammensetzt.[204]

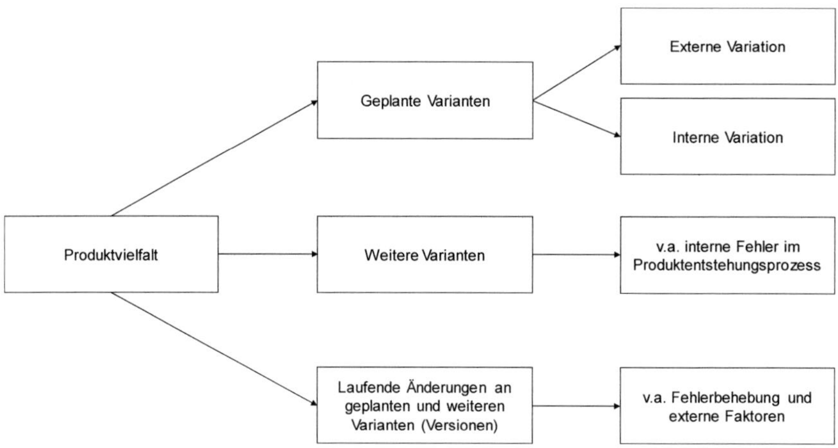

Abbildung 17: Gründe der Produktvielfalt[205]

- Externe Variation: Die extern bedingte Variation wird von unvereinbaren Kundenanforderungen verursacht. Die zunehmende Individualisierung von Produkten ist dabei eine der Ursachen für die Steigerung der externen Variation.

---

[203] Vgl. Kurbel (2016), S. 21-23.
[204] Vgl. Ehrlenspiel und Meerkamm (2017), S. 865-866; Kestel (1995), S. 29; Zenner (2006), S. 52.
[205] Eigene Darstellung.

- Interne Variation: Die interne Variation ergibt sich aus den unternehmensinternen Produktionsbedingungen. Sie kommt zum Beispiel zustande, wenn Varianten für mehrere Standorte aufgrund abweichender Ressourcen gebildet werden.

Tatsächlich sind Industriebetriebe heute mit einer noch höheren Produktvielfalt[206] konfrontiert, da Produkte und deren Varianten ständigen Anpassungen unterliegen.[207] Jede Variante kann somit in mehreren Versionen vorliegen. Geplante Varianten sind in der Regel durch unternehmensexterne Gründe gerechtfertigt und werden bewusst angeboten, um beispielsweise verschiedene Marktsegmente zu erreichen oder sie ergeben sich aus regional verschiedenen gesetzlichen Anforderungen. Weitere Varianten und Änderungen an den Produkten entstehen, wenn sich Änderungen in der Lieferkette ergeben oder konstruktive Änderungen an Produkten zu Zwecken der Fehlerbeseitigung notwendig werden. Weitere Gründe können die Korrektur eventueller Fehler in der Produktentwicklung oder in der unternehmensinternen Abstimmung sein.[208] Eine Zusammenfassung der Gründe der Produktvielfalt ist der entsprechenden Abbildung zu entnehmen (siehe Abbildung 17).

Die hohe Produktvielfalt durch mehr geplante und weitere Varianten führt dazu, dass einzelne Produkte seltener gefertigt werden. Nur noch wenige standardisierte Produkte werden über Jahre hinweg als Massenware hergestellt, stattdessen nimmt in der Produktion die Kleinserien- bzw. Einzelfertigung zu. In der Literatur hat sich dafür der Begriff der variantenreichen Serienproduktion etabliert.[209]

In der Produkterstellung müssen Produkte daher zunehmend individuell entwickelt sowie ihre Produktion geplant und durchgeführt werden. Insbesondere die Prozessplanung wird laufend mit konstruktiven Änderungen an den Produkten konfrontiert und ist daher gefordert, die Produktionsprozesse entsprechend anzupassen.[210] Auch für die

[206] Variantenvielfalt ist eine Untermenge von Produktvielfalt. Produktvielfalt bedeutet allgemein, dass sich die Produkte in ihren Merkmalen oder Eigenschaften unterscheiden, auch wenn es keine Varianten sind. Vgl. Buchholz (2012), S. 22.

[207] Vgl. Westkämper (2009a), S. 10. Neue Varianten entstehen durch Variantenkonstruktion, neue Versionen bestehender Produkte und Varianten über Anpassungskonstruktionen. Vgl. Ehrlenspiel und Meerkamm (2017), S. 331.

[208] Vgl. Ehrlenspiel und Meerkamm (2017), S. 866-867.

[209] Vgl. Landherr (2014), S. 1; Volling (2009), S. 1.

[210] Vgl. Mieke (2017), S. 231-232.

Produktionsplanung kann es erforderlich sein, bei Änderungen am Produkt die Zuordnung von Arbeitsgängen zu Ressourcen erneut zu verändern. Gleichzeitig sind von derartigen Anpassungen oft mehr als ein Standort und mehr als eine Produktionslinie betroffen, da Produkte zum Teil weltweit hergestellt werden. Dies führt zu hohen Aufwänden in der Prozess- und Produktionsplanung und Zeitverzug bei der Umsetzung der Anpassungen, zu steigenden Kosten und erhöhter Komplexität in Unternehmen. Die damit verbundenen Herausforderungen in der Prozess- und Produktionsplanung werden im weiteren Verlauf der Arbeit im Fokus stehen.

2.2 Definitionen und Grundlagen zu Industrie 4.0

In diesem Teil der Arbeit werden das Phänomen Industrie 4.0 sowie der Zusammenhang zwischen Industrie 4.0 und cyber-physischen Produktionssystemen untersucht.

2.2.1 Verständnis von Industrie 4.0

Industrie 4.0 ist die Bezeichnung für die sogenannte vierte industrielle Revolution. Ursprünglich ist Industrie 4.0 ein Zukunftsprojekt der Bundesrepublik Deutschland im Rahmen der Hightech Strategie der Bundesregierung.[211] Industrie 4.0 wird als vierte industrielle Revolution angesehen, da sie sich durch eine technologische Innovation vom Status Quo abhebt. Die erste industrielle Revolution fand aufgrund der Mechanisierung der Produktion statt; die zweite war getrieben durch die Elektrifizierung; die dritte durch den Einzug von Elektronik und Informationstechnik. Die aktuelle, vierte industrielle Revolution sieht den Einsatz cyber-physischer Systeme vor.[212] Die Adaption dieser cyber-physischen Systeme (CPS) auf den Kontext der Produktion wird als wesentliches Merkmal von Industrie 4.0 gesehen.[213] Ob diese Entwicklung tatsächlich revolutionären Charakter hat oder ob es sich um eine Evolution handelt, ist in der Literatur umstritten.[214] Zudem trägt Industrie 4.0 die Verbindung zwischen Informationstechnik und Produktion im Namen, indem eine Versionsnummer verwendet wird, was für Softwareprodukte typisch ist. Unter 4.0 ist ein deutlicher

[211] Vgl. Bundesministerium für Bildung und Forschung (Hrsg., 2014), S. 16 und S. 50.
[212] Vgl. Kagermann u.a. (2012), S. 13-14.
[213] Vgl. Kagermann u.a. (Hrsg., 2013), S. 89.
[214] Vgl. Corsten und Gössinger (2016), S. 614; Sendler (2013), S. 7. Eine Quelle kommt an Hand von Kriterien zu dem Ergebnis, dass es keine Revolution sein kann. Vgl. Barthelmäs u.a. (2017), S. 52. Auch wird vereinzelt bezweifelt, ob IT geeignet ist, die Wettbewerbsfähigkeit der Industrieunternehmen zu verbessern. Vgl. Syska und Lièvre (2016), S. 70.

Entwicklungsschritt gegenüber der Version 3.0 zu verstehen, der vielfältige Änderungen mit sich bringt und Anpassungen der Umgebung erforderlich macht.[215]

In der folgenden Tabelle sind Definitionen zu Industrie 4.0 aufgeführt, sortiert nach deren zeitlichem Erscheinen (siehe Tabelle 4).

Quelle	Definition Industrie 4.0
Promotorengruppe Kommunikation (2012)	„Industrie 4.0 adressiert den schnellen technologischen Wandel auf Basis des Zusammenwachsens moderner Technologien der Informationstechnik mit klassischen industriellen Prozessen zu Cyber-physical Systems."[216]
Jasperneite (2012)	„Industrie 4.0 [..] umschreibt den technologischen Wandel heutiger Produktionstechnik hin zu cyber-physischen Produktionssystemen (Smart Factory).[217]
Arbeitskreis Industrie 4.0 (2013)	„Industrie 4.0 meint im Kern die technische Integration von CPS in die Produktion und Logistik sowie die Anwendung des Internets der Dinge und Dienste in industriellen Prozessen."[218]
Russwurm (2013)	„Gemeint ist [mit Industrie 4.0, Ergänzung des Verfassers] vor allem ein Paradigmenwechsel hin zu verstärkter Vernetzung neuartiger, interaktiver Produktionstechnik, in der eingebettete Steuerungen direkt miteinander kommunizieren und damit zu Cyber-Physical Systems (cyber-physischen Systemen, CPS) werden."[219]
Spath (2013)	„Unter [..] Industrie 4.0 wird der flächendeckende Einzug von Informations- und Kommunikationstechnik sowie deren Vernetzung zu einem Internet der Dinge, Dienste und Daten, das eine Echtzeitfähigkeit der Produktion ermöglicht, propagiert."[220]
Gronau (2014)	„Vision [von Industrie 4.0] ist die selbstorganisierte Fabrik, in der intelligente und teilautonome Objekte interagieren und es gelingt, die zunehmende Individualisierung der Produkte mit den Vorteilen von Großserienproduktion zu verbinden (Mass Customization)."[221]
Kemper und Lasi (2015)	„Industrie 4.0 als ein unternehmensspezifischer Gesamtansatz zur Steigerung der Wertschöpfung über den gesamten Produktlebenszyklus."[222]

[215] Vgl. Herzwurm und Pietsch (2009), S. 195.
[216] Kagermann u.a. (2012), S. 15.
[217] Jaspernite (2012), S. 26.
[218] Kagermann u.a. (Hrsg., 2013), S. 18.
[219] Russwurm (2013), S. 31.
[220] Spath u.a. (Hrsg., 2013), S. 2.
[221] Gronau (2015), o.S.
[222] Kemper und Lasi (2015), S. 11.

Quelle	Definition Industrie 4.0
Plattform Industrie 4.0 (2015)	„Der Begriff Industrie 4.0 steht für die vierte industrielle Revolution, einer neuen Stufe der Organisation und Steuerung der gesamten Wertschöpfungskette über den Lebenszyklus von Produkten."[223]

Tabelle 4: Definitionen Industrie 4.0[224]

Eine Analyse und Gruppierung der Definitionen führen zu folgenden Ergebnissen:

- Es kann festgehalten werden, dass einige Autoren den Begriff der Smart Factory mit Industrie 4.0 gleichsetzen, was in der vorliegenden Arbeit nicht der Fall ist.[225]
- In den meisten Definitionen ist der Begriff der cyber-physischen Systeme enthalten oder umschrieben. Diese werden durchgehend von allen Autoren als technologische Grundlage und Auslöser der anstehenden Revolution gesehen.
- Es kann eine Weiterentwicklung der Definitionen im Laufe der Zeit festgestellt werden. Ursprünglich – also in den Jahren 2012-2013 – war Industrie 4.0 sehr eng an den Begriff der cyber-physischen Produktionssysteme gekoppelt und vor allem auf die Bereiche Produktion und Logistik fokussiert. Seitdem wurden die Definitionen dahingehend erweitert, dass die Auswirkungen cyber-physischer Produktionssysteme auch außerhalb der Produktion auf die Wertschöpfung und den gesamten Produktlebenszyklus einbezogen werden.
- Das Verständnis von Industrie 4.0 kann auf Basis dieser Definitionen in drei verschiedene Gruppen eingeteilt werden: Produktionsorientiert, produktorientiert und wertschöpfungsorientiert.[226]
    - Produktionsorientiertes Verständnis: Im produktionsorientierten Verständnis wird unter Industrie 4.0 die Nutzung cyber-physischer Produktionssysteme als Ressource in der Produktion verstanden.
    - Produktorientiertes Verständnis: Im produktorientierten Verständnis werden cyber-physische Produktionssysteme und ihre Komponenten darüber hinausgehend nicht nur als Ressourcen zur Produktion eingesetzt,

[223] Dorst u.a. (2015), S. 8.

[224] Die Tabelle erhebt keinen Anspruch auf Vollständigkeit. Verwendet werden vor allem publizierte Definitionen der offiziellen Arbeitsgruppen und Institutionen zu Industrie 4.0 ergänzt um Definition aus dem Forschungsfeld der Wirtschaftsinformatik. Viele weitere Beispiele hat Mertens gesammelt. Vgl. Mertens u.a. (2017b), S. 46-49.

[225] Vgl. Jaspernite (2012), S. 26.

[226] Vgl. Kemper und Lasi (2015), S. 11-12.

sondern sie werden selbst auch als Produkte verstanden.[227] Zusätzlich sind Produkte, die in CPPS produziert werden, ebenfalls CPPS-Komponenten und damit ebenfalls Teil von Industrie 4.0. Nach diesem Verständnis umfasst Industrie 4.0 neben der Produktion auch die Produktnutzung.

- Wertschöpfungsorientiertes Verständnis: Zuletzt kann Industrie 4.0 im wertschöpfungsorientierten Verständnis als unternehmensspezifischer Gesamtansatz zur Steigerung der Wertschöpfung verstanden werden.[228] Dabei werden alle Phasen des Produktlebenszyklus einbezogen und die Auswirkungen von cyber-physischen Produktionssystemen auf allen Unternehmensebenen und in allen Bereichen bis hin zu Geschäftsmodellen adressiert.[229]

Die vorliegende Arbeit schließt sich dem wertschöpfungsorientierten Verständnis von Industrie 4.0 an. Konkret werden in der Arbeit die Konsequenzen des Einsatzes cyber-physischer Produktionssysteme für die Prozess- und Produktionsplanung thematisiert und entsprechende informationstechnische Lösungen dafür entworfen, die dazu beitragen, die Potenziale der CPPS zu realisieren.

2.2.2 Zweck von Industrie 4.0

Aus volkswirtschaftlicher Sicht beabsichtigt die Regierung der Bundesrepublik Deutschland, mit Industrie 4.0 den Produktionsstandort Deutschland zu sichern.[230] Deutschland soll im Rahmen der sogenannten Dualen Strategie gleichzeitig zum Leitanbieter und zum Leitmarkt für cyber-physische Produktionssysteme werden und die Zukunft der Produktion aktiv mitgestalten.[231] Damit will die Regierung Arbeitsplätze im

[227] In diesem Fall werden die Produkte auch als Smart Products bezeichnet. Vgl. Abele u.a. (Hrsg., 2016), S. 11; Abramovici (2015), p. 1.
[228] Vgl. Kemper und Lasi (2015), S. 11.
[229] Vgl. Fleisch u.a. (2017), S. 15; Wortmann u.a. (2017), S. 22-23.
[230] Vgl. Bauernhansl u.a. (2014), S. 6; Bundesministerium für Wirtschaft und Energie (Hrsg., 2015a) S. 7; Bundesministerium für Bildung und Forschung (Hrsg., 2017b), S. 159; Wischmann u.a. (2015), S. 28.
[231] Vgl. Kagermann u.a. (Hrsg., 2013), S. 33-34.

industriellen Wirtschaftssektor erhalten und das Marktpotenzial von Industrie 4.0 erschließen.[232] Durch den Einsatz cyber-physischer Produktionssysteme wird auch angestrebt, einen möglichen zukünftigen Fachkräftemangel zu vermeiden.[233] Aus staatlicher Sicht gehört zu Industrie 4.0 auch ein Förderprogramm für innovative Projekte, die mittelfristig die Wettbewerbsfähigkeit deutscher Unternehmen erhöhen sollen.[234]

Aus betriebswirtschaftlicher Sicht verfolgt Industrie 4.0 konkrete Ziele und beschreibt auch die erforderlichen Mittel zur Zielerreichung. Die Erhöhung der Ressourceneffizienz bei gleichzeitiger Ermöglichung einer breiteren Produktvielfalt wird angestrebt. In der Literatur kulminiert dies in der Forderung nach einer wirtschaftlichen Fertigung in kleinen Losgrößen – bis zur Losgröße „1".[235] Dies soll über horizontale und vertikale Transparenz durch Datendurchgängigkeit, zunehmende Automatisierung sowie den Einsatz des Internets der Dinge[236] und Dienste[237] in Form cyber-physischer Produktionssysteme erreicht werden.[238]

Dabei wird besonders auf die Durchgängigkeit der Daten großer Wert gelegt.[239] Datendurchgängigkeit ist eine Voraussetzung für Informationskonsistenz. Einzelne an der Produkterstellung beteiligte Informationssysteme sollen Daten austauschen können, um die Verfügbarkeit von Informationen sowohl unternehmensintern bei allen maschinellen und personellen Aufgabenträgern aller Managementebenen als auch unternehmensübergreifend zu gewährleisten.[240]

---

[232] Zum Marktpotenzial vgl. Dorst und Heyer (2015), S. 2; Wischmann u.a. (2015), S. 8.

[233] Vgl. Kagermann u.a. (Hrsg., 2013), S. 5.

[234] Vgl. Bundesministerium für Bildung und Forschung (Hrsg., 2014), S. 16; European Commission (Ed., 2013), p. 30.

[235] Vgl. Kagermann u.a. (Hrsg., 2013), S. 19.

[236] Im Internet der Dinge sind physische Gegenstände vernetzt, sodass sie Daten erfassen, verarbeiten und verteilen können. Vgl. Asthon (2009), URL siehe Literaturverzeichnis. Das Internet der Dinge wird als Weiterentwicklung des Ubiquitous Computing gesehen, das die Ausrüstung von Objekten der Realwelt mit Recheneinheiten anstrebt. Vgl. Mattern (2005), S. 39-41; Weiser (1991), p. 94. Zum Internet der Dinge vgl. Andelfinger und Hänisch (2015), S. 9-76; Eisenhauer u.a. (2007), S. 49-62. Industrie 4.0 ist eine branchenspezifische Ausprägung des Industrial Internet of Things. Vgl. Lin et al. (Ed., 2017), p. 51; Industrial Internet Consortium (Ed., 2017a); URL siehe Literaturverzeichnis; Plattform Industrie 4.0 (Ed., 2016), URL siehe Literaturverzeichnis.

[237] Im Internet der Dienste können cyber-physische Systeme ihre granularen Funktionalitäten als Dienste bereitstellen. Vgl. Kagermann u.a. (Hrsg., 2013), S. 85. Dazu haben sich Web Services etabliert. Vgl., Melzer (2010), S. 31. Weitere Details zum Internet der Dienste vgl. Fensel (2011), S. 62-63.

[238] Vgl. Kagermann u.a. (Hrsg., 2013), S. 19-20.

[239] Vgl. Dorst u.a. (2015), S. 16; Drumm u.a. (2016), S. 5-8; Kagermann u.a. (Hrsg., 2013), S. 24.

[240] Vgl. Dorst u.a. (2015), S. 16.

2.2.3 Aktueller Stand von Industrie 4.0

Zum Zeitpunkt der Entstehung der vorliegenden Arbeit befindet sich Industrie 4.0 in der Umsetzungsphase. Standardisierung und Normung sind unter anderem der Zweck formaler, unternehmensübergreifender Gremien, die von der Plattform Industrie 4.0[241] koordiniert werden.[242] Mehrere Arbeitskreise arbeiten hier an verschiedenen Teilaspekten von Industrie 4.0. In Deutschland geben je nach Studie und Branche ca. 60-80 % aller Industrieunternehmen an, sich mit Industrie 4.0 auseinanderzusetzen.[243] Mehrere Leitfäden sind am Markt verfügbar, mit denen Unternehmen sich dem Thema Industrie 4.0 nähern können.[244] Auf der Seite der Wissenschaft sind einzelne Forschungsprojekte bereits erfolgreich abgeschlossen.[245]

Zudem zeigt eine repräsentative Studie mit über 600 befragten Industrieunternehmen aus Deutschland und der Schweiz, dass die Bedeutung von Industrie 4.0 in den nächsten Jahren weiter zunehmen soll.[246] Auch bieten bereits 10 % der befragten Industrieunternehmen Industrie 4.0-Komponenten an, bei weiteren 14 % ist dies geplant.[247]

International wurde das Thema Industrie 4.0 unter verschiedenen Bezeichnungen aufgegriffen und hat sich in vergleichbaren Ansätzen manifestiert, z.B.:

- in China gibt es das Programm „Made in China 2025“,
- in Japan beschäftigen Unternehmen sich ebenfalls unter dem Stichwort der Industrial Value Chain Initiative mit Industrie 4.0[248] und
- in den USA bestehen unter dem Schlagwort „Advanced Manufacturing“ Überschneidungen zwischen der Plattform Industrie 4.0 und dem Industrial Internet Consortium[249].

[241] Die Plattform Industrie 4.0 koordiniert viele Aktivitäten im Umfeld von Industrie 4.0 mit den Verbänden BITKOM, VDMA und ZVEI, Unternehmen sowie weiteren Organisationen unter Leitung der Bundesministerien für Bildung und Forschung sowie Wirtschaft und Energie. Vgl. Bundesministerium für Wirtschaft und Energie (Hrsg., 2015b), S. 8.
[242] Vgl. Adolph u.a. (2015), S. 31; Heidel und Döbrich (2017), S. 98-99.
[243] Vgl. Brendle u.a. (2016), S. 18-19; Lichtblau u.a. (2015), S. 19.
[244] Vgl. Anderl u.a. (2015), S. 11-15; Merz (2016), S. 93-107; Scheer (2017), S. 50; Schuh u.a. (Hrsg., 2017), S. 18-20; Seiter u.a. (2016), S. 85-92; Weber u.a. (2017), S. 272-274.
[245] Vgl. Bundesministerium für Bildung und Forschung (Hrsg., 2015), S. 14-137.
[246] Vgl. Kilger u.a. (2017), S. 6 und S. 15.
[247] Vgl. Kilger u.a. (2017), S. 33.
[248] Vgl. Lantermann (2017), S. 153.
[249] Vgl. Industrial Internet Consortium (Ed., 2017b), URL siehe Literaturverzeichnis.

Diese Entwicklungen sind darin begründet, dass die Produktion weltweit stattfindet und Ländergrenzen für Innovationen keine Barriere mehr darstellen. Die verschiedenen nationalen Gremien arbeiten eng zusammen, um den Herausforderungen zu begegnen und internationale Standards vorzubereiten bzw. zu etablieren.[250]

2.3 Cyber-physische Produktionssysteme als Kern von Industrie 4.0

Die im Zentrum von Industrie 4.0 stehenden cyber-physischen Produktionssysteme sind eine spezielle Erscheinungsform cyber-physischer Systeme.[251] Um deren Eigenschaften zu ergründen, werden daher zunächst cyber-physische Systeme im Allgemeinen definiert.

2.3.1 Definition cyber-physischer Systeme

Cyber-physische Systeme (CPS) werden in der Literatur unterschiedlich definiert. Zum ersten Mal wurde der Begriff 2006 von Helen Gill in der National Science Foundation der USA verwendet.[252] Ein Überblick ausgewählter Definitionen erfolgt in Tabellenform (siehe Tabelle 5).

Quelle	Definition cyber-physischer Systeme
Lee (2008) / Lee (2010) / Lee and Seshia (2017)	"Cyber-physical systems are integrations of computation and physical processes [whose behavior is defined by both cyber and physical parts of the system, ergänzt in Lee and Seshia 2017]. Embedded computers and networks monitor and control the physical processes, usually with feedback loops where physical processes affect computations and vice versa."[253]
Broy (2010)	„Cyber-physical Systems adressieren die enge Verbindung eingebetteter Systeme zur Überwachung und Steuerung physikalischer Vorgänge mittels Sensoren und Aktuatoren über Kommunikationseinrichtungen mit den globalen digitalen Netzen."[254]
Rajkumar et al. (2010)	"Cyber-physical systems (CPS) are physical and engineered systems whose operations are monitored, coordinated, controlled and integrated by a computing and communication core."[255]

[250] Vgl. Industrial Internet Consortium (Ed., 2017a), URL siehe Literaturverzeichnis; Bundesministerium für Wirtschaft und Energie (Ed., 2016), p. 2; Plattform Industrie 4.0 (Ed., 2016), URL siehe Literaturverzeichnis.
[251] Vgl. Bangemann u.a. (2015), S. 18 und S. 20; Kagermann u.a. (Hrsg., 2013), S. 89.
[252] Vgl. Lee and Seshia (2017), p. 5.
[253] Lee (2008), p. 363; Lee (2010), p. 737; Lee and Seshia (2017), p. 1.
[254] Broy (2010), S. 17.
[255] Rajkumar et al. (2010), p. 731.

Quelle	Definition cyber-physischer Systeme
Agenda CPS (2012)	„Offene, vernetzte Systeme, die mithilfe von Sensoren Daten zu Situationen der physikalischen Welt erfassen, sie interpretieren und für netzbasierte Dienste verfügbar machen sowie mittels Aktoren direkt auf Prozesse in der physikalischen Welt einwirken und damit das Verhalten von Geräten, Dingen und Diensten steuern können."[256]
Arbeitskreis Industrie 4.0 (2013)	„CPS umfassen eingebettete Systeme, Produktions-, Logistik-, Engineering-, Koordinations- und Managementprozesse sowie Internetdienste, die mittels Sensoren unmittelbar physikalische Daten erfassen und mittels Aktoren auf physikalische Vorgänge einwirken, mittels digitaler Netze untereinander verbunden sind, weltweit verfügbare Daten und Dienste nutzen und über multimodale Mensch-Maschine-Schnittstellen verfügen. Cyber-physical Systems sind offene soziotechnische Systeme."[257]
Schlick u.a. (2013)	„Cyber-physische Systeme sind ein Synonym für Anwendungen und Systeme im Bereich der Fabrikautomatisierung, welche sowohl die Optimierung bestehender und die Schaffung neuer Prozesse als auch die Bereitstellung von softwarebasierten Mehrwertdiensten erlauben."[258]
VDI GMA Fachausschuss 7.20 und 7.21 (2015)	„System, das reale (physische) Objekte und Prozesse verknüpft mit informationsverarbeitenden (virtuellen) Objekten und Prozessen über offene, teilweise globale und jederzeit miteinander verbundene Informationsnetze."[259]
Janiesch (2017)	„Aufbauend auf dem Konzept des Internet der Dinge bezeichnen cyber-physische Systeme (CPS) die Kopplung von physischen, biologischen und / oder bautechnischen Komponenten, die über eine Recheneinheit integriert, gemonitort und / oder gesteuert werden."[260]
Song et al. (2017)	"CPSs integrate cyber components (namely sensing, computation, control, and networking) into physical components (namely physical objects, infrastructure, and human users), connecting them to the Internet and to each other."[261]

Tabelle 5: Definitionen cyber-physischer Systeme in der Literatur[262]

Die Tabelle ist zeitlich sortiert und es lassen sich daran folgende Aspekte festhalten:

- Die älteste, ursprüngliche Definition von Lee spricht generisch von einer Zusammenführung der Realwelt und Recheneinheiten. Dabei ist die Steuerung aus der Cyberwelt heraus entscheidend. Dies wird in den folgenden Jahren von

[256] Geisberger u.a. (Hrsg., 2012), S. 9.
[257] Kagermann u.a. (Hrsg., 2013), S. 84.
[258] Schlick u.a. (2013), S. 36.
[259] Bangemann u.a. (2015), S. 18.
[260] Janiesch (2017), o.S.
[261] Song et al. (2017), p. xxix.
[262] Die Tabelle erhebt keinen Anspruch auf Vollständigkeit.

anderen Autoren konkretisiert, indem vor allem Sensoren und Aktoren, die über Rechenfunktionen des CPS gesteuert werden, thematisiert werden. In den aktuellen Definitionen wird zunehmend die Kommunikation zwischen CPS über Internettechnologien und Netze ergänzt.

- Die Definition von Schlick u.a. unterscheidet sich markant von den anderen. Diese ordnet CPS in den Bereich der Fabrikautomation ein, was vermutlich im Hintergrund der Autoren begründet ist.
- Janiesch erweitert die physischen Bestandteile um biologische Komponenten. Nur zwei der Definitionen sehen explizit eine Verbindung bzw. Schnittstelle zum Menschen vor.
- Der Begriff der Dienste bzw. das Internet der Dienste taucht nur in einer Definition auf, wird also von den meisten Autoren nicht als zentral für die Definition allgemeiner cyber-physischer Systeme angesehen. Nach Lee sind auch alternative Kommunikationswege für CPS denkbar.[263]

Ein cyber-physisches System besteht zusammengefasst aus

- Sensoren zur Erfassung der Wirklichkeit (z.B. wird das zu fertigende Produkt identifiziert),
- einem digitalen Abbild, das diese Daten verarbeitet, und
- aus Aktoren zur Beeinflussung der Wirklichkeit, die aus der Cyberwelt gesteuert werden (z.B. zur Bearbeitung eines Produkts).

Nach Lee sind die einzelnen Aspekte der Kommunikation, der Erfassung der Umwelt und der Steuerung lösungsneutral, sodass CPS mit verschiedenen Technologien umgesetzt werden können.[264]

In der aktuellen Literatur ist neben dieser allgemeinen Definition von CPS vor allem deren Entstehung von Bedeutung, die auch eine engere Abgrenzung von CPPS gegenüber anderen Produktionsanlagen ermöglicht und die im Kontext der Produktion häufig angeführt wird[265]: CPS entstehen durch die Verbindung der beiden Ansätze „Cyberizing the physical“ und „Physicalizing the cyber“.[266]

---

[263] Vgl. Lee and Seshia (2017), p. 5.
[264] Vgl. Lee and Seshia (2017), p. 5.
[265] Vgl. Lass (2018), S. 53-54; Strang and Anderl (2014), p. 1; Vogel-Häuser (2017), S. 33.
[266] Vgl. Strang and Anderl (2014), p. 1; Lee (2010), pp. 737-738.

- Cyberizing the physical: „Cyberizing the physical“ bedeutet, dass physische Dinge eine digitale Repräsentanz erhalten und damit zu informationsverarbeitenden Systemen werden, welche die physisch laufenden Prozesse aus der Cyberwelt heraus steuern.[267]
- Physicalizing the cyber: Unter „Physicalizing the cyber“ ist zu verstehen, dass die virtuelle Repräsentanz sich im Laufe der Zeit entsprechend der Realität verändert.[268] Beide Grundsätze müssen erfüllt sein, damit es sich um ein CPS handelt.

Die Kombination beider Ansätze führt zu einer engen Koppelung zwischen den realen, physischen Abläufen und deren Abbildung in der Cyberwelt.

Übertragung auf cyber-physische Produktionssysteme

Mit dieser Abgrenzung werden in der vorliegenden Arbeit cyber-physische Systeme im Produktionskontext definiert. Hier können beispielsweise Maschinen, Fertigungsanlagen und Fabriken cyber-physische Systeme sein bzw. werden.[269] In der vorliegenden Arbeit wird die Bezeichnung CPPS für eine Produktionslinie verwendet.[270] Eine Maschine, welche die Anforderungen an ein CPS erfüllt, wird, in Anlehnung an die Industrie 4.0-Komponente[271], in dieser Arbeit als CPPS-Komponente bezeichnet. Eine CPPS-Komponente kann wiederum aus weiteren CPPS-Komponenten bestehen, z.B. können Fertigungszellen aus mehreren Maschinen zusammengesetzt sein (siehe Abbildung 18).[272]

Zur eindeutigen Identifizierung der CPPS-Komponenten wird im Produktionsumfeld häufig die Technologie der Radio Frequence Identification (RFID) verwendet.[273] Zur

[267] Vgl. Anderl (2014), p. 4.
[268] Vgl. Anderl (2014), p. 4.
[269] Vgl. Bauernhansl (2017), S. 11-12.
[270] Der Begriff Smart Factory als weiterer Kernbegriff von Industrie 4.0 kann für die Bezeichnung einer Fabrik verwendet werden, in der durch Sensoren, Aktoren und Vernetzung – also CPPS – eine Integration geschaffen wird, auf deren Basis die Produktion selbstgesteuert abläuft. Vgl. Bangemann u.a. (2015), S. 21; Lucke et al. (2008), p. 116; Strang and Anderl (2014), p. 3; Zühlke (2010), p. 134.
[271] Ein Asset in der Produktion kann als Industrie 4.0-Komponente bezeichnet werden, wenn es spezifizierte Mindestanforderungen erfüllt. Vgl. Bedenbender u.a. (2016); S. 10 und S. 12-13; Hankel (2016), S. 1-2; Heidel u.a. (2017), S. 123-127.
[272] Vgl. Adolphs u.a. (2016c), S. 28-30.
[273] Weitere Informationen zu RFID vgl. Finkenzeller (2015), S. 33-76; Günther et al. (2008), pp. 1-10; Hippenmeyer und Moosmann (2016), S. 24-27; Kern (2007), S. 37-40. RFID ist eine Ausprägung von Auto-ID. Vgl. vom Bögel (2007), S. 165-167 und S. 176.

Adressierung und Kommunikation der CPPS-Komponenten dienen das Internetprotokoll oder vergleichbare proprietäre Industrielösungen auf Basis vorhandener Netzinfrastrukturen, aktuell zumeist auf Basis von Ethernet.[274]

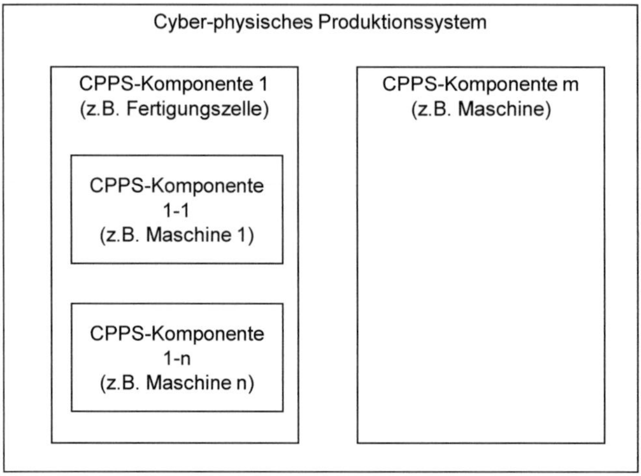

Abbildung 18: Beispiele für CPPS-Komponenten in CPPS[275]

Cyber-physische Produktionssysteme bieten das Potenzial, die Dezentralisierung zur Steigerung der Flexibilität in der Produktion zu intensivieren.[276] CPPS sollen in der Lage sein, flexible und gleichzeitig hochautomatisierte Prozesse zur Fertigung zu gestalten. In der Literatur wird hier über eine wirtschaftliche Produktion bis zur Losgröße „1“ diskutiert.[277] Dafür verfügen CPS – und damit auch CPPS – über besondere Eigenschaften, die im Folgenden detailliert werden.

2.3.2 Eigenschaften cyber-physischer Systeme und cyber-physischer Produktionssysteme

Cyber-physische Systeme sind kontext-bewusst, kooperativ, modular, robust, skalierbar, arbeiten autonom und können teilweise mit Menschen interagieren.[278] Zusätzlich sollen sie auch sicher in Bezug auf Angriffe (Security) und sicher im Betrieb und der

[274] Vgl. Verl und Pritschow (2014), S. T42.
[275] Eigene Darstellung.
[276] Vgl. Deuse u.a. (2015), S. 102; Hofmann (2017), S. 58; Scheer (2015), S. 444.
[277] Vgl. Kagermann u.a. (Hrsg., 2013), S. 19; Lasi u.a. (2014), S. 261; Soder (2017), S. 16.
[278] Vgl. Böhle und Huchler (2017), pp. 120-121; Geisberger u.a. (Hrsg., 2012), S. 60-67; Hofmann (2017), S. 57; Kühnle and Bitsch (2015), pp. 55-66; Lee (2008), p. 364; Lüth (2017), S. 26 und S. 28; Törngren et al. (2017), pp. 4-5.

Zusammenarbeit mit Menschen sein (Safety).[279] Diese Eigenschaften werden im Folgenden auf CPPS übertragen.

- Kontext-bewusst: Kontext-bewusst bedeutet, dass CPS Informationen über ihre Umgebung sammeln und je nach Umgebungszustand unterschiedlich reagieren können. CPPS erfassen beispielsweise über Sensoren den aktuellen Zustand der Maschinen sowie des Produkts und treffen darauf basierend Entscheidungen zum nächsten Produktionsschritt.
- Kooperativ: CPS stimmen ihre Aktionen untereinander ab, um übergeordnete Ziele zu erreichen. Im Produktionskontext hat das zur Konsequenz, dass bereits durchgeführte Produktionsschritte nicht wiederholt werden und dass CPPS-Komponenten dieselben Ziele verfolgen. Dazu ist vor allem ständige Kommunikation zwischen den CPPS-Komponenten über deren aktuellen Zustand erforderlich. Zudem bieten CPPS-Komponenten z.B. im Internet der Dienste ihre Leistungen an, die für die Produktion zur Verfügung stehen.[280]
- Autonom: CPS können sich selbst organisieren, ohne Vorgaben von außerhalb des Systems. Insbesondere sind sie in der Lage, Entscheidungen selbst zu treffen und die entsprechenden Aktionen auch umzusetzen. Um autonom Entscheidungen treffen zu können, müssen CPS jedoch mit den relevanten Informationen versorgt werden. Demnach können CPPS selbstständig über den nächsten Arbeitsschritt in der Produktion entscheiden und den anstehenden Arbeitsschritt über die Aktoren auch ausführen.
- Modular: CPS können aus weiteren CPS bestehen. Ebenso können CPPS aus weiteren CPPS oder CPPS-Komponenten zusammengesetzt sein. Dadurch soll eine weitere Dezentralisierung und damit einhergehend eine Flexibilitätssteigerung erreicht werden.
- Robust: CPS sollen zu einem möglichst hohen Grad mit veränderten Rahmenbedingungen umgehen können. In der Produktion kann dies auf Veränderungen auf Seiten der Produkte bezogen werden, d.h. ein CPPS soll in der Lage sein, verschiedene Produkte bearbeiten zu können, ohne speziell auf diese gerüstet worden zu sein. Dies wird unter dem Stichwort „Plug-and-produce“ oder „Plug-and-work“ thematisiert und soll unter anderem durch den Einsatz der Sprache

[279] Beides ist Thema aktueller Forschungsarbeiten, steht aber nicht im Fokus der vorliegenden Arbeit.
[280] Vgl. Kohlberg (2015), S. 58-59.

Automation Markup Language (AutomationML)[281] ermöglicht werden.[282] Zusätzlich ist ein CPPS robust, wenn es den Ausfall von CPPS-Komponenten kompensieren kann.

- Skalierbar: CPS sind skalierbar, wenn sie je nach Anforderung ihre Ressourcen dynamisch anpassen können. Dies kann beispielsweise geschehen, indem Arbeitsschritte in einem Produktionsnetzwerk an einen Lieferanten ausgelagert werden, sobald die Kapazität des CPPS erreicht wurde.
- Zusammenarbeit mit Menschen: CPS verfügen über die Möglichkeit, mit Menschen zu kooperieren. CPPS müssen nicht vollautomatisiert sein, sondern auch Menschen können in Arbeitsprozesse eingebunden werden. Insbesondere in Form von Assistenzsystemen sollen sie Menschen bei der Ausführung ihrer Arbeitsschritte unterstützen.

Auswirkungen der Eigenschaften im Produktionskontext

Für die vorliegende Arbeit sind zwei Eigenschaften von besonderer Bedeutung: die Robustheit und die Autonomie, da sie für den Ablauf der Produktion und damit auch für die Prozess- und Produktionsplanung entscheidend sind.

- Autonomie: CPPS sind gekennzeichnet durch eine autonome dezentrale Echtzeitsteuerung, die durch Vernetzung und den darauf basierenden Informationsaustausch ermöglicht wird.[283]
- Robustheit: CPPS verfügen aufgrund der Robustheit über einen erweiterten Handlungs- und Entscheidungsraum.

Aufgrund dieser Eigenschaften unterscheiden sie sich maßgeblich von flexiblen Fertigungssystemen in der etablierten Produktion. Diese sind zwar in der Lage, verschiedene Produktvarianten zu fertigen, werden jedoch von einem zentralen Leitstand hierarchisch gesteuert.[284]

[281] Zu AutomationML vgl. Lüder und Schmidt (2017a), S. 213-256; Lüder und Schmidt (2017b), S. 115-142.
[282] Zu Plug-and-produce bzw. Plug-and-work vgl. Anderl u.a. (2016b), S. 11; Bedenbender et al. (2017), pp. 10-21; Kowalewski u.a. (2014), S. 9-10.
[283] Vgl. Deuse u.a. (2015), S. 103; Geisberger u.a. (Hrsg., 2012), S. 62.
[284] Vgl. Kämpf (2007a), S. 80 und S. 86; Spath u.a. (1996), S. 10-10-10-13; Weck und Brecher (2005), S. 450.

Diesen Zusammenhang zeigt die folgende Abbildung (siehe Abbildung 19). Aus ihr wird ersichtlich, dass CPPS und deren Bestandteile gleichrangige Kom-munikationspartner mit Leitsystemen sind. Der Einsatz von CPPS führt damit zu einer Diskussion der Automatisierungspyramide, in der die Produktion hierarchisch geplant und die einzelnen Arbeitsschritte zentral vorgegeben wurden.[285] Leitsysteme ändern sich und geben Funktionen der Produktionssteuerung ab. CPPS und CPPS-Komponenten schließen die Lücke, d.h. nun entscheiden die CPPS-Komponenten gleichrangig über den Ablauf der Produktion mit.

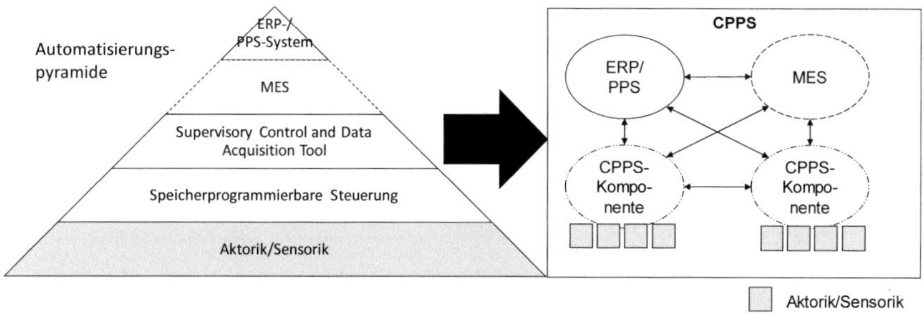

Abbildung 19: Abstimmung in einem CPPS ohne Automatisierungspyramide[286]

Entscheidungsfindung in CPPS

CPPS sollen sich zielkonform verhalten und kooperativ zusammenwirken. In klassischen Produktionsumgebungen würde durch die zentralen Leitsysteme sichergestellt, dass die beteiligten Maschinen Bearbeitungen nach Vorgaben durchführen. In cyber-physischen Produktionssystemen sind die CPPS-Komponenten innerhalb des Systems gleichberechtigt, sodass für die Koordination von Produktionsschritten neue Ansätze zur Entscheidungsfindung erforderlich sind. Mögliche Koordinationsmechanismen sind in der Literatur zu verteilter künstlicher Intelligenz zu finden, die sich mit der Abstimmung zwischen Softwareagenten in Multiagentensystemen auseinandersetzt.[287] Agententechnologie findet schon seit einigen Jahren Anwendung in der Produktionssteuerung und kann in cyber-physischen Systemen als Cyberkomponente

[285] Vgl. Abele u.a. (Hrsg., 2016), S. 3 und S. 11; Bauernhansl (2017), S. 22.; Schlick u.a. (2013), S. 39; VDI e.V. (Hrsg., 2013), S. 4. Dies bedeutet aber nicht, dass die einzelnen Informationssysteme überflüssig werden. Vgl. Kleinemeier (2017), S. 221-222.

[286] Eigene Darstellung in Anlehnung an VDI e.V. (Hrsg., 2013), S. 4.

[287] Zu Multiagentensystemen und Agententechnologie im Allgemeinen vgl. Bond and Gasser (Eds., 1988); Jennings (2000), pp. 277-296;

eingesetzt werden.[288] Drei Ansätze sind in der Literatur zu Multiagentensystemen beschrieben: der marktbasierte Plattformansatz, der dezentrale Ansatz und der Konsensansatz[289].

- Der marktbasierte Plattformansatz: Eine zentrale Plattform wird eingesetzt, um einen Markt zu schaffen. Hier können die CPPS-Komponenten Angebote abgeben und die Komponente mit dem besten Angebot erhält den Zuschlag.[290] Die Option erfordert eine vertrauenswürdige neutrale Plattform, welche die Angebote entgegennimmt sowie die Registrierung aller Marktteilnehmer durchführt.
- Der dezentrale Ansatz: Einzelne CPPS-Komponenten entscheiden lokal über den nächsten Produktionsschritt. Dies erfordert eine erhöhte Rechen- und Speicherkapazität bei den einzelnen CPPS-Komponenten, da diese lokal die Statusinformationen aus dem gesamten Produktionssystem verarbeiten müssen.
- Der Konsensansatz: Im Konsensansatz soll eine Mehrheit für eine Option gefunden werden, d.h. die CPPS-Komponenten des Produktionssystems einigen sich in Verhandlungen oder Abstimmungen über den nächsten Produktionsschritt.[291] Erfolgreich ist die Komponente, welche eine Mehrheit erhält. Hier müssen die übergeordneten Ziele des Gesamtsystems als Entscheidungskriterium besonders im Vordergrund stehen, um eine Mehrheit erreichen zu können.

In jedem Fall ist der Produktionsablauf nicht mehr vollständig im Voraus determiniert, sondern wird abhängig von der jeweiligen Situation ad hoc bestimmt. Das führt zu notwendigen Veränderungen in der Prozess- und Produktionsplanung, die im folgenden Kapitel über die Exploration cyber-physischer Produktionssysteme untersucht werden.

---

[288] Vgl. Abbas (2017), S. 78-79; Badr (2011), p. 50; Hummel und Westkämper (2009), S. 65; Mönch (2006), S. 196-197; Pantförder u.a. (2017), S. 40; Schöler u.a. (2013), S: 129-132.

[289] Vgl. Bond and Gasser (1988), p. 20; Wooldridge (2009), pp. 151-182 and pp. 221-381.

[290] Ein entsprechendes Fachkonzept wird in einer vom Autor betreuten Masterarbeit entwickelt. Vgl. Lebioda (2018), S. 61-74; Lebioda et al. (2019), o.S. Der Autor der vorliegenden Arbeit ist Mitautor dieses Beitrags.

[291] Vgl. Büttner (2011), S. 54 ff.; Chen and Weiss (2019), pp. 152-154; Lopez-Carmona et al. (2011), p.1; Lopez-Carmona et al. (2017), p. 35.

3. Empirische Untersuchungsreihen zur Prozess- und Produktionsplanung

In diesem Kapitel wird die Durchführung von zwei empirischen Untersuchungsreihen beschrieben. Das Kapitel ist daher in zwei Teile gegliedert. Jeder Teil beginnt mit der angewendeten Methodik und endet mit den Ergebnissen aus den Untersuchungen. Der Fokus liegt dabei auf der Identifikation der notwendigen Anpassungen in der Prozess- und Produktionsplanung, um die Potenziale cyber-physischer Produktionssysteme ausschöpfen zu können. Dazu wird zunächst die etablierte Prozess- und Produktionsplanung über eine Interviewreihe analysiert (siehe Abbildung 20).

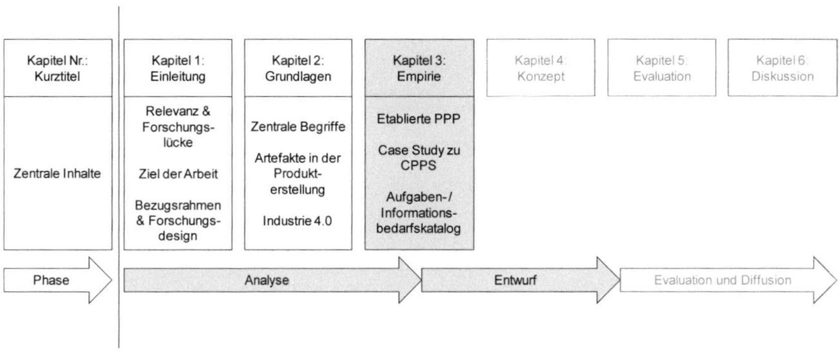

Abbildung 20: Einordnung von Kapitel 3 in den Gang der Arbeit[292]

In einem zweiten Schritt wird eine Case Study vorgestellt, in der Motorblöcke unter Nutzung cyber-physischer Produktionssysteme gefertigt werden. Die Erkenntnisse aus der Case Study werden im Anschluss durch ergänzende empirische Untersuchung zweier weiterer cyber-physischer Produktionssysteme erweitert und abstrahiert. In einem davon werden Ventile montiert; das zweite ist eine Demonstrationsanlage für den Messeeinsatz. Anschließend werden die Erkenntnisse über eine geeignete Ausgestaltung der Prozess- und Produktionsplanung abgeleitet und ein Aufgabenkatalog im Kontext CPPS erstellt. Aufbauend auf diesem Aufgabenkatalog und den Erkenntnissen aus der Empirie wird im Rahmen der Exploration ein Informationsbedarfskatalog und eine Liste funktionaler Anforderungen an das folgende Konzept zur Entscheidungsunterstützung der Aufgabenträger erhoben.

[292] Eigene Darstellung.

3.1 Empirische Untersuchung zum Stand der etablierten Prozess- und Produktionsplanung

Im Kapitel 3.1 wird die etablierte Prozess- und Produktionsplanung exploriert, um eine Ausgangsbasis für den Vergleich mit der Prozess- und Produktionsplanung cyber-physischer Produktionssysteme zu schaffen. Zunächst wird die Methodik der Untersuchung offengelegt, im Anschluss folgen die Ergebnisse zur etablierten Prozess- und Produktionsplanung.

3.1.1 Methodik der Untersuchungsreihe zur etablierten Prozess- und Produktionsplanung

Die Themen der Untersuchung sind in einem heuristischen Bezugsrahmen[293] strukturiert (siehe Abbildung 21). Die Themen sind Aufgaben, Aufgabenträger, Informationsbedarf der Aufgabenträger, verfügbare Anwendungssysteme sowie Herausforderungen in der Prozess- und Produktionsplanung.

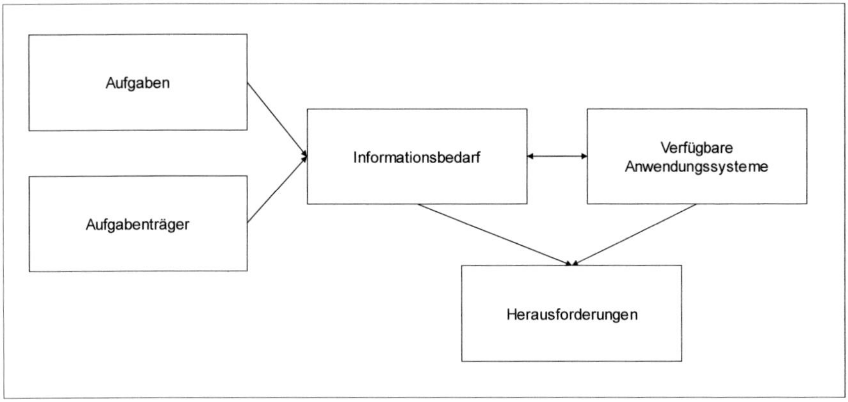

Abbildung 21: Heuristischer Bezugsrahmen zur Exploration der etablierten Prozess- und Produktionsplanung[294]

Aus dem Bezugsrahmen gehen folgende mutmaßliche Zusammenhänge zwischen den Elementen hervor:

[293] Der heuristische Bezugsrahmen unterscheidet sich von einem analytischen Bezugsrahmen dadurch, dass Annahmen anstelle von Hypothesen die Grundlage bilden. Er dient vor allem der Nachvollziehbarkeit des Forschungsprozesses und erhebt keinen Anspruch auf Vollständigkeit. Vgl. Kubicek (1977), S. 17-27. Er wird auch als Forschungsrahmen bezeichnet. Vgl. Becker (1993), S. 118-120.

[294] Eigene Darstellung.

- Der Informationsbedarf ist abhängig von Aufgaben und Aufgabenträgern.[295]
- Die Deckung des Informationsbedarfs der Aufgabenträger obliegt den verfügbaren Informationssystemen.
- Mögliche Herausforderungen ergeben sich aus Diskrepanzen zwischen dem Informationsbedarf der Aufgabenträger einerseits und der Informationsversorgung bzw. Unterstützung durch verfügbare Anwendungs- und Informationssysteme andererseits.[296]

Die erste Untersuchungsreihe verfolgt einen komplementären Ansatz, methodisch bestehend aus einer Literaturanalyse und einer Befragungsreihe zur Exploration des Stands der Praxis in der Prozess- und Produktionsplanung. Dieser Ansatz wird im Folgenden dargelegt.

Literaturanalyse

Im Rahmen der Literaturanalyse werden die Quellen aus Kapitel 2 erneut ausgewertet, d.h. literaturseitig liegen vor allem Fach- und Lehrbücher aus der Betriebswirtschaftslehre, den Ingenieurwissenschaften und der Wirtschaftsinformatik zugrunde. Die folgende Auflistung gibt – entsprechend den Elementen im Bezugsrahmen – einen Überblick, welchen Beitrag zu den Ergebnissen die Literaturquellen leisten:

- Aufgaben: Aus der Literatur werden Aufgabenkataloge der Prozess- und Produktionsplanung identifiziert. Diese Aufgaben werden mit den Aufgaben aus den Interviews abgeglichen. Zudem stammt die idealtypische Reihenfolge der Aufgaben aus der Literatur.
- Aufgabenträger: Über die Literatur werden Aufgabenträger der Prozess- und Produktionsplanung identifiziert.
- Informationsbedarf: Der Informationsbedarf stammt nicht aus der Literatur.
- Verfügbare Anwendungssysteme: Die für Industrieunternehmen am Markt verfügbaren Anwendungssysteme sind der Literatur entnommen.
- Herausforderungen: Es wird auf Basis der Literatur sichergestellt, dass die von Experten benannten Herausforderungen nicht nur unternehmensspezifisch auftreten.

[295] Vgl. Koch (2014), S. 32-33.
[296] Befragte Experten können nur Aussagen zu den Informationssystemen im Unternehmen treffen. In der Literatur hingegen werden meist abstrahierte Anwendungssysteme beschrieben.

Experteninterviews

Komplementär zur Literaturanalyse werden auf Basis des Bezugsrahmens und des entsprechenden Interviewleitfadens[297] zehn leitfadenbasierte Experteninterviews[298] mit zwölf Aufgabenträgern im Kontext der Prozess- und Produktionsplanung etablierter Produktionsumgebungen durchgeführt.[299] Ihre Verwendung wird in der Literatur in folgenden Situationen empfohlen:

- In der empirischen Sozialforschung, um Zusammenhänge in der Realwelt zu explorieren, die nicht in Zahlen gemessen und statistisch ausgewertet werden können.
- In der gestaltungsorientierten Wirtschaftsinformatik im Rahmen der Analysephase, um die Einflussfaktoren eines Problems zu identifizieren.
- In der Informationsbedarfsanalyse, um den Informationsbedarf von den Aufgabenträgern zu erheben.[300]

Diese Rahmenbedingungen treffen in der vorliegenden Untersuchungsreihe zu. Es werden sowohl die im Bezugsrahmen dargestellten Zusammenhänge zwischen Aufgaben, Aufgabenträger, Informationsbedarf und Herausforderungen exploriert, als auch der Informationsbedarf der Aufgabenträger erhoben. Die Ergebnisse sind dabei qualitativer Natur, sodass qualitative Erhebungsverfahren angewendet werden müssen.

Zweck der Experteninterviews ist es, den Informationsbedarf der Aufgabenträger zu erheben. Dazu werden als Zwischenschritt die Aufgaben der Experten[301] thematisiert, da der Informationsbedarf von deren Aufgaben abhängig ist.[302] In den Interviews werden darüber hinaus die aktuell im Einsatz befindlichen Informationssysteme mit deren Informationsangebot, die Planungsprozesse sowie aktuelle Herausforderungen erfragt, wodurch die Experten Akzente setzen können. Bezogen auf die Elemente des

---

[297] Der Interviewleitfaden befindet sich im Anhang dieser Arbeit.

[298] In der Literatur wird diese Form der Befragung teilweise auch als Intensiv- oder Tiefeninterview bezeichnet. Vgl. Kromrey u.a. (2016), S. 364; Österle u.a., (2010), S. 668.

[299] Die Interviews fanden zwischen 2012 und 2015 statt.

[300] Vgl. Koch (2014), S. 221; Koreimann (1975), S. 92-93; Kromrey u.a. (2016), S. 367; Kuckartz (2018), S. 55-58; Österle u.a. (2010), S. 668; Pohl (2008), S. 328.

[301] Experten sind Personen, die über Spezialwissen zu einem Sachverhalt verfügen. Beispielsweise über interne Prozesse und Strukturen eines Unternehmens. Vgl. Gläser und Laudel (2010), S.12-13, Diese Form des Spezialwissens wird auch als Rollenwissen bezeichnet. Vgl. Helfferich (2014), S. 571.

[302] Vgl. Koch (2014), S. 34

Bezugsrahmens liefern die Interviews folgende Beiträge, welche die Literatur ergänzen:

- Aufgaben: Mithilfe der Interviews werden diejenigen Aufgaben selektiert, an denen laut Interviews ein menschlicher Entscheider beteiligt ist, der Entscheidungsunterstützung benötigt.
- Aufgabenträger: Auf Basis der Interviews werden zunächst die Interviewpartner selbst berücksichtigt. Diese werden erweitert um Aufgabenträger, von denen die Interviewpartner angeben, dass diese ebenfalls an der Prozess- und Produktionsplanung mitwirken. Zum Beispiel wird ein Produktionsleiter interviewt und dieser berichtet, dass er bei der Produktionsplanung von einem Produktionsplaner unterstützt wird. In diesem Fall werden beide Aufgabenträger in den Ergebnissen berücksichtigt.
- Informationsbedarf: Der Informationsbedarf wird über Experteninterviews erfragt.
- Verfügbare Anwendungssysteme: Die Experten werden nach den in ihren Unternehmen eingesetzten Informationssystemen befragt, um die Ergebnisse aus der Literatur zu prüfen und ihre Eignung einschätzen zu können.
- Herausforderungen: Die Herausforderungen stammen originär aus den Interviews und werden über Literatur abstrahiert und verallgemeinert.

Die Interviewpartner stammen vor allem aus Unternehmen, die den Branchen Maschinenbau oder Automotive zuzuordnen sind.[303] Acht Experteninterviews werden mit einem Audiorekorder aufgezeichnet und vollständig transkribiert, bei zweien werden während des Interviews Mitschriften angefertigt, die im Anschluss in Form eines Interviewprotokolls aufbereitet werden.[304] Die Interviews haben eine Dauer von mindestens einer Stunde, in der Regel waren es 90 bis 150 Minuten. Bei der Auswahl der Experten wird darauf geachtet, verschiedene Rollen abzudecken, die an der Prozess- und Produktionsplanung mitwirken. Ebenso werden bewusst sowohl Führungskräfte als auch

[303] Um zu Aussagen bezüglich eines abstrahierten, relevanten Informationsbedarfs zu gelangen, werden verschiedene Unternehmen einbezogen. Vgl. Mayer (2013), S. 40.

[304] Damit soll eine größtmögliche Transparenz und Nachvollziehbarkeit geschaffen werden. Vgl. Helfferich (2014), S. 573. Die Nicht-Aufzeichnung ist in einem Fall durch den Experten begründet, der eine Aufzeichnung ablehnte, im zweiten Fall durch ein technisches Problem.

Sachbearbeiter ausgewählt. Die Expertise der Interviewpartner ergibt sich aus der Position im jeweiligen Unternehmen und der langjährigen Erfahrung im entsprechenden Bereich. Die Positionen der befragten Experten sind in folgender Liste benannt:

- Assistent der Geschäftsführung,
- Fabrikdatenmanager,
- Leiter Engineering-IT,
- Leiter der Produktentwicklung (drei Personen aus drei verschiedenen Unternehmen),
- Produktionsleiter (zwei Personen aus zwei verschiedenen Unternehmen),
- Produktionsplaner (zwei Personen aus einem Unternehmen),
- Prokurist und IT-Leiter (eine Person) sowie
- Qualitätsmanager.

Bei der Auswertung der Interviews wird die Methode der qualitativen Inhaltsanalyse angewendet.[305] Die Auswertung besteht aus vier Schritten: Festlegung von Kategorien, Zuordnung von Aussagen zu Kategorien, Auswertung und Darstellung der Ergebnisse (siehe Abbildung 22).

- Festlegung von Kategorien: Die Kategorien entsprechen den im Bezugsrahmen genannten Elementen.
- Zuordnung von Aussagen zu Kategorien: Die Transkripte werden hinsichtlich passender Aussagen der Experten analysiert und dann die Aussagen den Kategorien zugeordnet.
- Interpretation: Bei der Interpretation werden die einzelnen Aussagen der Interviewpartner zu Ergebnissen. Hierbei wird insbesondere auf Gemeinsamkeiten und Unterschiede im Vergleich zur Literatur sowie den anderen Interviews geachtet, um zu relevanten Ergebnissen über die Summe der Interviews zu gelangen.[306]
- Darstellung der Ergebnisse: Die Ergebnisse aus Literatur und Experteninterviews werden in den nachfolgenden Teilkapiteln präsentiert.

[305] Vgl. Gläser und Laudel (2010), S. 203; in Anlehnung an Mayring (2015), S. 61-64.
[306] Vgl. Gläser und Laudel (2010), S. 249.

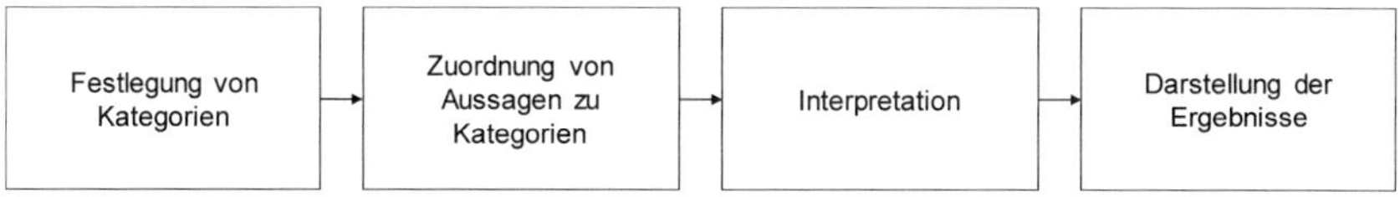

Abbildung 22: Vorgehen zur Auswertung der Experteninterviews[307]

Bei der Umsetzung und Auswertung der Interviews wird über mehrere Maßnahmen besonders auf die Erreichung einer hohen Zuverlässigkeit der Aussagen geachtet. Zur Erklärung der Maßnahmen werden die Gütekriterien der empirischen Sozialforschung herangezogen: Objektivität, Reliabilität und Validität.[308]

- Objektivität: Zur Sicherstellung einer hohen Durchführungsobjektivität sind bei den vorliegenden Interviews immer mindestens zwei Forscher zugegen. Zudem sind die Interviews über den Einsatz eines Leitfadens teilstandardisiert.[309] Die Tonaufnahmen und Transkripte dienen einer bestmöglichen Auswertungsobjektivität. Zudem wird die Zuordnung von Aussagen der Interviewpartner zu den Kategorien „Aufgaben“ und „Informationsbedarf“ aus den Interviewtranskripten durch eine zweite beteiligte Person bestätigt.
- Reliabilität: Die Reliabilität der Ergebnisse wird über den Einsatz von Bezugsrahmen, Interviewleitfaden, Gesprächsnotizen, Tonaufzeichnungen und Transkripten gewährleistet.
- Validität: Eine hohe Inhaltsvalidität wird ermöglicht, indem die Ergebnisse der Interviews mit der Fachliteratur abgeglichen werden.

In der Folge werden die Ergebnisse der Untersuchungsreihe erläutert. Diese sind untergliedert nach den Elementen des Bezugsrahmens, also Aufgaben, Aufgabenträger, Anwendungssysteme und Herausforderungen der etablierten Prozess- und Produktionsplanung.[310]

3.1.2 Ergebnisse zu den Aufgaben in der etablierten Prozessplanung

Es werden zunächst die Aufgaben der Prozessplanung herausgearbeitet, die sich mit der Vorbereitung der Produktionsprozesse beschäftigen. In der Regel ist ein Aufga-

[307] Eigene Darstellung.
[308] Vgl. Häder (2015), S. 104-111; Raithel (2008), S. 44-49; Schnell u.a. (2013), S. 139-155.
[309] Zur Generierung des Leitfadens vgl. Kaiser (2014), S. 53-57.
[310] Der Informationsbedarf aus den Interviews fließt in das Kapitel 3.2 ein und wird hier nicht gesondert ausgewiesen.

benträger nur für wenige Aufgaben zuständig, da es sich um stark arbeitsteilige Prozesse handelt. Zur besseren Nachvollziehbarkeit werden die Aufgaben in diesem Teilkapitel in eine Reihenfolge gebracht, die sich aus einer Synthese der Literaturanalyse ergibt. Die Zusammenhänge zwischen den Aufgaben sowie deren zeitliche Abhängigkeit stammen daher nicht aus den Interviews, sondern aus der Literatur.

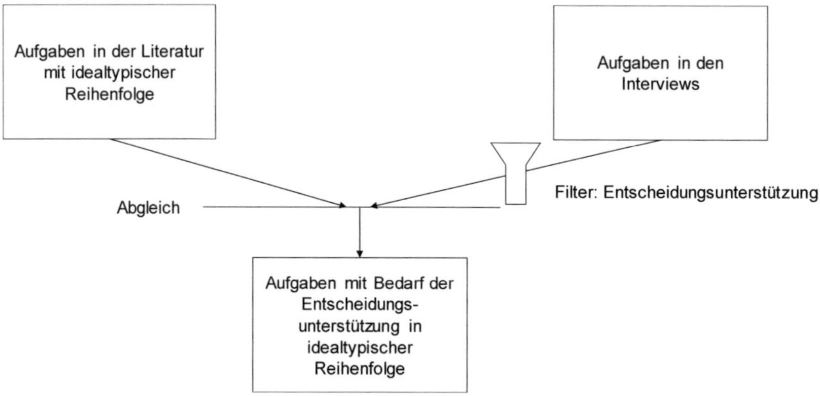

Abbildung 23: Komplementäre Verwendung von Literatur und Interviews zur Bestimmung der Aufgaben[311]

Als Filterkriterium werden für den Kontext der vorliegenden Arbeit nur die Aufgaben berücksichtigt, bei deren Ausführung in den betrachteten Unternehmen ein menschlicher Aufgabenträger Entscheidungen trifft.[312] Begründet ist dies darin, dass in der vorliegenden Arbeit die Entscheidungsunterstützung fokussiert wird. Die Auswahl der Aufgaben ergibt sich damit letztlich daraus, dass eine Entscheidungsunterstützung der Aufgabenträger für diese Aufgaben erforderlich ist (siehe Abbildung 23).

Als Ergebnis werden die Aufgaben der Prozessplanung identifiziert. Einen Überblick zu den Aufgaben der Prozessplanung gibt die folgende Abbildung (siehe Abbildung 24). Grundsätzlich können die Aufgaben in produktbezogene und in produktübergreifende Aufgaben unterteilt werden. Zu den produktbezogenen Aufgaben gehören die Erstellung von Arbeitsplänen, die Make-or-Buy-Entscheidung sowie die Erstellung von Maschinensteuerprogrammen (NC-Code). Als produktübergreifende Aufgabe mit Bedarf einer Entscheidungsunterstützung wurde die Technologieplanung identifiziert. Im

[311] Eigene Darstellung.

[312] In gängigen Aufgabenlisten sind weitere Aufgaben enthalten, insbesondere vor- und nachgelagerte Tätigkeiten wie die Planungsvorbereitung. Für eine Aufgabenliste vgl. Eversheim (2002), S. 8, S. 12 und S. 15; Steinhilper (1995), S. 248; Wiendahl (2014), S. 197.

nächsten Abschnitt folgen die Inhalte der Aufgaben, begonnen bei den produktbezogenen Aufgaben.

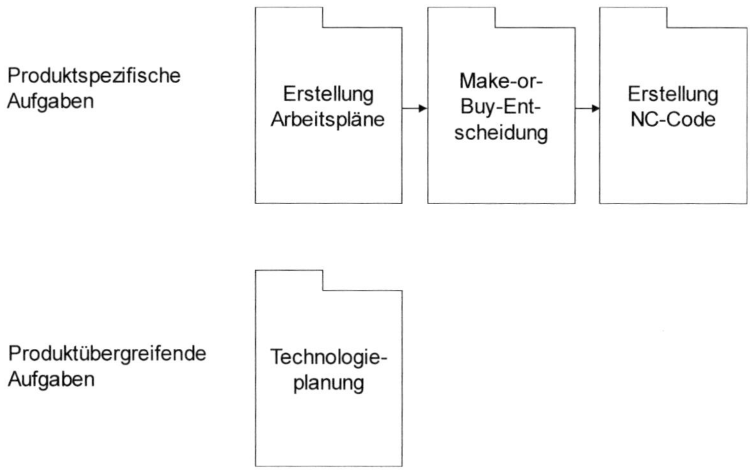

Abbildung 24: Aufgaben der etablierten Prozessplanung mit Bedarf der Entscheidungsunterstützung[313]

Produktbezogene Aufgaben der Prozessplanung

Die produktbezogene Prozessplanung beginnt mit der Erstellung eines Arbeitsplans. Dies wird in der Literatur als die Hauptaufgabe der Prozessplanung bezeichnet.[314] Dazu wird entweder die 2-D-Zeichnung oder das dreidimensionale Digitale Produktmodell aus der Produktentwicklung hinsichtlich der zu realisierenden technischen Merkmale (z.B. Gewinde, Tasche) untersucht. Für jedes Merkmal wird festgelegt, in welcher Reihenfolge und mit welchen Ressourcen die Produktion erfolgen soll. Ergänzend wird für die Qualitätsprüfung des Produkts ein Prüfplan erstellt, in dem hinterlegt ist, wie die Produktqualität nach Fertigstellung zu überprüfen ist. Die Aufgaben ist einmal bei neuen Produkten und in der Folge erneut bei jeder Änderung am Produkt durchzuführen. Um den Aufwand zu reduzieren, werden in der Literatur Ansätze diskutiert, die regelbasierte Arbeitspläne vorsehen.[315] Ein regelbasierter Arbeitsplan ist

[313] Eigene Darstellung.
[314] Vgl. Eversheim (2002), S. 9.
[315] Vgl. Günthner u.a. (2006), S. 153; Kunz und Moryson (2003), S. 26-27; Wöß (1999), S. 198-199.

so aufgebaut, dass er Regeln zur Zuordnung von Arbeitsgängen auf Maschinen vorgibt, sodass beispielsweise ein bestimmter Vorgang wie die Herstellung einer Gewindebohrung automatisch einem bestimmten Ressourcentyp zugeordnet wird.

Im Anschluss daran folgt eine Make-or-Buy-Entscheidung für das jeweilige Produkt. Hierbei wird beschlossen, ob ein Produkt bzw. ein Einzelteil für das Produkt in Eigenfertigung hergestellt werden soll oder ein Fremdbezug sinnvoller ist.[316] Mögliche Kriterien für diese Entscheidung können die voraussichtlichen Kosten der Produktion, die Kapazitäten oder die Anforderungen bezüglich der Qualität des Produkts sein. Beispielsweise könnten die Anforderungen an die Oberflächengüte die Möglichkeiten der Fertigungsressourcen im eigenen Unternehmen übersteigen, wodurch ein Fremdbezug erforderlich wird. Im Rahmen der Prozessplanung fokussiert die Make-or-Buy-Entscheidung die technische Machbarkeit mit den verfügbaren oder beschaffbaren Ressourcen. Andere Gründe wie beschränkte bzw. freie Kapazitäten[317] werden in der Prozessplanung nicht oder nur am Rande berücksichtigt. Fällt die Entscheidung zugunsten der Eigenfertigung aus und sind auch mittelfristig dafür die erforderlichen Ressourcen nicht vorhanden, kann der Aufbau einer neuen Fertigungslinie oder einer neuen Fabrik erforderlich sein.[318] Die dabei anfallenden Aufgaben liegen mehrheitlich im Bereich der Logistik, insbesondere dem Materialfluss, und damit nicht im Fokus dieser Arbeit.

Handelt es sich bei einem Arbeitsschritt im Arbeitsplan um eine Tätigkeit, die von einer Maschine ausgeführt werden soll, kann für diesen Arbeitsschritt ein Numeric-Control-Code-Programm (NC-Programm) erstellt werden, das die speicherprogrammierbare Steuerung der Maschine ausführt. Das NC-Programm kann zum Großteil automatisch erstellt werden, da hierzu maschinenneutrale Standards verfügbar sind.[319] Ist die Maschine, auf der gefertigt werden soll, jedoch im Voraus bekannt, kann das NC-Programm an die Fähigkeiten der jeweiligen Maschine angepasst werden. Durch Verwendung maschinenspezifischer Befehle kann die Bearbeitungszeit verkürzt werden. Der Prozessplaner wird dabei häufig von einem Technologieexperten unterstützt, der sich mit den Maschinen und Werkzeugen sowie deren technischen Fähigkeiten auskennt.

---

[316] Vgl. Wiendahl (2014), S. 125.
[317] Vgl. Größler et al. (2013), p. 309.
[318] Zur Fabrikplanung vgl. Grundig (2018); Pawellek (2014).
[319] Vgl. DIN 66025-1 (1983), S. 6.

Produktübergreifende Aufgaben der etablierten Prozessplanung

Als produktübergreifende Aufgabe in der Prozessplanung wurde in den Interviews die Technologieplanung angeführt. Die Technologieplanung hat den Zweck, den Markt auf relevante technische Innovationen hin zu überwachen. Die Relevanz einer Technologie ergibt sich dabei aus den Trends der Produktmerkmale der herzustellenden Produkte. Nehmen beispielsweise die Anforderungen an die Genauigkeiten der Oberflächengüte eines Bauteils zu, muss die Produktion über entsprechende Maschinen verfügen, die diese Oberflächengüte erzeugen können. Damit hat die Technologieplanung einen Einfluss auf die Entscheidung, welche Maschinen und Werkzeuge angeschafft werden.

3.1.3 Ergebnisse zu den Aufgaben in der etablierten Produktionsplanung

Auch bei der Produktionsplanung werden die in den Interviews genannten Aufgaben in eine idealtypische Reihung gebracht, die der Literatur entnommen ist.[320] Bei den ausgewählten Aufgaben aus den Experteninterviews handelt es sich um Aufgaben mit Beteiligung menschlicher Aufgabenträger und dem Bedarf einer Entschei-dungsunterstützung. Die ermittelten Aufgaben der Produktionsplanung können in auftragsbezogene und auftragsübergreifende Aufgaben unterteilt werden (siehe Abbildung 25). Die auftragsbezogenen Aufgaben sind die Termin- und Kapazitätsplanung; auftragsübergreifend fallen die langfristige Kapazitätsplanung, die Produktprogrammplanung sowie die Losgrößenplanung an.

Auftragsbezogenen Aufgaben der etablierten Produktionsplanung

Nach Eingang eines Kundenauftrags[321] wird in der Regel zuerst eine Vorkalkulation durchgeführt. Dabei wird ggf. auch entschieden, welches Werk den Auftrag produzieren soll.[322]

Ausgehend vom Arbeitsplan aus der Prozessplanung und von Kundenaufträgen werden in der Produktionsplanung meist einzelne Produktionsaufträge erstellt. Im Anschluss daran kann auf Basis der Stückliste der Primär-, Sekundär- und Tertiärbedarf

[320] Auch zur Produktionsplanung sind Aufgabenlisten in der Literatur verfügbar. Vgl. Dangelmaier (1995), S. 351; Schuh u.a. (2012a), S. 21.
[321] Unter Kunde kann hier auch ein interner Kunde aus demselben Unternehmen gemeint sein.
[322] Zum Auftragsverteilung an Werke hat der Autor eine Masterarbeit betreut, die diesen Aufgabenteil mit einer Nutzenfunktion löst. Vgl. Rebstock (2015), S. 43.

bestimmt werden. Sind die benötigten Teile und Betriebsmittel verfügbar, findet eine zeitliche Terminierung des Auftrags statt, bei der die verfügbaren Kapazitäten der Produktionsressourcen berücksichtigt werden. Dies wird als Termin- und Kapazitätsplanung bezeichnet, die in den befragten Industrieunternehmen aufgrund ihrer gegenseitigen Abhängigkeiten gemeinsam betrachtet werden. Dabei ist sicherzustellen, dass ein Produkt zu einem vom Kunden gewünschten Termin fertiggestellt wird. Ist dies nicht gewährleistet, kommt die Frage nach einem möglichen Fremdbezug erneut auf, allerdings auftragsbezogen. Sind alle Voraussetzungen erfüllt, kann der Auftrag zur Produktion freigegeben werden.

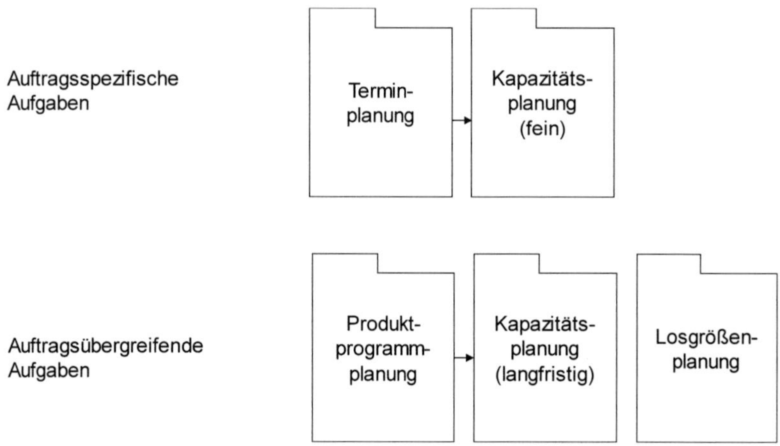

Abbildung 25: Aufgaben der etablierten Produktionsplanung mit Bedarf der Entscheidungsunterstützung[323]

Auftragsübergreifende Aufgaben der etablierten Produktionsplanung

Neben den auftragsbezogenen Aufgaben fallen in der Produktionsplanung auch auftragsübergreifende Tätigkeiten an. Im Rahmen der Produktprogrammplanung – als Teil der Produktionsplanung – wird geprüft, ob ein bestimmtes Produktprogramm mit den vorhandenen Ressourcen hergestellt werden kann. Zunächst wird im Unternehmen ein Plan aufgestellt, wie viele Produkte welchen Typs in einer zukünftigen Periode verkauft werden sollen. Die Produktionsplanung prüft, ob dieser Plan realisierbar ist und welche Auswirkungen er auf die Auslastung der Produktionsressourcen hat. Dabei

[323] Eigene Darstellung.

ist zu beachten, dass für unterschiedliche Produkttypen verschiedene Maschinen erforderlich sind.

Ausgehend davon sollte im Rahmen einer langfristigen Kapazitätsplanung sichergestellt werden, dass die erforderlichen Kapazitäten vorhanden sind, um das angestrebte Produktprogramm in der nächsten Periode herzustellen. Reichen die Kapazitäten nicht aus, müssen weitere Ressourcen bereitgestellt werden.

Um bei der Produktion Rüstvorgänge möglichst zu vermeiden, wird eine Losgrößenplanung durchgeführt. Diese soll erreichen, dass viele gleichartige Bearbeitungsschritte ohne Werkzeugwechsel bei einer Maschine in Folge anfallen. Dadurch kann die Ressourceneffizienz erhöht werden.

Als Ergebnis der Interviewreihe und der Literaturanalyse sind alle genannten Aufgaben im Aufgabenkatalog aufgelistet (siehe Tabelle 6). Die Nummerierung der produkt- und auftragsspezifischen Aufgaben folgt aus der Reihenfolge und den Abhängigkeiten zwischen den Aufgaben.

Ebene	Prozessplanung	Produktionsplanung
Produkt- bzw. auftrags-spezifische Aufgaben	1. Erstellung von Arbeitsplänen 2. Make-or-Buy-Entscheidung 3. Erstellung von NC-Programmen	4. Terminplanung 5. Kapazitätsplanung (fein)
Übergreifende Aufgaben	• Technologieplanung	• Produktprogrammplanung • Kapazitätsplanung (langfristig) • Losgrößenplanung

Tabelle 6: Aufgabenkatalog der etablierten Prozess- und Produktionsplanung

3.1.4 Ergebnisse zu Aufgabenträgern in der etablierten Prozess- und Produktionsplanung

Die im Folgenden angeführten Aufgabenträger stammen aus einem Abgleich zwischen der Literatur und den Interviews (siehe Abbildung 26). Dadurch wird der Stand der Literatur mit dem Stand der Praxis zusammengeführt.

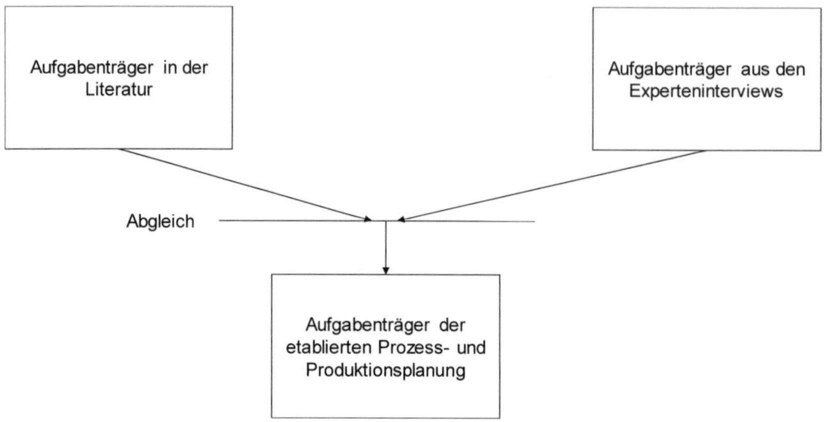

Abbildung 26: Komplementäre Verwendung von Literatur und Interviews zu den Aufgabenträgern[324]

Die Kenntnis verschiedener Aspekte aus Produktion und bezüglich der Produktspezifika wird benötigt, um die Möglichkeiten der eigenen Produktion auszuschöpfen. Dazu gehört es unter anderem, die verfügbaren Ressourcen und Fertigungstechnologien sowie die Anforderungen durch das Produkt zu durchdringen. Deswegen sind an der Prozessplanung bei den befragten Unternehmen grundsätzlich Aufgabenträger aus verschiedenen Disziplinen und Fachbereichen der Unternehmen beteiligt. Im Rahmen des heute üblichen simultanen Engineerings arbeiten die Vertreter der betreffenden Fachbereiche in einem produktfokussierten Team zusammen.[325]

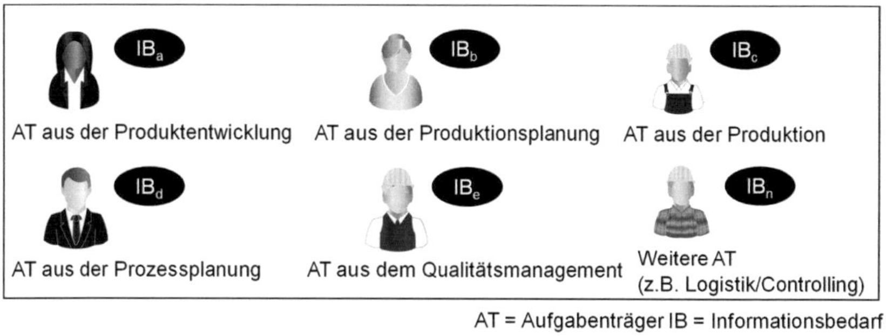

Abbildung 27: Aufgabenträger der Prozess- und Produktionsplanung[326]

[324] Eigene Darstellung.
[325] Vgl. Ehrlenspiel und Meerkamm (2017), S. 275-277.
[326] Eigene Darstellung.

Aus den Interviews konnten als Aufgabenträger der Prozess- und Produktionsplanung der verantwortliche Produktentwickler, Maschinenprogrammierer, Qualitäts-manager[327], Logistiker, aber auch Spezialisten der Prozessplanung identifiziert werden (siehe Abbildung 27).

Die Aufgabenträger können einen individuellen Informationsbedarf haben und ihre Anforderungen an eine passende Informationsversorgung können deshalb unterschiedlich ausfallen.

Zusätzlich zu den verschiedenen beteiligten Funktionsbereichen können innerhalb der Funktionsbereiche noch mehrere beteiligte Aufgabenträger identifiziert werden. Einerseits können Aufgabenträger verschiedener Hierarchiestufen gemeinsam an einer Aufgabe arbeiten und andererseits können Aufgabenträger auf derselben Hierarchiestufe, aber beispielsweise aus verschiedenen Werken mit derselben Aufgabe betraut sein. Für die Aufgabenträger aus der Produktionsplanung, die Aufgabe des Produktionsmanagements ist, kann ein bestehendes personelles Schichtenmodell aus der Literatur verwendet werden, das die Aufgabenträger strukturiert (siehe Abbildung 28).[328] Nach diesem Modell gibt es auf verschiedenen Hierarchiestufen im Produktionsbereich von Industrieunternehmen Entscheidungsträger mit unterschiedlichen Befugnissen, Zuständigkeiten und Verantwortlichkeiten. Es ist davon auszugehen, dass ähnliche Strukturen auch in anderen Funktionsbereichen bestehen. Auf Basis der Erkenntnisse aktueller empirischer Untersuchungen kann hinsichtlich der beteiligten Aufgabenträger festgestellt werden, dass die Aufgaben der Produktionsplanung zunehmend von Aufgabenträgern aus unteren Ebenen ausgeführt werden.[329]

Jeder Aufgabenträger bringt also im Rahmen der Prozess- und Produktionsplanung seine Sicht auf das Produkt und die Produktionsprozesse ein. So kann beispielsweise ein beteiligter Qualitätsmanager oder Prozessplaner für die Festlegung der zulässigen Toleranzen verantwortlich sein.[330] Auch kann der Informationsbedarf eines Produktionsleiters vom Informationsbedarf eines Teamleiters abweichen.

[327] Ein Qualitätsmanager ist häufig an der Prozessplanung beteiligt, da die Produktqualität maßgeblich vom Produktionsprozess abhängt. Vgl. ISO 9001 (2016), S. 10; Masing (2014), S. 8-9; Mellis u.a. (1998), S. 26.

[328] Vgl. Koch (2014), S. 140; Koch u.a. (2013), S. 217.

[329] Vgl. Koch (2014), S. 186-187.

[330] Vgl. Lashin (2013), S. 422.

Im Laufe der Zeit wurden daher spezifische Informationssysteme zur Durchführung einzelner Aufgaben entwickelt, z.B. Computer-Aided-Quality-Systeme für den Qualitätsmanager. Diese arbeiten meist mit nur dem Teil der Daten, der für die Ausführung der spezifischen Aufgabe erforderlich ist, wodurch der Aufwand zur Integration der Systeme steigt.[331]

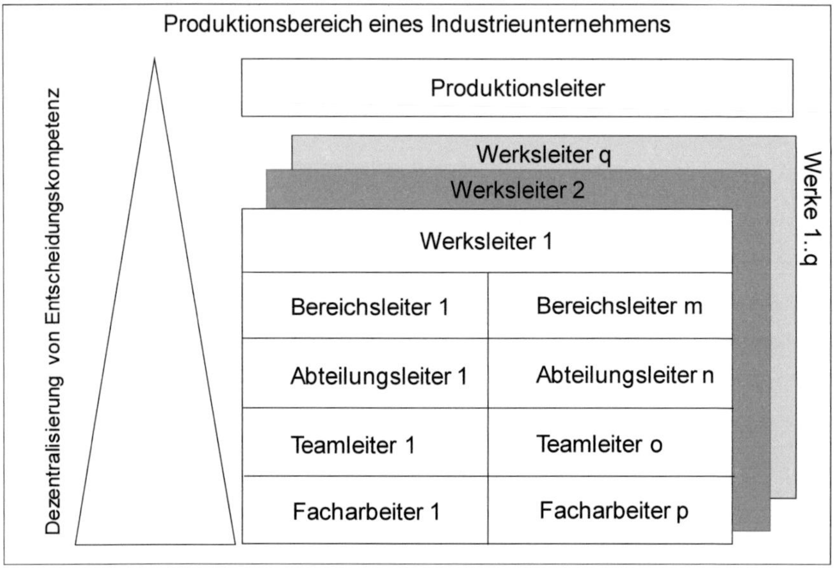

Abbildung 28: Dezentralisierung im Schichtenmodell der Aufgabenträger im Produktionsmanagement[332]

Zusammengefasst sind an der Prozess- und Produktionsplanung verschiedene Aufgabenträger beteiligt, von denen jeder für einen anderen Teilaspekt der Planung verantwortlich sein kann. Sie arbeiten in der Regel mit verschiedenen Informationssystemen und benötigen lediglich einen Teil der Produkt- und Produktionsdaten, um ihren spezifischen Informationsbedarf zu decken. Die gängigen Systeme der etablierten Produkterstellung werden im folgenden Kapitel erhoben.

3.1.5 Ergebnisse zu den Anwendungssystemen in der Produkterstellung

Die Anwendungssysteme sind der Literatur entnommen. Die befragten Experten haben hier Akzente gesetzt, in dem sie die Verwendung der Systeme in ihren jeweiligen

[331] Vgl. Mertens (2013), S. 353.
[332] Eigene Darstellung basierend auf Koch (2014), S. 140; Koch u.a. (2013), S. 217.

Unternehmen kommentieren (siehe Abbildung 29). Die Hinweise der Experten dienen beispielsweise der Aufdeckung von Lücken in der IT-Unterstützung oder werden verwendet, um Herausforderungen im Zusammenhang mit den Anwendungssystemen zu erkennen.

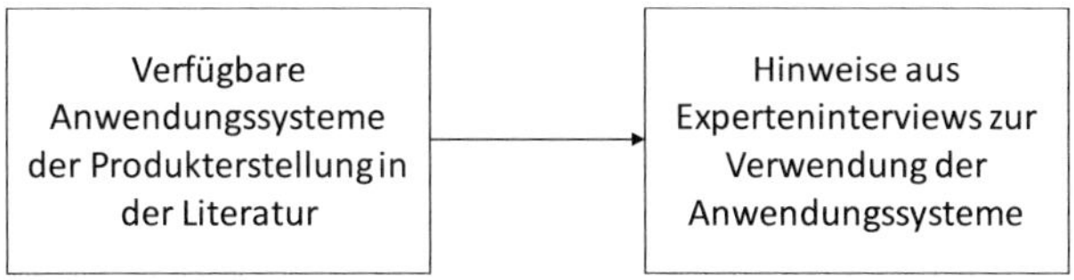

Abbildung 29: Komplementäre Verwendung von Literatur und Interviews zu Anwendungssystemen[333]

Überblick zu den identifizierten Anwendungssystemen der Produkterstellung

Die Produkterstellung industrieller Güter ist ein interdisziplinäres Unterfangen, für welches Know-how aus verschiedenen Unternehmensbereichen erforderlich ist.[334] Daher sind sowohl betriebswirtschaftliche als auch ingenieurtechnische Systeme (sogenannte Engineering-IT) daran beteiligt.[335] Einen Überblick hinsichtlich der beteiligten Anwendungssysteme ermöglicht das Y-CIM-Modell nach Scheer (siehe Abbildung 30).[336]

Das Y-CIM-Modell enthält die Aufgaben der Produktherstellung sowie die jeweils unterstützenden Anwendungssysteme. Diese sind grundsätzlich getrennt in eine auftrags- und eine produktbezogene Sicht. Der Fokus des Modells liegt auf der Integration der Systeme einerseits innerhalb der Bereiche (innen) und andererseits mit anderen Funktionsbereichen im Unternehmen (außen).

Aus den Ingenieurwissenschaften stammen die sogenannten Computer-Aided-x-Systeme (CAx-Systeme) als produktbezogene Anwendungssysteme. Gleichzeitig sind an der Produktionsplanung auch betriebswirtschaftlich orientierte Systeme, wie Enterprise-Ressource-Planning-Systeme bzw. deren PPS-Module beteiligt.[337] Auf der rechten und der linken Seite getrennt betrachtet, arbeiten die einzelnen Systeme vertikal integriert zusammen und es kann ein durchgängiger Produktentstehungsprozess auf

[333] Eigene Darstellung.
[334] Vgl. Ehrlenspiel und Meerkamm (2017), S. 211, S. 233 und S. 276-277.
[335] Vgl. Mertens (2013), S. 51 und S. 163; Scheer (1998), S. 91; Vahrenkamp (2013), S. 117.
[336] Vgl. Scheer (1998), S. 93. Begriffe wurden mit dem X-Modell von Mertens abgeglichen. Vgl. Mertens (2013), S. 354.
[337] Vgl. Lachenmaier u.a. (2013), S. 44-45.

der jeweiligen Seite abgebildet werden.[338] Die Zusammenführung beider Seiten, bzw. der Austausch zwischen betriebswirtschaftlichen und technischen Systemen erweist sich jedoch als schwierig.[339]

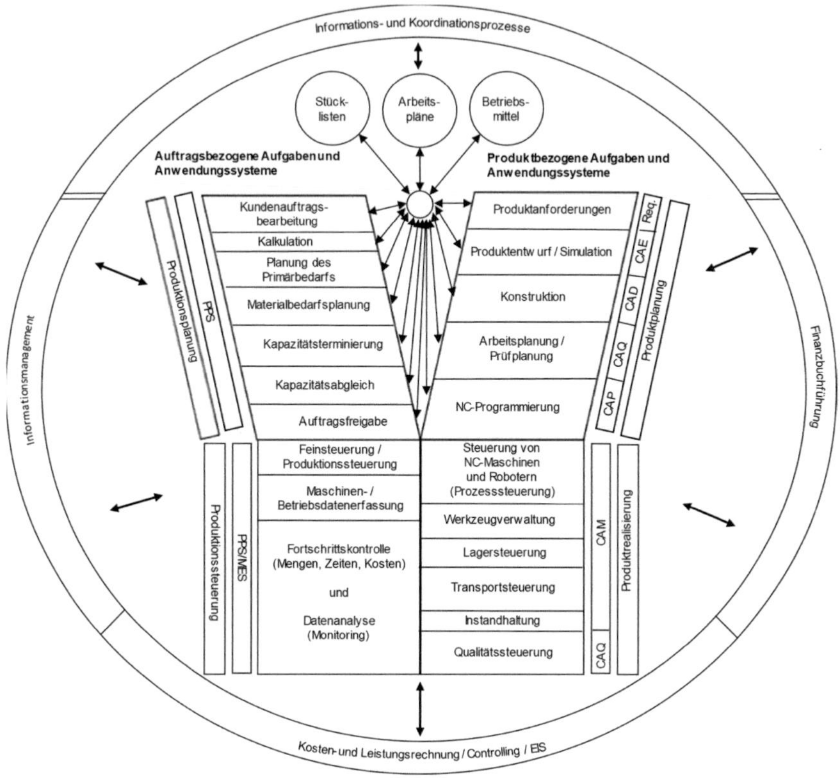

Abbildung 30: Y-CIM-Modell[340]

Im Y-CIM-Modell wird deutlich, dass Engineering-IT und die betriebswirtschaftlichen Systeme eine gemeinsame Stückliste verwenden, um Produkte auf der Typ-Ebene identifizieren zu können.[341] Innerhalb einer Stückliste werden den Produkten Sachnummern zugewiesen, über die sie eindeutig bestimmbar sind. In der Regel enthält die

[338] Zur Business-Seite vgl. Gronwald (2015), S. 1; zur technischen Seite vgl. Vajna u.a. (2009), S. 10 und S. 84.

[339] Vgl. Mertens (2013), S.353. Dies hat sich auch in der Vorstudie mehrmals bestätigt.

[340] Eigene Darstellung auf Basis von Scheer (1998), S. 93. Die Begriffe wurden mit dem X-Modell harmonisiert. Vgl. Mertens (2013), S. 354.

[341] Vgl. Schichtel (2002), S. 50-53.

Sachnummer eine Klassifikation des jeweiligen Produkts, d.h. sie hat auch eine semantische Bedeutung.[342] Auf der Instanz-Ebene können Produkte und Einzelteile in der Regel über eine Seriennummer eindeutig identifiziert werden.[343] Ergänzend dazu führt Scheer den Arbeitsplan als weiteres Integrationsobjekt an, der aber erst im Laufe der Prozessplanung erstellt wird.

Das Y-CIM-Modell stammt aus den 1980er Jahren und ist daher kritisch zu betrachten. Die Voruntersuchungen und Experteninterviews haben gezeigt, dass darin ein sequenzieller Ablauf der Aufgaben skizziert wird, der heute oft nicht mehr zutrifft. Auch haben vorangehende Arbeiten des Autors gezeigt, dass dieses Referenzmodell in der Praxis bei den teilnehmenden Industrieunternehmen nicht unverändert übernommen wird, sondern Anpassungen an das spezifische Unternehmen durchgeführt werden.[344] Zur Strukturierung der Anwendungssysteme eignet sich das Y-CIM-Modell weiterhin, weshalb es an dieser Stelle verwendet wird. Die konkrete Verwendung wird in den Interviews thematisiert und eine Einschätzung durch die Interviewpartner vorgenommen. Alle in Informationssystemen enthaltenen Daten stellen das potenziell verfügbare Informationsangebot dar, welches zusätzlich um externe Daten ergänzt werden kann.[345]

Anwendungssysteme der Produktentwicklung

In der Produktentwicklung dienen Computer-Aided-Design- und Computer-Aided-Engineering-Systeme (CAD- und CAE-Systeme) der Konstruktion.[346] Beide Systemarten sind heute kaum voneinander trennbar, wobei CAE-Systeme ihren Schwerpunkt eher auf der Simulation haben.[347] Im CAD-System erstellt der Konstrukteur ein dreidimensionales Digitales Produktmodell, welches den Produkttyp in der digitalen Welt abbildet.[348] Der Konstrukteur legt hierbei die Produktmerkmale mithilfe Feature-Technologie fest.[349] Er definiert dabei einerseits Aspekte auf hoher Abstraktionsebene, z.B. aus welchen Bauteilen ein Produkt besteht, aber auch Details wie Oberflächengüte oder

342 Vgl. Binner (2003), S. 54; Schichtel (2002), S. 60-70.
343 Vgl. Stark (2016), p. 137.
344 Vgl. Lachenmaier u.a. (2013), S. 45-46.
345 Für eine beispielhafte Auflistung des Informationsangebots in Industrieunternehmen vgl. Koch (2014), S. 98-99.
346 Vgl. Conrad (2013), S. 455.
347 Vgl. Lashin (2013), S. 437; Mertens (2013), S. 51; Vajna u.a. (2009), S. 11.
348 Vgl. Pahl u.a. (2007), S. 86.
349 Vgl. Vajna u.a. (2009), S. 32-33. Im Gegensatz dazu können die Produkteigenschaften, also das Verhalten des Produkts, nicht direkt festgelegt werden. Vgl. Vajna u.a. (2009), S. 33-34. Die Feature-Technologie wird in Kapitel 4 als Teil des Entscheidungsunterstützungskonzepts thematisiert.

Position und Art eines Gewindes. Das Digitale Produktmodell enthält demnach fertigungsrelevante Informationen.[350] Im CAD-System wird die Produktstruktur in einem Strukturbaum abgebildet, d.h. die Produktmerkmale sind im Strukturbaum enthalten. Die einzelnen Bauteile aus dem Digitalen Produktmodell sind in der Stückliste aufgeführt.[351] Für eine wirtschaftliche Konstruktion gibt es in CAD-Systemen Bauteilbibliotheken, welche die Wiederverwendung von Bauteilen ermöglichen.[352]

Für den Austausch von CAD-Daten sind mehrere Standardformate verfügbar.[353] Bei der Verwendung dieser Austauschformate können jedoch Daten verloren gehen, wenn nicht alle proprietären Funktionen und Möglichkeiten des jeweiligen CAD-Systems im Standard enthalten sind.[354] Der Austausch kann in zwei Richtungen erfolgen: An externe Unternehmen oder an nachfolgende Funktionsbereiche im Rahmen der Produkterstellung.

- Externe Unternehmen: Aufgrund von Zulieferstrukturen kommen in der Regel bei der Entwicklung eines Produkts mehrere CAD-Systeme zum Einsatz – dies wird „Multi-CAD-Umgebung" genannt.[355] Auch Kunden im Industriegütersegment wünschen sich teilweise Digitale Produktmodelle, um diese intern in ihren jeweiligen CAD-Systemen zu verwenden. Häufig ist in diesen Fällen eine Reduktion des Produktmodells gewollt, da zum Beispiel ein Lieferant oder Kunde nicht alle Produktmerkmale und Paramater für den jeweiligen Einsatzzweck kennen muss.[356]
- Weitergabe an andere Funktionsbereiche: Die Angaben aus dem Digitalen Produktmodell sind für die nachfolgenden Schritte im Produkterstellungsprozess erforderlich und müssen daher an andere Funktionsbereiche weitergegeben werden.[357] Aus Kostengründen wird dabei in der Praxis oft ein reduziertes Datenformat gewählt, für dessen Verwendung keine Lizenzgebühren anfallen.

[350] Vgl. Lashin (2013), S. 417.
[351] Vgl. Lashin (2013), S. 417.
[352] Vgl. Vajna u.a. (2009), S. 175.
[353] Z.B. Standard for the Exchange of Product Model Data (STEP) und Jupiter Tesselation (JT). Vgl. ISO 10303-242 (2014), o.S.; ISO 14306 (2012), o.S.
[354] Vgl. Lashin (2013), S. 432; Swindells (2014), S. 16-17; Vajna u.a. (2009), S. 235.
[355] Vgl. Lashin (2013), S. 431.
[356] Vgl. Kirsch (2013), S. 4 und S. 6.
[357] Vgl. Frieling u.a. (1994), S. 96-98.

Die Prozessplanung ist heute über das simultane oder Concurrent Engineering eng mit der Produktentwicklung verzahnt, sodass schon zu einem frühen Zeitpunkt – noch während der Produktentwicklung – eine digitale Prozessplanung beginnen kann.[358] Dies geschieht mithilfe eines digitalen Prototyps, dem sogenannten „Digital Mock-Up". Dieser hängt eng mit dem Digitalen Produktmodell zusammen, ist jedoch auf Planungsaspekte reduziert.[359] Im Rahmen dieser interdisziplinären Zusammenarbeit können auch fertigungsrelevante Produktmerkmale in das Digitale Produktmodell aufgenommen werden, so kann z.B. das Qualitätsmanagement zulässige Toleranzen festlegen.[360]

Produktdatenmanagementsysteme (PDM-Systeme) speichern und verwalten Produktdaten aus dem Produktentstehungsprozess.[361] Die Produktdaten werden im PDM-System – vorrangig aus den verschiedenen CAx-Systemen – konsolidiert und für weitere Aufgaben bereitgestellt.[362] Sie können sehr eng mit dem CAD-System gekoppelt sein, sodass in manchen Unternehmen die Ablage von Produktmodellen und zugehörigen Dokumenten nur noch im PDM-System möglich ist.[363] PDM-Systeme sind die zentrale Datenhaltung für Engineering-Daten und damit Grundlage für das Product Lifecycle Management (PLM), das den Anspruch hat, den Produktlebenszyklus aus strategischer Sicht zu begleiten.[364]

Anwendungssysteme in der etablierten Prozessplanung

Zur Unterstützung der Prozessplanung sind vor allem Computer-Aided-Planning/Computer-Aided-Process-Planning-Systeme (CAP-/CAPP-Systeme) am Markt verfügbar.[365] CAP-Systeme umfassen dabei sowohl Funktionen zur Erstellung bzw. Anpassung von Arbeitsplänen als auch von NC-Programmen.[366] Die letztgenannte Funktion wird alternativ auch von integrierten CAD-CAM-Systemen übernommen – in

---

[358] Vgl. Ehrlenspiel und Meerkamm (2017), S. 278-279; Eversheim u.a. (2005a), S. 8.
[359] Vgl. Conrad (2013), S. 474; Vajna u.a. (2009), S. 400.
[360] Vgl. Klein (2012), S. 7; Pahl u.a. (2007), S.86 und S. 757.
[361] Vgl. Sendler und Wawer (2011), S. 78-80.
[362] Vgl. Vajna u.a. (2009), S. 423.
[363] Vgl. Sendler und Wawer (2008), S. 108.
[364] Vgl. Sendler und Wawer (2011), S. 67. Für weitere Details zum Product Lifecycle Management vgl. Saaksvuori and Immonen (2008); Sendler (2009); Stark (2015).
[365] Vgl. Mertens (2013), S. 61; Scheer (1998), S. 576; Vajna u.a. (2009), S. 12.
[366] Vgl. Hehenberger (2011), S. 120-121; Mertens (2013), S. 61.

der Literatur häufig als CAD-CAM-Prozess oder CAD-CAM-Schnittstelle bezeichnet.[367] Im CAP-System müssen dazu neben Produktdaten auch Daten zu den bestehenden Fertigungsressourcen verfügbar sein, damit diese den erforderlichen Bearbeitungsschritten zugeordnet werden können.[368] Über Regeln und auf Basis der Produktmerkmale aus dem Digitalen Produktmodell wird angestrebt, Arbeitspläne und NC-Code automatisch zu generieren. [369] Dies gelingt jedoch in der Praxis nur dann, wenn die hinterlegten Regeln und bekannten Produktmerkmale ausreichen, um das Produktmodell vollständig zu erfassen.[370] Aus den Interviews ist anzumerken, dass die automatisierte Planung auf Basis von CAP-Systemen nicht üblich ist; die Nutzung einer CAD-CAM-Schnittstelle hingegen von den Interviewpartnern häufig angeführt wird. In einer Untersuchung zum Stand der automatisierten Planung wird festgestellt, dass meistens nur wenige Merkmale aus einem Produktmodell berücksichtigt werden können und deshalb die Anwendungsbereiche eng begrenzt sind.[371]

Die Produktionsprozesse, die in der Prozessplanung entstehen, werden häufig simuliert, bevor die Serienfertigung beginnt. So können Fehler und Verschwendung im Prozess aufgedeckt werden und beispielsweise Puffer und Taktzeiten überprüft werden. Dafür sind entsprechende Simulationswerkzeuge erforderlich.[372]

Anwendungssysteme in der etablierten Produktionsplanung

In der Produktionsplanung kommen in der Regel Produktionsplanungs- und -steuerungs-Systeme (PPS-Systeme) zum Einsatz, die nach dem Manufacturing-Resource-Planning-Konzept arbeiten.[373] Das Manufacturing-Resource-Planning-Konzept ist ein hierarchisches Vorgehen zur Produktionsplanung.[374] Heute sind PPS-Systeme häufig Module von Enterprise-Ressource-Planning-Systemen (ERP-Systemen).[375]

[367] Vgl. Hehenberger (2011), S. 118; Kunz und Moyrson (2003), S. 17; Shah and Mäntylä (1995), pp. 14-15.
[368] Vgl. Radhakrishnan et al. (2008), pp. 266-267.
[369] Vgl. Büttner und Brück (2017), S. 52; Wöß (1999), S. 198-199. Die Ableitung des NC-Codes aus dem Produktmodell geschieht in der Regel über Feature-Technologie. Vgl. Kunz und Moryson (2003), S. 21.
[370] Vgl. Vajna u.a. (2009), S. 395.
[371] Vgl. Corney et al. (2005), p. 188; Mokhtar et al. (2007), p. 7.
[372] Vgl. Kühn (2006), S. 90; Lachenmaier et al. (2017), p. 578; VDI 3633-1 (2014), S. 6-8; VDI 3633-8 (2007), S. 5; VDI 4499-1 (2008), S. 6.
[373] Vgl. Günther und Tempelmeier (2016), S. 314; Kurbel (2016), S. 2.
[374] Vgl. Corsten und Gössinger (2016), S. 598-602.
[375] Vgl. Gronau (2014), S. 103-125; Hesseler und Görtz (2014), S. 278.

PPS-Systeme sind eng mit der Produktionsplanung verknüpft und übernehmen die Optimierung der Produktion hinsichtlich vorgegebener Ziele mittels verschiedener Algorithmen.[376] Häufig kommen in Unternehmen mehrere PPS-Systeme zum Einsatz, da eine globale Optimierung mittels eines zentralen PPS-Systems über viele verschiedene Produktionssysteme zu aufwendig ist und den Flexibilitätsanforderungen der Produktion meist nicht genügt.[377]

Ergänzend haben vorangegangene Arbeiten des Autors ergeben, dass sowohl in der Prozess- als auch in der Produktionsplanung häufig Spreadsheet-Lösungen eingesetzt werden, was darauf hindeutet, dass die bisher angeführten Anwendungssysteme die PPP nicht ausreichend unterstützen können.[378] Die Untersuchung der genauen Gründe dafür waren nicht Teil der Arbeit; evtl. ist dies auf individuelle Anforderungen der Aufgabenträger zurückzuführen, die nicht alle vollständig von Standardsoftware abgedeckt werden können.

Anwendungssysteme der Produktionssteuerung

Manufacturing Execution Systeme (MES) dienen neben PPS-Systemen der kurzfristigen Produktionssteuerung. Sie verfügen meist über folgende Funktionalitäten, die je nach Anbieter unterschiedlich ausgeprägt sein können[379]:

- Auftragsmanagement,
- Betriebsmittelmanagement,
- Datenerfassung,
- Energiemanagement,
- Feinplanung und -steuerung,
- Informationsmanagement,
- Leistungsanalyse,
- Materialmanagement,
- Personalmanagement und
- Qualitätsmanagement.[380]

[376] Vgl. Glaser u.a. (1992), S. 40-92.
[377] Vgl. Zäpfel (2001), S. 227-229.
[378] Vgl. Lachenmaier u.a. (2013), S. 45.
[379] Vgl. Koch et al. (2011), p. 7.
[380] Vgl. Kletti u.a. (Hrsg., 2015), S. 28; VDI 5600-1 (2016), S. 8.

Die Definitionen von MES sind nicht eindeutig, da MES Elemente aus vielen verschiedenen Systemen in sich vereinen.[381] Unter anderem ersetzt ein MES den Leitstand sowie die Maschinen- und Betriebsdatenerfassung, aber auch Computer-Aided-Manufacturing-Systeme (CAM-Systeme), die der Lager- und Logistiksteuerung dienen und NC-Programme verwalten.[382] MES übernehmen die Kommunikation mit Maschinen, indem sie diesen sowohl Anweisungen geben und als auch regelmäßig Zustandsdaten der einzelnen Produktionsressourcen erfassen.[383] Dabei können MES nach vorgegebenen Regeln arbeiten, die eine Priorisierung bestimmter Aufträge oder Produkte ermöglichen. In der Automatisierungspyramide werden sie zwischen der Unternehmensebene und dem Shopfloor eingeordnet (siehe Abbildung 19).[384]

3.1.6 Herausforderungen in der etablierten Prozess- und Produktionsplanung

Die in den Interviews genannten Herausforderungen werden mit der Literatur abgeglichen, um sicherzustellen, dass einzelne Herausforderungen nicht auf unternehmensspezifische Konstellationen oder die Wahrnehmung einer Einzelperson zurückzuführen sind (siehe Abbildung 31).

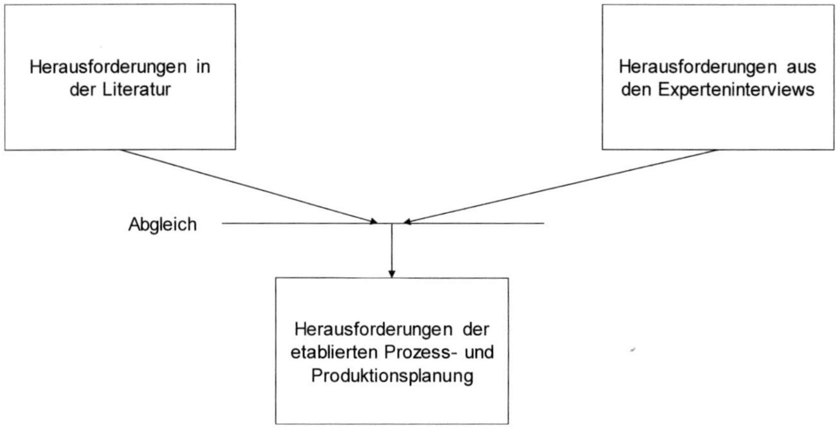

Abbildung 31: Komplementäre Verwendung von Literatur und Interviews zu Herausforderungen[385]

[381] Vgl. Mertens (2013), S. 169;
[382] Vgl. Mertens (2013), S. 169 und S. 354; Scheer (1998), S.275; Vajna u.a. (2009), S. 12.
[383] Vgl. Kletti u.a. (2015), S. 47-49; Thiel (2011), S.170-171.
[384] Vgl. DIN EN 62264-1 (2014), S. 17.
[385] Eigene Darstellung.

Die erste Herausforderung besteht darin, dass die etablierten Anwendungssysteme und Prozesse der Produkterstellung nicht ausreichend auf die zunehmende Produktvielfalt vorbereitet sind, da sie vor dem Hintergrund der Serien- und Massenproduktion entwickelt wurden.[386] Dies betrifft vor allem PPS-Systeme, die eine Infrastruktur darstellen, die an ihre Leistungsgrenzen stößt. Dies bestätigt eine aktuelle Studie zur Produktionsplanung und -steuerung im Kontext von Industrie 4.0 mit 170 beteiligten deutschen Unternehmensvertretern. Hier geben über 60 % der befragten Unternehmen an, dass ihre PPS-Systeme vor allem der steigenden Variantenvielfalt nicht gewachsen sind.[387] PPS-Systeme sind meist monolithische Anwendungssysteme, die mittlerweile als starr und unflexibel empfunden werden, da sie nicht mit kurzfristigen Änderungen oder Ausfällen der Produktionsressourcen umgehen können, u.a. weil die Planungsläufe von PPS-Systemen zu viel Zeit in Anspruch nehmen.[388]

Eine weitere Herausforderung sind fehlende Arbeitspläne und Stücklisten bei individuellen Produkten, wenn diese nicht von der Prozessplanung gepflegt werden.[389] Neben der Zunahme kundenindividueller Produkte sind häufige Anpassungen in den Produktmodellen nötig, die ebenfalls in den Arbeitsplänen berücksichtigt werden müssen. Auch CAP-Systeme, welche die Erstellung und Verwaltung von Arbeitsplänen unterstützen sollen, können zwar die Arbeit der Planer erleichtern, kommen aber bei zunehmender Anzahl an Produktvarianten und häufigen konstruktiven Änderungen an Grenzen. Dies hat zur Konsequenz, dass die Produktion ebenfalls zusätzliche Zeit benötigt, um sich auf diese Anpassungen einzustellen.

Hier setzen cyber-physische Produktionssysteme an, die in der Produktion eine Fortführung der Dezentralisierung ermöglichen. Durch ihre Autonomie und ihre Robustheit sind sie in der Lage, eigenständig zu agieren und damit eine größere Produktvielfalt abzudecken. Daraus ergeben sich neue Potenziale für Industrieunternehmen, die am Markt aktuell einen Wettbewerbsvorteil darstellen. Somit werden CPPS ein Enabler für veränderte Strukturen in der Produkterstellung, der sich bis auf das Geschäftsmodell auswirkt.

386 Vgl. Kurbel (2016), S. 41.
387 Vgl. Nyhuis (Hrsg., 2016), S. 10-11.
388 Vgl. Vahrenkamp (2013), S. 110-111.
389 Vgl. Kurbel (2016), S. 169.

Um die Potenziale der CPPS auszureizen, sind geeignete Rahmenbedingungen für deren Einsatz zu schaffen, wovon auch die Prozess- und Produktionsplanung profitieren kann. Gleichzeitig ist die Prozess- und Produktionsplanung derart zu gestalten, dass sie für CPPS geeignet ist. Dazu gehört auch die Entwicklung geeigneter Informationssysteme, die eine CPPS-basierte Produktion ermöglichen.

Insbesondere sind Konzepte zur Informationsversorgung notwendig, welche die beteiligten Aufgabenträger aus den verschiedenen Funktionsbereichen an der Schnittstelle der Prozess- und Produktionsplanung bei der Entscheidungsfindung unterstützen.[390] Als besondere Herausforderung sind diese mit einer Vielzahl möglicher Datenquellen konfrontiert, deren manuelle Zusammenführung mit hohem Aufwand verbunden ist.[391] Zunächst aber werden im nächsten Abschnitt die Konsequenzen und Potenziale cyber-physischer Produktionssysteme identifiziert.

3.2 Empirische Untersuchungsreihe zur Prozess- und Produktionsplanung im Kontext cyber-physischer Produktionssysteme

Die zweite empirische Untersuchungsreihe beschäftigt sich mit der veränderten Prozess- und Produktionsplanung im Kontext cyber-physischer Produktionssysteme.

Die Ergebnisse basieren auf einer Case Study sowie ergänzenden empirischen Untersuchungen bei weiteren Industrieunternehmen. Der Aufbau des Kapitels 3.2 entspricht der Darstellung in der Abbildung (siehe Abbildung 32). Zunächst wird die Methodik begründet, im Anschluss der Case analysiert und erweitert, um abschließend Erkenntnisse und Informationsbedarfe abzuleiten.

3.2.1 Methodische Fundierung der Untersuchungsreihe zur Prozess- und Produktionsplanung cyber-physischer Produktionssysteme

In diesem Teil des Kapitels wird begründet, warum in der Arbeit eine Fallstudie verwendet wird und nach welchen Kriterien die Produktionssysteme ausgewählt werden.

Motivation der Fallstudienforschung

In der Literatur gibt es erste Einschätzungen zur Veränderung der Prozess- und Produktionsplanung durch den Einsatz cyber-physischer Produktionssysteme. Diese sind

390 Vgl. Koch (2014), S. 265.
391 Vgl. Koch (2014), S. 131; Lasi (2012b), p. 6.

auf die Produktionsplanung beschränkt, sodass weitere Untersuchungen erforderlich sind.[392] Um belastbare Erkenntnisse zu erhalten, die im Anschluss zum Entwurf eines Konzepts zur Entscheidungsunterstützung verwendet werden können, wird im Folgenden der Case einer Motorblockfertigung mit CPPS zur Ableitung von Erkenntnissen für die Prozess- und Produktionsplanung betrachtet.

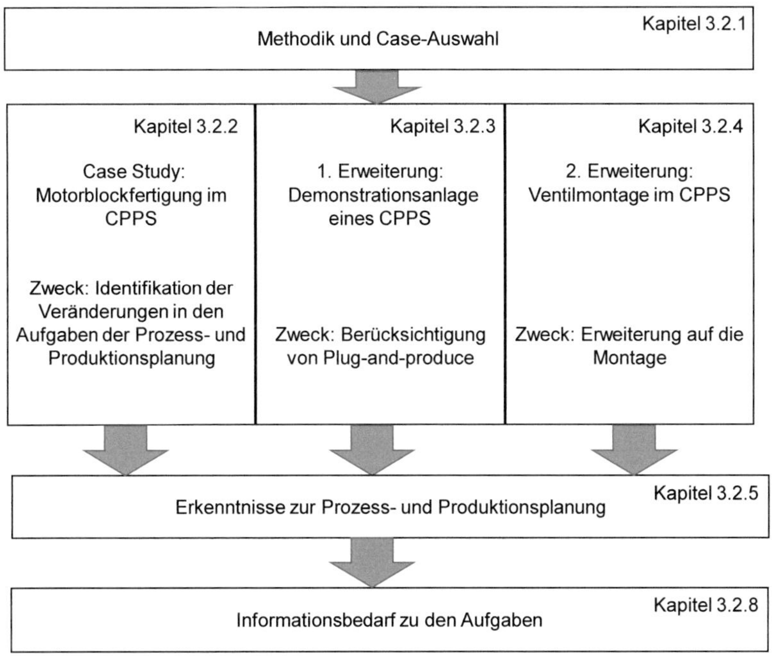

Abbildung 32: Aufbau des Kapitel 3.2[393]

Cyber-physische Produktionssysteme sind ein neues Phänomen und nicht vollständig erforscht, weshalb sich die Exploration mittels Case Study Research anbietet.[394] Im Rahmen dieser Fallstudie werden drei offene, unstrukturierte Interviews sowie eine nicht-teilnehmende Feldbeobachtung[395] durchgeführt. Zweck ist die Identifikation von

[392] Vgl. Bauernhansl (2017), S. 15-16; Kuprat u.a. (2015), S. 14; Schmidt u.a. (2017), S. 35-41.

[393] Eigene Darstellung.

[394] Vgl. Hering und Schmidt (2014), S. 530; Lamnek und Krell (2016), S. 286; Yin (2018), p. 16 and p. 51. Case Study Research ist eine in der Wirtschaftsinformatik verbreitete und geeignete Methode, um Phänomene der Realwelt zu erfassen. Vgl. Michalik (2016), p. 2; Wieringa (2014), p. 46.

[395] Beobachtungen können in teilnehmende und nicht-teilnehmende Beobachtungen unterschieden werden. Vgl. Lamnek und Krell (2016), S. 528-529.

Veränderungen in den Aufgaben der Prozess- und Produktionsplanung und die anschließende Erhebung des Informationsbedarfs der Aufgabenträger zur Durchführung der Aufgaben.

Bei dem betrachteten Fall handelt es sich um eine Einzelfallstudie in einem Unternehmen, das aufgrund des hohen Innovations- und Reifegrades über Alleinstellungsmerkmale verfügt.[396] Im Rahmen der Case Study wird eine Pilotanlage zur Fertigung von Motorblöcken bei einem Automobilhersteller betrachtet. Bei dieser Pilotanlage, die das Case-Study-Objekt darstellt[397], handelt es sich um ein cyber-physisches Produktionssystem im Verständnis dieser Arbeit.

Im Folgenden wird anhand der Gütekriterien Objektivität, Reliabilität und Validität das methodische Vorgehen begründet[398]:

- Objektivität: Eine Qualitätssicherung und Objektivierung bei Durchführung und Auswertung ist durch die Beteiligung mehrerer Personen an der Beobachtung und der Interviews gewährleistet.[399] Die Beobachtungen und Aussagen der Interviewpartner werden aufgearbeitet und in einer Datenbank zur Case Study dokumentiert.[400] Die Pilotanlage wird nach drei Jahren erneut in Form eines Experteninterviews untersucht, um eventuelle Änderungen zu erfassen und Fehlinterpretationen zu vermeiden.[401]
- Reliabilität: Zur Reliabilität trägt bei, dass das Unternehmen im Laufe der Zeit mehrmals untersucht wurde und unterschiedliche Methoden – Interviews und Beobachtungen – verwendet werden. Die Interviews werden zudem mit mehreren Personen durchgeführt, wobei keine Widersprüche festgestellt wurden. Auch der Einsatz von Gesprächsnotizen, Tonaufzeichnungen und Transkripten verbessert die Güte der Ergebnisse.[402]

[396] Es handelt sich sowohl um einen für diese Forschungsarbeit kritischen, als auch um einen ungewöhnlichen und innovativen Fall, was eine Einzelfallstudie rechtfertigt. Vgl. Yin (2018), pp. 49-51. Hinweise auf das Unternehmen erhielt der Autor im Rahmen der ersten Befragungsreihe.

[397] Nach Yin kann jede beliebige Entität als Case genutzt werden. Vgl. Yin (2018), p. 29.

[398] Vgl. Häder (2015), S. 104-111; Raithel (2008) S. 44-49; Schnell u.a. (2013), S. 139-155.

[399] Dies entspricht einer Investigator Triangulation. Vgl. Denzin (2017), p. 303; Flick (2014), S. 418.

[400] Vgl. Yin (2018), p. 131.

[401] Eine zeitbezogene Untersuchung und Analyse wird in der Case Study Research empfohlen. Vgl. Yin (2018), p. 51 and pp. 184-185.

[402] Vgl. Dresch et al. (2015), p. 125;

- Validität: Zur Vermeidung von Fehlern, zur Sicherstellung einer hohen Validität, insbesondere einer hohen Konstruktvalidität, sowie zur möglichst umfangreichen Erfassung des Phänomens wird ein Methodenmix für die Datenerhebung angewendet.[403]

Im Detail werden im Rahmen der Feldforschung zum Zweck der Exploration des Cases folgende Personen befragt (sortiert nach Hierarchieebene und Funktionsbereich):

- Leiter der Produktentwicklung für Motoren,
- ehemaliger Produktionsleiter,
- Fertigungsleiter sowie
- Verantwortlicher für die Prozessplanung und Steuerungstechnik (mehrfach).

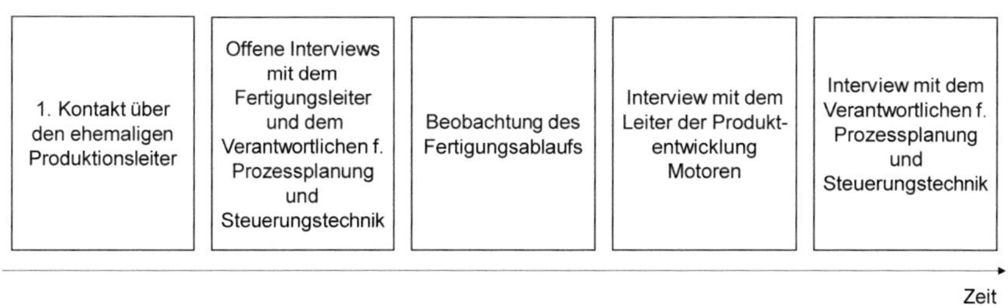

Abbildung 33: Zeitlicher Verlauf der Exploration[404]

Alle genannten Personen sind Experten für den betrachteten Case. Ihre Expertise ergibt sich aus den Positionen, die sie innehaben, ihrer langjährigen Unternehmenszugehörigkeit und ihren jeweiligen Aufgabenbereichen. Die Abbildung zeigt den zeitlichen Verlauf der Exploration (siehe Abbildung 33).

Auswahl der ergänzenden Untersuchungsobjekte zur Erweiterung der Case Study

Im Anschluss wird die Case Study über komplementäre Forschungsarbeiten erweitert und abstrahiert. Hierzu werden nacheinander zwei weitere cyber-physische Produktionssysteme ausgewählt, die sich in bestimmten Eigenschaften von der Motorblockfertigung unterscheiden (siehe Abbildung 34).

---

[403] Vgl. Lamnek und Krell (2016), S. 286-288 und S. 312; Yin (2018), pp. 128-129; Flick (2014), S. 419; Häder (2015), S. 110. Dies wird auch als Triangulation bezeichnet.

[404] Eigene Darstellung.

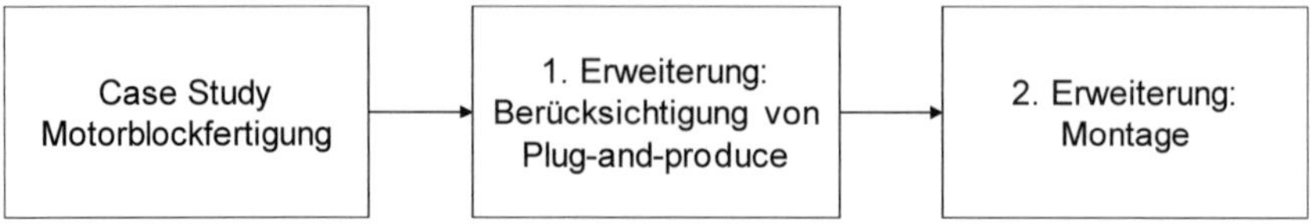

Abbildung 34: Erweiterung des Gültigkeitsbereichs der Erkenntnisse[405]

In der ersten Erweiterung wird eine Demonstrationsanlage über ein Experteninterview und ergänzende Literatur untersucht, welche für die Fertigung im Rahmen einer Messe das Prinzip von Plug-and-produce[406] umsetzt. In der zweiten Erweiterung wird auf Basis einer Beobachtung sowie eines Interviews eine Montagelinie untersucht. Im Folgenden wird der Case analysiert, die Erkenntnisse daraus folgen nach den Erweiterungen der Case Study.[407]

3.2.2 Case Study zur Motorblockfertigung

Umfeld des cyber-physischen Produktionssystems

Der DAX-notierte Konzern, zu dem das betrachtete, rechtlich selbstständige Unternehmen gehört, hat seinen Sitz in Deutschland. Der Konzern gehört zur Branche der Automobilhersteller. Das im weiteren Verlauf untersuchte Tochterunternehmen ist für die Entwicklung und Produktion von Motoren zuständig. In der Case Study wird speziell der Standort betrachtet, an dem die Fertigung und Montage von Fahrzeugmotoren stattfindet. Die Analysen fanden in den Jahren 2012-2017 vor Ort statt. In diesen Jahren wurde die Motorblockfertigung von einer Pilotanlage[408] in den regulären Betrieb übernommen und auch an einem weiteren Standort des Konzerns nachgebildet.

Die Anzahl der produzierten Motoren am betrachteten Standort steigt kontinuierlich an. Im Jahr 2015 wurden knapp zwei Millionen Stück produziert. Es werden sowohl Diesel- als auch Ottomotoren gefertigt und montiert.[409] Beide Motorentypen werden in verschiedenen Bauarten erstellt (bspw. 4- und 6-Zylinder).

---

[405] Eigene Darstellung.

[406] Vgl. Anderl u.a. (2016b), S. 11; Bedenbender et al. (2017), pp. 10-21; Kowalewski u.a. (2014), S. 9-10.

[407] Zur Beschreibung von Case Studies vgl. Michalik and Basten (2016), pp. 68-71.

[408] Eine Pilotanlage wird verwendet, um soziale, wirtschaftliche oder technische Risiken vor der Einführung einer Innovation einzuschätzen. Vgl. Fellbaum und Hartlep (1985), S. 184.

[409] Für detaillierte Informationen zu Otto- und Dieselmotoren und aktuelle Entwicklungen in der Motorentechnik vgl. Grieshaber und Raatz (2014), S. 14-30; Hilgers (2016), S. 9-12; Lejsek u.a. (2015), S. 2-22; Reif (2016), S. 36; Spicher (2017), S. 496-506.

Die Produktion eines Verbrennungsmotors lässt sich in drei Schritten vereinfacht beschreiben, von denen der mittlere Schritt im Folgenden fokussiert wird: Herstellung von Gussteilen, Fertigung der Motorblöcke und weiterer Einzelteile sowie Montage (siehe Abbildung 35):

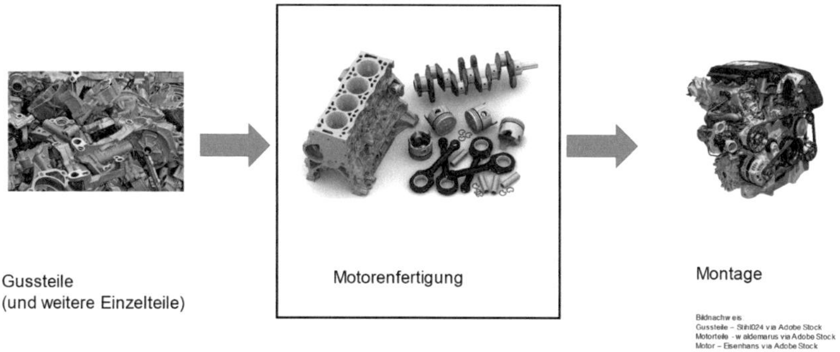

Abbildung 35: Produktion eines Verbrennungsmotors (vereinfacht)[410]

1. Herstellung von Gussteilen: Zunächst müssen die erforderlichen Teile beschafft oder selbst gegossen werden. Im betrachteten Unternehmen werden die meisten Gussteile in einer zum Konzern gehörenden Gießerei hergestellt. Gussteile sind neben dem Rohteil für den Motorblock auch Pleuel oder Kolben.
2. Fertigung der Motorblöcke und weiterer Einzelteile: Nach der Herstellung bzw. Beschaffung der Einzelteile müssen diese bearbeitet werden. Diese meist spanende Fertigung, wie bspw. das Bohren von Aussparungen, Fräsen oder Honen von Oberflächen, steht im Fokus dieser Case Study.
3. Montage: Im Anschluss an die Fertigung der Einzelteile folgt die Montage der Motoren. Hier werden auch Schläuche zum Flüssigkeitstransport angebracht.

Im untersuchten Fertigungsbereich für Motorblöcke kommen traditionelle Fertigungslinien zur Produktion von entweder Diesel- oder Ottomotoren in großen Stückzahlen zum Einsatz.[411] Zur Abdeckung von Lastspitzen ist zusätzlich zu den Standardlinien die untersuchte cyber-physische Fertigungslinie vorhanden, die in der Lage ist, sowohl Diesel- als auch Ottomotoren zu bearbeiten (siehe Abbildung 36). Die Lastspitzen

---

[410] Eigene Darstellung basierend auf Kropik (2009), S. 11.

[411] Motoren werden meist in großen Stückzahlen und einer überschaubaren Varianz produziert. Vgl. Wiendahl (2014), S. 51.

kommen durch Schwankungen in der Nachfrage zustande. Da die Lastspitzen auf verschiedene Produkte zurückführbar sein können, muss diese Linie in der Lage sein, verschiedene Produkte zu fertigen. Dies wird als Produktmix-Flexibilität bezeichnet.[412] Auch seltene Varianten werden auf dieser flexiblen Fertigungslinie hergestellt. Erklärtes Ziel neben der Schaffung einer flexiblen Produktionslinie war bei der Entwicklung der Pilotanlage auch die Reduzierung menschlicher Fehler während der Fertigung.

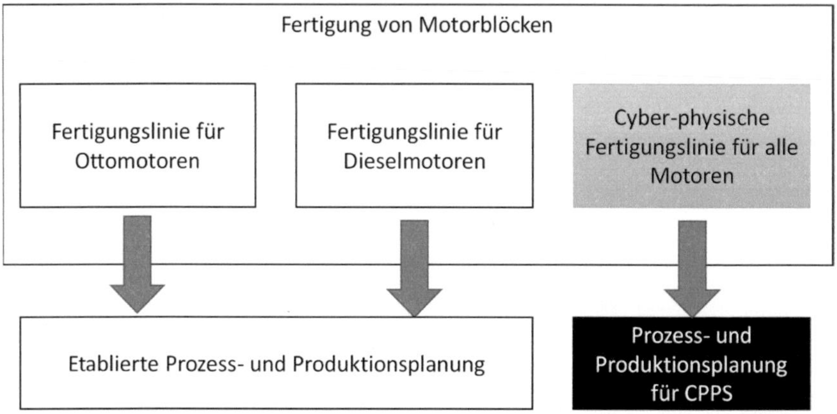

Abbildung 36: Überblick zur Case Study[413]

Die etablierte Prozess- und Produktionsplanung entspricht den Aufgaben und Abläufen, die in Kapitel 3.1 untersucht wurden. Im Folgenden liegt der Schwerpunkt auf dem cyber-physischen Produktionssystem und der Gestaltung der entsprechenden Prozess- und Produktionsplanung.

Charakterisierung des cyber-physischen Produktionssystems

Eine Charakterisierung dieser Pilotanlage, die ein in sich geschlossenes cyber-physisches Produktionssystem darstellt, ist der folgenden Tabelle zu entnehmen (siehe Tabelle 7). Die Kriterien zur Charakterisierung von Produktionssystemen sind der Literatur entnommen.[414] Es handelt sich um die Kriterien Charakter der Hauptprodukte, Verwendung der Produkte, Anzahl der Hauptproduktarten, Auftragsauslösungsart,

---

[412] Vgl. Zahn und Schmid (1996), S. 128; Zäpfel (2000a), S. 271.
[413] Eigene Darstellung.
[414] Vgl. Corsten und Gössinger (2016), S. 32; Dyckhoff und Spengler (2010), S. 15; Schuh u.a. (2012b), S. 138; Schuh und Schmidt (2014), S. 41.

Bevorratung, Produktspektrum, Wiederholungsgrad, Produktstruktur, Beschaffungsart, Produktionstyp, Anzahl beteiligter Produktionsstellen, Layout und Automatisierungsgrad.

Ergänzt werden diese um cyber-physische Aspekte, nämlich: Koordinationsmechanismus, Identifikationsmechanismus und eingesetzte Informationssysteme.

- Charakter der Hauptprodukte: Bei den Produkten kann es sich um Sach- oder um Dienstleistungen handeln. In der vorliegenden Arbeit und auch im Case werden materielle Sachgüter fokussiert.
- Verwendung der Produkte: Die Produkte können Konsumgüter oder Investitionsgüter sein. Im Case werden Motorblöcke hergestellt, die in Kraftfahrzeugen verbaut werden, daher sind es Konsumgüter.
- Anzahl der Hauptproduktarten: Es gibt Ein- und Mehrproduktproduktionen. In diesem Fall handelt es sich um eine Mehrproduktproduktion, da verschiedene Motorblöcke für Otto- und Dieselmotoren hergestellt werden. Das Produktionsprogramm des CPPS umfasst sechs verschiedene Produkte, die jeweils über eine hohe Varianz verfügen.
- Auftragsauslösungsart: Es können Push- oder Pull-Verfahren angewendet werden, bzw. kann es sich um eine Lager- oder Bestellproduktion handeln. Im Fall handelt es sich um eine Bestellproduktion im Pull-Verfahren, da die Motorenproduktion von den Fahrzeugaufträgen abhängt.
- Bevorratung: Hier geht es um die Bevorratung von Einzelteilen und Produkten. Im Fall werden nur Pufferlager verwendet, da Produkte und Einzelteile nach Auftrag und damit auf den Bedarf abgestimmt produziert werden. Eine Bevorratung findet nicht statt.
- Wiederholungsgrad: Der Wiederholungsgrad gibt an, wie häufig ein bestimmter Produkttyp nacheinander hergestellt wird. Mögliche Ausprägungen sind einmal, mehrmals – in Serie – und sehr häufig – in Massen. Im Case werden von einem Motorblock-Typen in der Regel mehrere Instanzen hergestellt, jedoch nicht direkt nacheinander. Stattdessen bewegt sich jede Motorblock-Instanz einzeln auf einem individuellen Pfad durch das CPPS, zu Wiederholungen kommt es nur zufällig. Daher handelt es sich um eine Einzelfertigung.
- Produktspektrum: Das Produktspektrum gibt Auskunft darüber, ob es sich um kundenindividuelle Produkte oder um standardisierte Produkte, mit oder ohne

Varianten, handelt. Im Fall sind es standardisierte Produkte mit mehreren Varianten.

- Produktstruktur: Es ist zu untersuchen, ob ein Produkt aus vielen oder wenigen Einzelteilen besteht. Im Fall werden Motorblöcke bearbeitet, die aus einem Einzelteil bestehen.
- Beschaffungsart: Erforderliche Einzelteile können entweder selbst gefertigt oder zugekauft werden. Im Fall werden die Gussteile in der eigenen Gießerei des Konzerns hergestellt.
- Produktionstyp: Der Produktionstyp kann entweder Fertigung oder Montage sein. Im Fall ist es eine Fertigung.
- Anzahl beteiligter Produktionsstellen: Die Produktion kann entweder in einem oder in mehreren Bearbeitungsschritten erfolgen. Im Case handelt es sich um eine mehrstufige Fertigung.
- Layout: Beim Layout steht die Anordnung der Maschinen im Vordergrund, die Auswirkungen auf den Ablauf der Produktion hat. Verschiedene Anordnungen sind möglich, teilweise auch kombinierbar. Im Case sind die Maschinen nach Typ in Werkstätten zusammengefasst und über ein Transportband verbunden.
- Automatisierungsgrad: Der Automatisierungsgrad gibt den Anteil automatisch ausgeführter Schritte, also ohne Beteiligung von Menschen, an. Der Automatisierungsgrad in der CPPS-basierten Motorblockfertigung ist mit über 92 % sehr hoch – traditionelle Fertigungslinien erreichen im Vergleich ähnliche Werte.
- Koordinationsmechanismus: In cyber-physischen Produktionssystemen muss über den nächsten Produktionsschritt entschieden werden. Drei idealtypische Koordinationsmechanismen wurden in Kapitel 2.3.2 dieser Arbeit bereits angeführt. Im Case erfolgt die Koordination dezentral über die einzelnen CPPS-Komponenten.
- Identifikationsmechanismus: Hinter dem Identifikationsmechanismus steht die Frage, wie Produkte und Einzelteile identifiziert werden. Im Fall können die Motorblöcke einzeln und eindeutig identifiziert werden.
- Eingesetzte Informationssysteme: Mit diesem Kriterium wird erfasst, welche Informationssysteme im Rahmen der Produktion eingesetzt werden. Im Fall handelt es sich um ein eigens weiterentwickeltes MES.

Die Charakteristika werden zur besseren Übersicht in einer Tabelle zusammengefasst (siehe Tabelle 7).

Kriterium	Ausprägung
Charakter der Hauptprodukte	Materielle Sachgüter
Verwendung der Produkte	Konsumgüter
Anzahl der Hauptproduktarten	Mehrproduktfertigung
Auftragsauslösungsart	Pull / Bestellproduktion
Bevorratung	Keine
Produktspektrum	Variantenfertigung
Wiederholungsgrad	Einzelfertigung
Produktstruktur	Ein Einzelteil
Beschaffungsart	Eigenfertigung
Produktionstyp	Fertigung
Anzahl beteiligter Produktionsstellen	Mehrstufige Fertigung
Layout	Werkstattprinzip mit flexiblem Transportband
Automatisierungsgrad	Hoch
Koordinationsmechanismus	Dezentral
Identifikationsmechanismus	Einzeln identifizierbar
Informationssysteme	Eigens entwickeltes MES (MES4.0)

Tabelle 7: Charakterisierung des cyber-physischen Produktionssystems im Case

Im Vergleich zu den traditionellen Fertigungslinien unterscheidet sich das analysierte CPPS in folgenden Aspekten: Der Anzahl der Hauptproduktarten, dem Wiederholungsgrad dem Layout, dem Koordinationsmechanismus und den Informationssystemen.

- Anzahl der Hauptproduktarten: Auf traditionellen Fertigungslinien wird nur ein Produkt – hier entweder Diesel- oder Ottomotor – in seinen entsprechenden Varianten gefertigt.
- Wiederholungsgrad: Um Rüstvorgänge zu vermeiden, werden auf traditionellen Fertigungslinien Lose gleichartiger Motorblöcke gebildet, die in direkter Folge bearbeitet werden.
- Layout: Die traditionellen Fertigungslinien sind als Reihenfertigung entsprechend der erforderlichen, fixen Bearbeitungsreihenfolge ausgerichtet.
- Koordinationsmechanismus: In traditionellen Fertigungslinien steuert ein zentrales MES den Ablauf der Fertigung.

- Informationssystemen: Das für das CPPS eigens entwickelte MES kommt nur hier zum Einsatz. Dieses wird zur Abgrenzung gegenüber klassischen MES als MES4.0 bezeichnet.

Nach der Charakterisierung wird im Folgenden auf Basis der durchgeführten Beobachtung und Interviews der Ablauf der Fertigung analysiert.

Ablauf der Fertigung im cyber-physischen Produktionssystem

Der Aufbau des betrachteten Produktionssystems entspricht einer Zellenfertigung, in der ca. 90 Fertigungszellen mit einem flexiblen Logistiksystem[415] verbunden sind (siehe Abbildung 37). Über das flexible Logistiksystem können die Motorblöcke automatisiert zu jeder Fertigungszelle transportiert werden. Jede Zelle entspricht einer CPPS-Komponente. Die Gussteile werden nach Auftragseingang an einem Übergabepunkt vom Produktionssystem übernommen und verlassen das System nach Fertigstellung des Motorblocks an einem Ausgabepunkt. Innerhalb des Produktionssystems erfolgt die Realisierung mehrerer hundert technischer Merkmale (bspw. Oberflächen fräsen, Löcher bohren, Gewinde schneiden) unter Nutzung unterschiedlicher CPPS-Komponenten. Die Fertigungsdauer eines Motorblocks beträgt im Durchschnitt ca. acht Stunden. Die Anlage ist auf eine Kapazität von 120 Stück pro Stunde ausgelegt.

Das CPPS verfügt über zwei Besonderheiten:

1. Das Besondere am CPPS ist einerseits, dass es sich bei den eingesetzten Maschinen im Case um autonome CPPS-Komponenten im Verständnis dieser Arbeit handelt. Sie verfügen über Entscheidungskomponenten, in denen eine Entscheidungslogik implementiert ist. Diese Entscheidungslogik bestimmt am Ende jedes Bearbeitungsvorgangs auf einer Maschine, welcher Bearbeitungsschritt als nächster folgt und von welcher Maschine dieser ausgeführt werden soll.

[415] Das flexible Logistiksystem transportiert die Motorblöcke jeweils zur nächsten CPPS-Komponente. Es ist eine unabdingbare Voraussetzung für das hier vorgestellte flexible Produktionssystem. Es steht aber wie die Logistik allgemein nicht im Fokus dieser Arbeit. Weiterführende Literatur zu flexiblen Logistiksystemen vgl. Büttner und Brück (2017), S. 55-56; Seibold und Furmanns (2017), S. 3-20; Sohrt u.a. (2017), S. 21-44.

2. Andererseits ist für das CPPS prägend, dass es für die Produkte keine fest vorgegebene Reihenfolge der Bearbeitungsschritte gibt, da diese von den CPPS-Komponenten zum Zeitpunkt der Fertigung ad-hoc festgelegt wird.

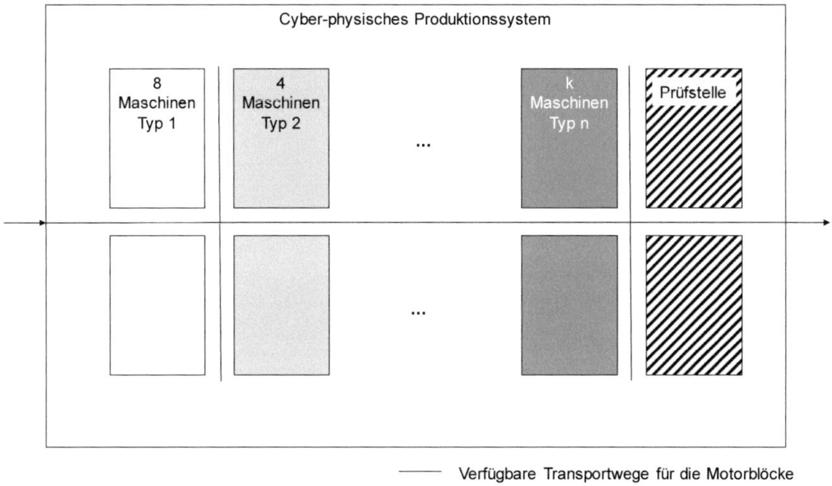

Abbildung 37: Physisches Layout des cyber-physischen Produktionssystems im Case[416]

Beide Besonderheiten bewirken in Kombination, dass jedes einzelne Produkt einen individuellen Weg durch das CPPS nehmen kann, der für jedes Produkt neu während der Fertigung festgelegt wird. Der Weg ist vom Zustand der CPPS-Komponenten abhängig, da die aktuelle Maschine eine Entscheidung basierende auf dem Zustand der anderen CPPS-Komponenten trifft. Die zur Entscheidung benötigten Informationen erhält die aktuelle Maschine vom zentralen MES4.0, welches für die Erfassung und Weitergabe von Statusinformationen verwendet wird (siehe Abbildung 38).

Dazu sind alle CPPS-Komponenten über Internettechnologien und Netzwerkinfrastrukturen mit dem MES4.0 verbunden und berichten kontinuierlich über ihren aktuellen Zustand. Zustände können unter anderem sein: Produkt wird bearbeitet, Rüsten oder laufende Wartung. Ergänzt werden die Zustandsinformationen z.B. durch Informationen zum aktuell gerüsteten Werkzeug.

[416] Eigene Darstellung.

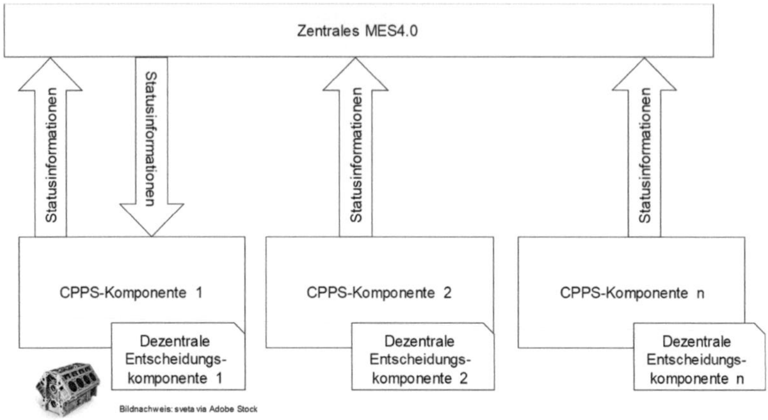

Abbildung 38: Rolle des MES4.0 im Case[417]

Der Ablauf der Fertigung wird im Folgenden anhand des Durchlaufs eines Teils erläutert (siehe Abbildung 39). Gussteile, die an das Produktionssystem übergeben werden, enthalten einen Identifikationsmechanismus, mit dem sie sich am Fertigungssystem anmelden. Die Motorblöcke sind während der Fertigung mittels Sach- und Seriennummern einzeln identifizierbar. Über eine Identifikationsnummer ist ein Digitales Produktmodell hinterlegt, das sämtliche zu realisierende technische Merkmale enthält. Diese werden als erforderliche Bearbeitungen am Gussteil vor Beginn der Fertigung ins MES4.0 übertragen.

Meldet sich ein Motorblock an, beginnt eine Kommunikation zwischen den Zellen, dem Gussteil und dem MES4.0. Dabei wird ermittelt, welche Fertigungsressourcen unter Beachtung der aktuellen Werkzeug- und Maschinenzustände zur Verfügung stehen. Das Gussteil wird nach Abschluss der Kommunikation und nachdem die Entscheidung über den ersten Arbeitsschritt getroffen wurde, automatisiert zur entsprechenden Zelle gebracht. Nach Abschluss der Bearbeitung beginnt die Kommunikation erneut und die nächsten Fertigungsschritte werden festgelegt. Dies erfolgt so lange, bis das MES4.0

[417] Eigene Darstellung.

erkennt, dass alle technischen Merkmale realisiert sind und damit die Fertigung abgeschlossen ist.[418] Das Produkt kann sich innerhalb des CPPS frei bewegen, d.h. bezogen auf die Abbildung sind auch Transporte von rechts nach links möglich.

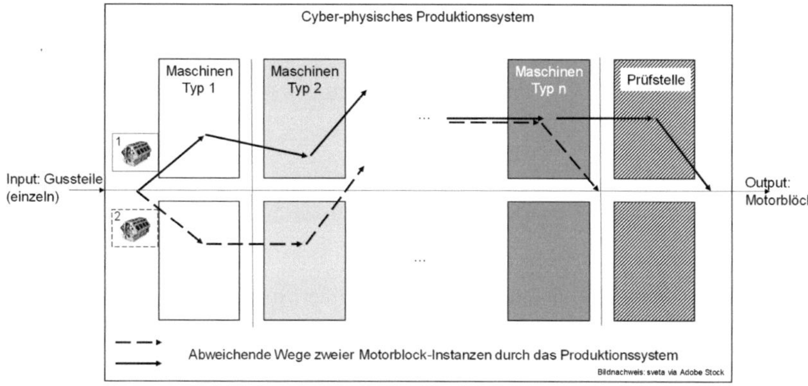

Abbildung 39: Wege von Motorblöcken durch das CPPS im Case[419]

Für den zuständigen Fertigungsleiter ist die Pilotlinie eine „Black Box“[420], d.h. er kann nach Freigabe des Motorblocks nur noch begrenzt Einfluss auf dessen Fertigung nehmen. Als Entscheidungsregel bei Freiheitsgraden wird „First in, First out“ verwendet. Dadurch wird vermieden, dass die Produktion ins Stocken gerät, sollten mehrere gleichwertige Alternativen vorliegen. Weitere Regeln, die das Produktionssystem beschränken, sind im Case nicht vorhanden.

Am Ende der Fertigungslinie, aber teilweise auch bereits während der Fertigung, findet eine Qualitätskontrolle an einer Prüfstelle statt. In der Regel wird dafür jeder 200ste Motorblock verwendet. Es wird die korrekte Fertigung einzelner Produktmerkmale und die Einhaltung von Toleranzvorgaben automatisch geprüft. Bei festgestellten Mängeln werden auffällige Motorblöcke durch manuelle Arbeitsschritte von Mitarbeitern nachgearbeitet.

---

[418] Dieser Absatz ist bereits in einem Beitrag zur Wirtschaftsinformatik-Konferenz veröffentlicht. Vgl. Lachenmaier u.a. (2015), S. 9.

[419] Eigene Darstellung.

[420] Wörtlich sprach der Interviewpartner von einer „Black Box“. Vermutlich ist aber eine „White Box“ gemeint, da er über das MES4.0 in der Lage ist, den Status des Bauteils zu verfolgen.

Schlussbemerkungen

Beim Gespräch mit dem Leiter der Produktentwicklung Motoren wird berichtet, dass neben den geplanten Varianten der Motoren aus konstruktiver Sicht weitere Varianten existieren. Die Varianten kommen dadurch zustande, dass auch an Motoren, die bereits in Serie produziert werden, wöchentlich konstruktive Änderungen vorgenommen werden. Konkret gibt es ca. 25 bewusst gewollte Motorvarianten. Rechnerisch ergeben sich aus der Zahl der Varianten und der Häufigkeit der Änderungen ca. 1.000 genehmigte Änderungen pro Jahr. Diese Änderungen sind vor allem auf Fehlerabstellprozesse und kontinuierliche Verbesserungsmaßnahmen zurückzuführen. Quellen von Änderungsanträgen sind vor allem die Konstruktion und die Produktion. Damit befinden sich die Produkte im ständigen Wandel und alle produktbezogenen Folgeprozesse müssen entsprechend angepasst werden.[421]

Nach Aussagen der befragten Personen im Case arbeitet die Anlage im Vergleich zu den traditionellen Fertigungslinien „wirtschaftlich". Die Wirtschaftlichkeit der Anlage wird vom Produktionsmanagement des Unternehmens über die Kennzahl Overall Equipment Efficiency (OEE) gemessen.[422] Der Zielwert für die OEE der Anlage liegt im Regelbetrieb bei über 80 %. Dieser Wert wird regelmäßig erreicht. Teilweise übersteigt die OEE des CPPS auch die der traditionellen Fertigungslinien. Zusätzlich werden die Ausbringungsmenge pro Stunde und die Durchlaufzeit als Kennzahl verwendet. Der Zielwert von 100 Motorblöcken pro Stunde wird ebenfalls meistens erreicht. Das untersuchte CPPS arbeitet hinsichtlich technischer, organisatorischer und wirtschaftlicher Aspekte zur Zufriedenheit des Unternehmens und der befragten Personen. Aufgrund der positiven Erfahrungen werden im Unternehmen weitere vergleichbare CPPS für die Fertigung von Motorteilen wie Pleuel und Kolben aufgebaut.[423]

[421] Die Häufigkeit der konstruktiven Änderungen wird auch bei einem Interview in einem Maschinenbauunternehmen als Herausforderung angesehen.

[422] OEE gibt u.a. an, wie viel Prozent der verfügbaren Zeit eines Produktionssystems tatsächlich für die Fertigung verwendet werden. Vgl. Hansen (2002), p. 38 and pp. 41-42; Koch (2016), S. 43; May und Koch (2008), S. 247.

[423] Zudem existiert ein vergleichbares CPPS bei Siemens in der Elektronikfertigung. Vgl. Büttner und Brück (2016), S. 55-56. Dieses wurde in der vorliegenden Arbeit jedoch nicht vertieft untersucht.

3.2.3 Cyber-physische Demonstrationsanlage

Umfeld des cyber-physischen Produktionssystems

Es folgt die Untersuchung des zweiten CPPS, das den Case hinsichtlich Plug-and-produce ergänzt. Bei der Demonstrationsanlage handelt es sich um eine Fertigungslinie, die im Rahmen eines Forschungsprojekts entwickelt und auf einer Fachmesse für Industrie 4.0 von einem Komponentenanbieter präsentiert wurde. Das Unternehmen stellt Produkte und Lösungen im Bereich der Konnektivität, RFID und im Maschinenbau her. Es ist ein großes, international agierendes Familienunternehmen mit Hauptsitz in Deutschland. Der Komponentenanbieter möchte mit der Demonstrationsanlage die Möglichkeiten von CPPS-Lösungen in der Produktion dokumentieren. Es handelt sich um eine modulare und somit flexibel konfigurierbare Produktionsanlage, die das sogenannte „Plug-and-produce“ beherrscht. Bei Plug-and-produce können CPPS-Komponenten ohne vorherige Anpassung an die Produkte (insbesondere ohne Anpassung der Maschinensteuerprogramme) in ein Produktionssystem eingebunden werden und ohne weitere Vorbereitung mit der Produktion beginnen. Dieses CPPS wird über Literatur und ein strukturiertes Interview analysiert. Als Literaturquellen werden dabei zwei wissenschaftliche Veröffentlichungen in Zeitschriften und ein Medienbericht verwendet. Als Interviewpartner steht der Architekt der Lösung aus dem Unternehmen zur Verfügung. Das leitfadenbasierte Interview hat eine Dauer von drei Stunden und die Fragen konnten aus der Kenntnis der Beschreibung des CPPS in der Literatur sowie der Erkenntnisse aus der vorangegangen Case Study abgeleitet werden.

Charakterisierung des cyber-physischen Produktionssystems

Die Demonstrationsanlage wird zunächst nach den gleichen Kriterien eingeordnet wie das Produktionssystem im Case.

- Charakter der Hauptprodukte: Auch im zweiten CPPS werden materielle Sachgüter produziert.
- Verwendung der Produkte: Es werden Konsumgüter hergestellt.
- Anzahl der Hauptproduktarten: Bei diesem CPPS handelt es sich um eine Mehrproduktproduktion.
- Auftragsauslösungsart: Es handelt sich um eine Bestellproduktion im Pull-Verfahren, da nur auf Wunsch eines Messebesuchers produziert wird.

Kriterium	Ausprägung
Charakter der Hauptprodukte	Sachgüter
Verwendung der Produkte	Konsumgüter
Anzahl der Hauptproduktarten	Mehrproduktfertigung
Auftragsauslösungsart	Pull / Bestellproduktion
Bevorratung	Einzelteile ja, Produkte nein
Produktspektrum	Variantenfertigung
Wiederholungsgrad	Serienfertigung
Produktstruktur	Wenige Einzelteile
Beschaffungsart	Fremdbezug
Produktionstyp	Fertigung
Anzahl beteiligter Produktionsstellen	Mehrstufig
Layout	Reihenprinzip
Automatisierungsgrad	Hoch
Koordinationsmechanismus	Abstimmung zwischen Produkt und Maschine
Identifikationsmechanismus	Einzeln identifizierbar, RFID
Informationssysteme	Workflow-Management-System

Tabelle 8: Charakterisierung der Demonstrationsanlage

- Bevorratung: Die Einzelteile werden in einem Lager vorgehalten. Eine Bevorratung der Produkte findet auf der Messe nicht statt.
- Wiederholungsgrad: Die Demonstrationsprodukte werden oft hergestellt, aber nicht mehrere eines gleichen Typs direkt nacheinander. Es handelt sich damit um eine Einzelfertigung.
- Produktspektrum: In diesem CPPS sind es standardisierte Produkte mit mehreren Varianten.
- Produktstruktur: Die Demonstrationsprodukte bestehen aus wenigen Einzelteilen.
- Beschaffungsart: Die Einzelteile werden für die Messe fremdbezogen.
- Produktionstyp: Das betrachtete CPPS ist eine Fertigung.
- Anzahl beteiligter Produktionsstellen: Zur Fertigung der Produkte sind mehrere Arbeitsgänge erforderlich.
- Layout: Die Maschinen sind im CPPS in Reihe angeordnet, sodass ihre Reihenfolge der Reihenfolge der Bearbeitungsschritte entspricht.
- Automatisierungsgrad: Der Automatisierungsgrad ist hoch, ca. 80-90 %. Eine manuelle Tätigkeit ist bei einer Produktvariante vorgesehen.

- Koordinationsmechanismus: Produkte und Maschinen kommunizieren dezentral miteinander.
- Identifikationsmechanismus: Die Produkte sind mit einem RFID-Chip ausgerüstet.
- Eingesetzte Informationssysteme: In dieser Anlage kommt ein Workflow-Management-System zum Einsatz.

Die Charakteristika werden zur besseren Übersicht in einer Tabelle zusammengefasst (siehe Tabelle 8). Für die folgende Beschreibung des Ablaufs sind vor allem die genannten CPPS-Kriterien relevant, also die Koordinations- und Identifikationsmechanismen sowie die Informationssysteme, da in diesen der Unterschied gegenüber etablierten Produktionssystemen begründet ist.

Ablauf der Fertigung im cyber-physischen Produktionssystem

In der Demonstrationsanlage wird das Konzept von Plug-and-produce prototypisch realisiert. Um dies zu ermöglichen, kommen Business Process Model and Notation 2.0 (BPMN™ 2.0)[424] und AutomationML in Kombination mit einer funktionalen, gekapselten Programmierung der Maschinensteuerung zum Einsatz.[425] Im Rahmen der Demonstrationsanlage ist dies bereits umgesetzt.

Im CPPS werden verschiedene kundenindividuelle Varianten eines Demonstrationsprodukts hergestellt. Die Vielfalt der Produkte ist auf eine vorgegebene Palette mehrerer Produkte und Produktvarianten begrenzt, aus denen die Besucher der Messe auswählen können und die dann einzeln hergestellt werden. Die Reihenfolge der Produkte ist dabei zufällig, da Messebesucher unabhängig voneinander ihr Produkt bestellen.

Die Produktion kann nur linear durchlaufen werden, das Überspringen einzelner Bearbeitungsschritte ist aber möglich (siehe Abbildung 40). Der Ablauf ist wie folgt: Ein Produkt durchläuft die einzelnen Arbeitsstationen. Die einzelnen CPPS-Komponenten kennen ihre Fähigkeiten, z.B. ist bei einer Fräsmaschine hinterlegt, mit welcher Genauigkeit sie fräsen kann oder bei einer Bohrmaschine, welche Durchmesser möglich

[424] BPMN 2.0 ist ein Standard zur Prozessmodellierung und liegt aktuell in Version 2.0.2 vor. Vgl. ISOIEC 19510 (2013), p. 1; Object Management Group (Ed., 2013), p. 1.

[425] Die Eignung von BPMN 2.0 für die Produktion wird seit einigen Jahren von verschiedenen Autoren betont. Vgl. Braun and Esswein (2014), p. 451; Kohlberg (2015), S. 61; Zor et al. (2011), p. 1.

sind. Das Produkt kann sich über einen RFID-Chip identifizieren und im Workflow-Management-System die nächsten erforderlichen Bearbeitungsschritte abrufen. Bei jeder Arbeitsstation wird die Fertigungsressource vom Produkt angefragt, ob sie über die benötigten Fähigkeiten in Form von Diensten verfügt, um eine Bearbeitung am Produkt durchzuführen. Falls ja, wird die Bearbeitungsfunktion der CPPS-Komponente über einen Serviceaufruf angestoßen, z.B. Bohren (Durchmesser, Position, Tiefe). Diese Anforderung kann von der CPPS-Komponente intern verarbeitet werden, sodass die Bohrung ausgeführt wird. Falls nein, wird das Produkt an die nächste Arbeitsstation weitertransportiert. Das Produkt kommuniziert dabei direkt mit den Maschinen. Auch ein Produktionsarbeiter ist in der Demonstrationslösung vorgesehen, der anfallende manuelle Tätigkeiten übernimmt.

Anstelle eines klassischen MES kommt ein Workflow-Management-System zum Einsatz, welches die Produktionsanlage steuert.[426] Im Workflow-Management-System sind die erforderlichen Bearbeitungen und deren Reihenfolge für das Produkt und seine Varianten hinterlegt.

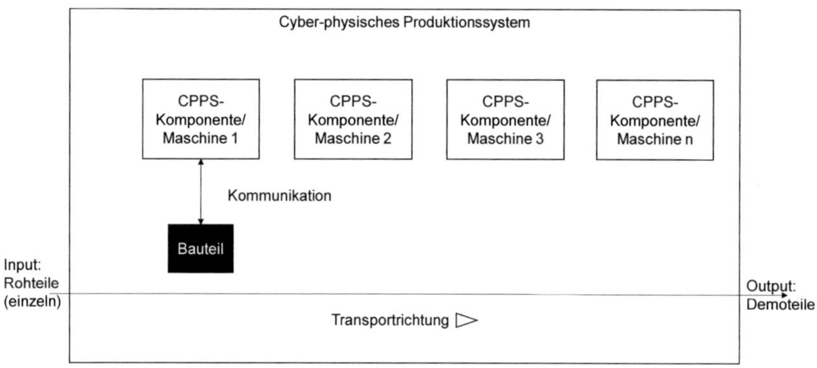

Abbildung 40: Ablauf der Fertigung in der Demonstrationsanlage[427]

Im Unterschied zum klassischen Arbeitsplan sind aber den Bearbeitungsvorgängen keine Ressourcen oder Bearbeitungszeiten zugeordnet. Welche Varianten möglich sind, wird im Rahmen der Produktentwicklung in einer sogenannten Wissensbasis, also einer Datenbank, hinterlegt.

[426] Zu Workflow-Management-Systemen vgl. Gadatsch (2017), S. 136-140; Leymann and Roller (2000).
[427] Eigene Darstellung.

Schlussbemerkungen

Umsetzung und Betrieb einer vergleichbaren Anlage im Echtbetrieb des Komponentenherstellers sind geplant. Das Unternehmen möchte ähnliche Produktionsanlagen intern für die eigene Produktion aufbauen und diese auch am Markt anbieten.

3.2.4 Cyber-physisches Produktionssystem zur Ventilmontage

Umfeld des cyber-physischen Produktionssystems

Das letzte untersuchte Unternehmen setzt CPPS in der Montage ein. Das Unternehmen ist ein großer deutscher Maschinenbauer, das zu einem international tätigen Konzern gehört. Auf einer flexiblen Montagelinie werden verschiedene Ventiltypen montiert. Die Ventile werden anschließend in Maschinen bei konzerninternen und externen Kunden verbaut.

Die Montagelinie wird auf Basis einer Beobachtung, eines Interviews und ergänzender Dokumente untersucht. Bei der Beobachtung handelt es sich um eine nicht-teilnehmende Beobachtung durch den Autor. Das Interview wurde mit dem verantwortlichen Prozessplaner geführt und hatte eine Dauer von einer halben Stunde. Die ergänzenden Dokumente sind offizielle Materialen (Broschüre, Video, Pressemeldung), die vom Unternehmen bereitgestellt werden.

In der Montage werden einem Ventil ca. 60 Einzelteile eingebaut. Über die Montagelinie laufen zum Zeitpunkt der Beobachtung sechs verschiedene Ventiltypen. Häufig nachgefragte Varianten werden auf eigenen, traditionellen Montagelinien zusammengesetzt. Die flexible Montagelinie kommt beim Eintreten einer der folgenden Bedingungen zum Einsatz:

- Bei zeitkritischen Aufträgen, um Überstunden auf anderen Montagelinien zur vermeiden,
- bei neuen Produkten bzw. Varianten, deren Absatz noch nicht feststeht und
- bei selten nachgefragten Varianten.

Charakterisierung des cyber-physischen Produktionssystems

Die Linie besteht aus neun Arbeitsstationen, die ohne Rüstvorgänge verwendet werden können. Das Produkt kann selbstständig durch die Montagelinie navigieren.

Die Charakteristika werden zur besseren Übersicht in einer Tabelle zusammengefasst (siehe Tabelle 9).

- Charakter der Hauptprodukte: Die Ventile sind materielle Sachgüter.
- Verwendung der Produkte: Die Ventile sind Investitionsgüter, die in Maschinen verbaut werden.
- Anzahl der Hauptproduktarten: Es handelt sich um eine Mehrproduktproduktion, da verschiedene Ventile im selben Produktionssystem hergestellt werden.
- Auftragsauslösungsart: Es handelt sich um eine Bestellproduktion nach dem Pull-Verfahren.
- Bevorratung: Einzelteile werden in geringem Umfang bevorratet, ebenfalls die Produkte.
- Wiederholungsgrad: Von einem Ventiltyp werden in der Regel mehrere Instanzen hergestellt, aber nicht in direkter Folge. Stattdessen wird jedes Ventil einzeln mit einem individuellen Ablauf durch die Produktion bewegt. Es handelt sich damit um eine Einzelmontage.
- Produktspektrum: Das Produktspektrum umfasst In diesem CPPS standardisierte Produkte mit mehreren Varianten. In Kombination mit dem Wiederholungsgrad kann damit von einer variantenreichen Serienproduktion gesprochen werden.
- Produktstruktur: Ein Ventil besteht aus 60 Einzelteilen. Das sind deutlich mehr als in den beiden bereits untersuchten CPPS.
- Beschaffungsart: Für die Ventilmontage sind die Gehäuse und weitere Einzelteile, die in das Gehäuse hineinmontiert werden, erforderlich. Die Gehäuse werden im eigenen Unternehmen gegossen, weitere Kleinteile werden zugekauft.
- Produktionstyp: Im Unterschied zu den beiden vorherigen CPPS handelt es sich um eine Montagelinie.
- Anzahl beteiligter Produktionsstellen: Die Ventile durchlaufen mehrere Arbeitsstationen mit verschiedenen Tätigkeiten.
- Layout: Die Maschinen und Arbeitsplätze sind als Werkstattfertigung mit automatischem Transport zwischen den Arbeitsplätzen angeordnet.
- Automatisierungsgrad: Der Automatisierungsgrad in der Ventilmontage ist gering, da viele Tätigkeiten manuell ausgeführt werden.
- Koordinationsmechanismus: Die Produkte steuern die Montage dezentral.

- Identifikationsmechanismus: Die Produkte sind mittels RFID-Technik identifizierbar.
- Eingesetzte Informationssysteme: In der Produktion kommt ein MES zum Einsatz, das über individuelle Entwicklungen ergänzt wird. Als individuelle Entwicklung ist ein Kommunikationsprotokoll zu nennen, mit dem CPPS-Komponenten standardisiert kommunizieren können.

Kriterium	Ausprägung
Charakter der Hauptprodukte	Sachgüter
Verwendung der Produkte	Investitionsgüter
Anzahl der Hauptproduktarten	Mehrproduktmontage
Auftragsauslösungsart	Pull / Bestellproduktion
Bevorratung	Ja
Produktspektrum	Variantenmontage
Wiederholungsgrad	Einzelmontage
Produktstruktur	Mittlere Menge an Einzelteilen
Beschaffungsart	Eigenproduktion und Fremdbezug
Produktionstyp	Montage
Anzahl beteiligter Produktionsstellen	Mehrstufig
Layout	Werkstattprinzip
Automatisierungsgrad	Gering
Koordinationsmechanismus	Dezentral
Identifikationsmechanismus	RFID
Informationssysteme	MES, eigene Lösungen

Tabelle 9: Charakterisierung der cyber-physischen Ventilmontage

Im Gegensatz zu den beiden vorherigen CPPS handelt es sich hier um eine Montage mit geringem Automatisierungsgrad. Das Produkt steuert dezentral den Produktionsablauf. Die zuständigen Mitarbeiter bekommen an ihren Arbeitsplätzen die entsprechenden Anweisungen für die einzelnen Montageschritte angezeigt, nachdem das jeweilige Produkt am Arbeitsplatz angemeldet ist.

Ablauf der Fertigung im cyber-physischen Produktionssystem

Die Ventile werden über ein flexibles Logistiksystem zwischen den Arbeitsplätzen transportiert (siehe Abbildung 41). In einer digitalen Repräsentation des Produkts sind die erforderlichen Arbeitsschritte hinterlegt. Je nach Status der Arbeitsplätze werden die Produkte dorthin transportiert, wo der nächste Bearbeitungsschritt ausgeführt werden kann. Dazu wird ständig erfasst, welche Arbeitsplätze gerade durch einen Mitarbeiter und ein Produkt in Benutzung sind. Die Ressourcen erkennen das aktuelle Produkt und führen die Arbeitsschritte aus.

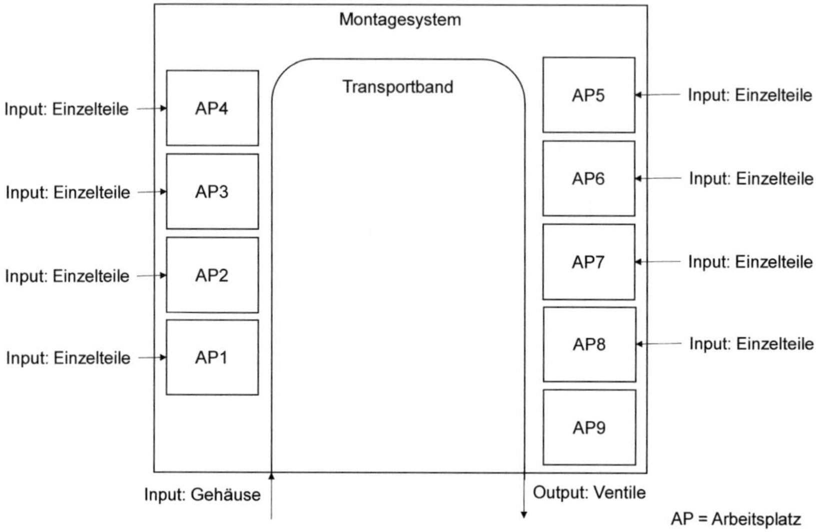

Abbildung 41: Physisches Layout des CPPS zur Ventilmontage[428]

Schlussbemerkungen

Die Montagelinie wird im Unternehmen laufend aktiv genutzt. Nach Aussage des befragten Produktionsverantwortlichen arbeitet das Produktionssystem „wirtschaftlich“, gemessen an der Produktivität. Die Produktivität der cyber-physischen Multiproduktlinie wird mit der 1,1-fachen Produktivität einer herkömmlichen Montagelinie angegeben.

3.2.5 Erkenntnisse über die identifizierten Veränderungen in der Prozess- und Produktionsplanung

Im Folgenden werden aus der Analyse der drei cyber-physischen Produktionssysteme Erkenntnisse für die Prozess- und Produktionsplanung gewonnen. Aufgrund des ge-

[428] Eigene Darstellung.

ringen Umfangs der Stichprobe handelt es sich dabei um Indizien, die darauf hinweisen, wie die Prozess- und Produktionsplanung gestaltet werden kann, um die Potenziale der CPPS zu erschließen, Die Erkenntnisse beziehen sich auf die Aufgaben, die Aufgabenträger und die Informationssysteme in der Prozess- und Produktionsplanung.

Erkenntnisse hinsichtlich der Aufgaben der Prozess- und Produktionsplanung

Die Erkenntnisse zu den Aufgaben werden nach den Aufgaben der etablierten Prozess- und Produktionsplanung strukturiert (siehe Kapitel 3.1). Eine Übersicht zu diesen Aufgaben und zu den CPPS-bedingten Veränderungen zeigt die folgende Abbildung (siehe Abbildung 42). Begonnen wird mit den Aufgaben aus der etablierten Prozess- und Produktionsplanung.

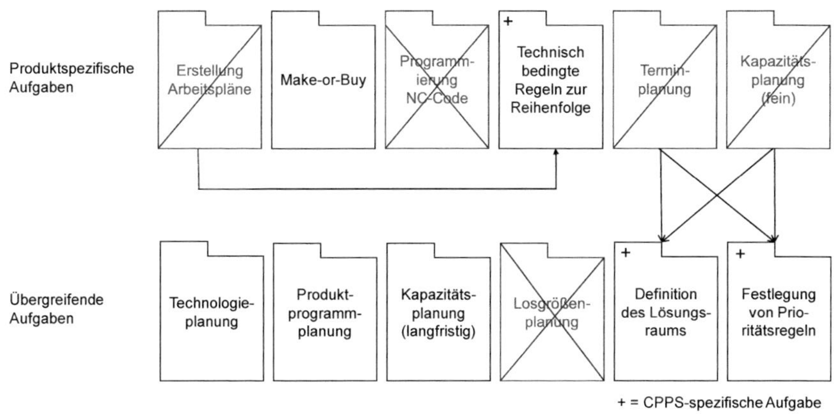

Abbildung 42: Veränderung der Aufgaben[429]

- Aufgabe Erstellung eines Arbeitsplans: Im Case der Motorblockfertigung gibt es keine im Voraus festgelegte Zuordnung von Arbeitsschritten zu Ressourcen. Die notwendigen Bearbeitungen am Motorblock sind über die Produktmerkmale aus dem Digitalen Produktmodell im MES4.0 erfasst und die Zuordnung zu CPPS-Komponenten erfolgt ad hoc während des laufenden Prozesses. Häufig bestehen zur Realisierung eines Produktmerkmals mehrere Optionen seitens der Fertigung. So kann beispielsweise eine Bohrung auch mittels Lasertechnik

[429] Eigene Darstellung.

hergestellt werden oder eine bestimmte Oberfläche durch Fräsen oder Schleifen erzeugt werden. Im Case werden die Möglichkeiten durch die Verfügbarkeit der CPPS-Komponenten festgelegt. Auch kann es bei Maschinen desselben Typs zu kleinen Unterschieden in der Ausführung kommen, wodurch die Bearbeitungszeiten variieren können. Ein Arbeitsplan in seiner traditionellen Form wird im Case nicht verwendet. Die Festlegung technisch bedingter Restriktionen zur Sicherstellung eines geeigneten Produktionsprozesses ist aber weiterhin erforderlich, weshalb hier eine entsprechende Aufgabe eingeführt wird.

- Aufgabe Make-or-Buy-Entscheidung: Die Make-or-Buy-Entscheidung ist weiterhin relevant. Allerdings kann sie nicht mehr auf dem Arbeitsplan basieren, da ein solcher in traditioneller Form nicht mehr zur Verfügung steht. Durch die mögliche Vielfalt der Produktionsprozesse für ein Produkt wird auch die Bestimmung der Produktionskosten erschwert.
- Aufgabe Programmierung des NC-Codes: Die Demonstrationsanlage zeigt, wie durch das Konzept von Plug-and-produce CPPS-Komponenten für Produktionsschritte eingesetzt werden können, auf die sie zuvor nicht explizit programmiert wurden. Die CPPS-Komponenten verfügen dazu intern über eine entsprechende funktionale Programmierung, die es ermöglicht, ihre Leistung über standardisierte Sprachen wie Automation Markup Language (AutomationML) und Schnittstellen abzufragen. Damit muss nicht länger ein NC-Code für das jeweilige Produkt erzeugt werden, sondern es genügt eine einmalige Beschreibung der Produktmerkmale und der Fähigkeiten der Maschine, damit diese passend zugeordnet werden können.
- Aufgabe Termin- und Kapazitätsplanung: Eine der Produktion zeitlich vorausgehende klassische Termin- und Kapazitätsplanung ist in allen drei betrachteten CPPS nicht erforderlich. Die CPPS-Komponenten und Produkte entscheiden ad hoc nach Zustand über den Ablauf der Produktion. Um die Produktion trotzdem zu beeinflussen und strategische Vorgaben[430] umzusetzen, ist es aber weiterhin möglich, Regeln zu definieren, die im Fall von Freiheitsgraden eine Entscheidung für eine zielkonforme Alternative ermöglichen. Ist beispielsweise

[430] Der Strategiebegriff wird hier nicht im Sinne von Langfristigkeit verstanden. Vgl. Schweitzer (2011), S. 57-58. Entscheidungen sind in der vorliegenden Arbeit strategisch, wenn sie Auswirkungen auf die Ressourcen oder die Marktposition eines Unternehmens haben (Ressource-based View bzw. Market-based View). Vgl. Greschner und Zahn (1992), S. 25; Freiling (2001), S. 162-166; Porter (2013), S. 67-68; Porter (2014), S. 597.

die strategische Zielvorgabe, die Durchlaufzeiten zu reduzieren, kann eine Regel sein, nach kurzen Operationszeiten zu priorisieren. Auch falls mehrere Alternativen gleichwertig sind, muss eine Regel greifen, damit es nicht zum Stillstand der Produktion kommt.

- Aufgabe Technologieplanung: Die Technologieplanung ist weiterhin eine produktübergreifende Aufgabe der Prozessplanung. Im Unterschied zur etablierten PPP kann im Umfeld cyber-physischer Produktionssysteme nicht länger auf Bearbeitungsschritte und die Zuordnung von Produkten zu Maschinen im Arbeitsplan zurückgegriffen werden. Stattdessen können technologische Entwicklungen und Anforderungen seitens der Produkte aus den Produktmerkmalen abgeleitet werden. Beispielsweise sind im Digitalen Produktmodell Genauigkeiten und Toleranzen hinterlegt, die bei der Produktion eingehalten werden sollen. Die Technologieplanung hat dann die Aufgabe, entsprechende Werkzeuge und Maschinen sowie Fertigungstechnologien bereitzustellen, die in der Lage sind, in der benötigten Genauigkeit zu produzieren.
- Aufgabe Produktprogrammplanung: Im Rahmen der Produktprogrammplanung wird festgelegt, wie viele Instanzen eines Produkttyps in einer Periode gefertigt werden sollen. Diese werden dann auf Standorte und Produktionssysteme verteilt. Da in cyber-physischen Produktionssystemen die Durchlaufzeiten einzelner Produktinstanzen variieren, ist es nicht länger möglich, die genauen Produktionsmengen hochzurechnen.
- Aufgabe Kapazitätsplanung (langfristig): Eine langfristige Kapazitätsplanung wird benötigt, damit ausreichend Ressourcen und Kapazität zur Verfügung stehen, um das Produktprogramm herzustellen. Im Case besteht die Herausforderung darin, genügend Maschinen eines Typs vorzuhalten, damit es nicht zu Engpässen in der Produktion kommt. Hier müssen auch Ausfall- und Wartungszeiten berücksichtigt werden. Durch die variierenden Durchlaufzeiten und die fehlende Zuordnung von Ressourcen zu Arbeitsschritten kann die benötigte Kapazität nicht länger aus Produktprogramm und Arbeitsplan errechnet werden.
- Aufgabe Losgrößenplanung: Eine Losgrößenplanung findet in keinem der drei CPPS statt, da alle auf eine Losgröße von „1“ ausgelegt sind. Jedes Produkt wird individuell und unabhängig vom vorausgehenden oder nachfolgenden Produkt bearbeitet. Rüstvorgänge werden durch geeignete Maschinenzuordnung vermieden, nicht durch Bildung von Losen im Voraus.

Für das CPPS-Umfeld kommen im Vergleich zur etablierten Prozess- und Produktionsplanung folgende Aufgaben hinzu, die sich teilweise durch die Veränderungen der etablierten Aufgaben ergeben: Technisch bedingte Regeln zur Reihenfolge, Definition des Lösungsraums und Festlegung von Prioritätsregeln.

- Festlegung technisch bedingter Regeln zur Reihenfolge: Hinzu kommt in der Prozessplanung die Aufgabe, einmalig Restriktionen in Bezug auf die Ablauflogik zu definieren. So müssen für cyber-physische Produktionssysteme technisch bedingte Restriktionen in Regeln erfasst werden. Dazu gehört die Vorgabe der Reihenfolge bestimmter Bearbeitungsschritte. Ein Beispiel ist in der folgenden Abbildung dargestellt (siehe Abbildung 43). Bei der Fertigung eines Zahnrads kommt es auf die Reihenfolge der Fertigungsschritte an, obwohl in beiden dargestellten Fällen alle Produktmerkmale in der Produktion realisiert wurden und auch die Geometrie des Bauteils korrekt ist. Neben einem defekten Produkt kann eine falsche Bearbeitungsreihenfolge auch Auswirkungen auf die Durchlaufzeit und die Werkzeugabnutzung haben. So ist bei Alternative zwei das Härten zu Beginn problematisch und führt dazu, dass das Zahnrad nicht verwendet werden kann.

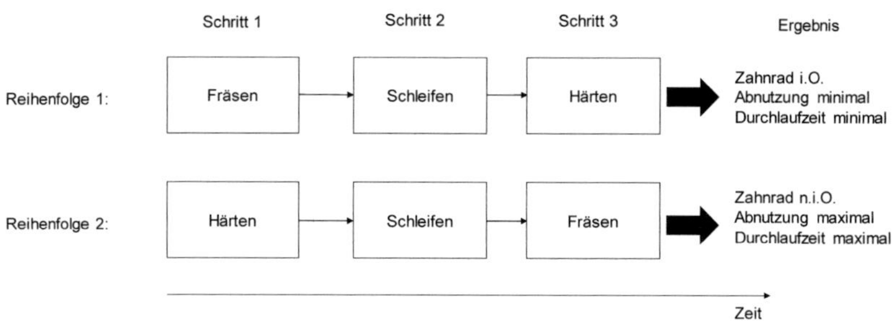

Abbildung 43: Fertigung eines Zahnrads[431]

- Definition des Lösungsraums: Aus den Interviews ist bekannt, dass es Fälle gibt, in denen bestimmte Pfade durch das Produktionssystem zu mangelhaften Teilen führen können. Beispielsweise können bestimmte Kombinationen von Material, Maschine und Werkzeug zu einem höheren Ausschuss führen. Um derartige Fälle zu vermeiden, sind diese unerwünschten Kombinationen aus

[431] Eigene Darstellung.

dem Lösungsraum des Produktionsablaufs auszuschließen. Dazu können Regeln erlassen werden, die den Lösungsraum einschränken. Über weitere Regeln zur Einschränkung des Lösungsraums kann zudem die Nutzung besonders kosten- oder energieintensiver Fertigungsverfahren begrenzt werden. Der befragte Prozessplaner aus der Motorenfertigung empfiehlt allerdings, das Produktionssystem nicht durch zu viele Regeln zu überfrachten, weil dadurch die angestrebte Flexibilität eingeschränkt werden könnte.

- Festlegung von Prioritätsregeln: Bei Freiheitsgraden gibt es Gestaltungsspielraum in der Produktion. Dieser kann genutzt werden, um strategischen Zielen näher zu kommen. Zum Beispiel kann nach Energieverbrauch, Bedeutung des Kunden oder Dringlichkeit des Auftrags priorisiert werden.[432] Im Fall mehrerer gleichwertiger Alternativen ist zudem eine Regel nötig, damit eine der Alternativen ausgewählt wird, zum Beispiel die nächstgelegene Maschine mit der kürzesten Transportzeit.

Als Ergebnis können für die Planung cyber-physischer Produktionssysteme folgende Aufgaben identifiziert werden (siehe Tabelle 10).

Klassifizierung	Aufgaben
Produktspezifische Aufgaben	- Make-or-Buy-Entscheidung - Definition der technischen Restriktionen
Produktübergreifende Aufgaben	- Definition des Lösungsraums in der Produktion - Festlegung von Prioritätsregeln - Kapazitätsplanung (langfristig) - Produktprogrammplanung - Technologieplanung

Tabelle 10: Aufgabenkatalog der Prozess- und Produktionsplanung cyber-physischer Produktionssysteme

Der aus dem Aufgabenkatalog resultierende Informationsbedarf sowie weitere Anforderungen an geeignete Informationssysteme zur Unterstützung der Prozess- und Produktionsplanung cyber-physischer Produktionssysteme, die in den Interviews und auf Basis der Case Study erhoben wurden, werden im weiteren Verlauf des Kapitels thematisiert.

[432] In der etablierten Prozess- und Produktionsplanung wird diese Aufgabe in der Regel der Produktionssteuerung zugeordnet. Vgl. Corsten und Gössinger (2016), S. 569-573; Loos (2019), o.S. Daher ist sie im Falle der Prozess- und Produktionsplanung im CPPS-Kontext als neu anzusehen.

Erkenntnisse bezüglich der Aufgabenträger der Prozess- und Produktionsplanung

Aus den Interviews im Rahmen der Case Study ergibt sich, dass es vor allem bei der Rolle des Produktionsplaners zu Veränderungen kommen wird. Aktuell führen diese ihre Aufgaben für die traditionellen Fertigungslinien weiterhin aus; der befragte Prozessplaner gab allerdings an, dass die Aufgaben der Produktionsplaner für das cyberphysische Produktionssystem nicht länger erforderlich sind und dies Auswirkungen auf die Aufgabenträger zur Folge haben kann. Eine mögliche Konsequenz wäre im Case, dass die bisherigen Produktionsplaner in die Prozessplanung wechseln, um die hier anfallenden Aufgaben besser bewältigen zu können.

Aufgrund der veränderten Aufgaben in der Prozess- und Produktionsplanung ergibt sich als logische Folge, dass eventuell Fortbildungsmaßnahmen zur Qualifizierung der Aufgabenträger erforderlich sind, um sie auf die Durchführung der Aufgaben vorzubereiten. Beispielsweise kommt es im zweiten CPPS zu unfertigen Produkten, wenn nicht alle erforderlichen Fähigkeiten zur Fertigung des Produkts seitens der CPPS-Komponenten angeboten werden. Dies zu diagnostizieren und zu entscheiden, welche Komponente sich gegebenenfalls eignet, um sie mit neuen passenden Fähigkeiten zu erweitern, ist eine anspruchsvolle Aufgabenstellung, die es in dieser Form bislang nicht gab.

Erkenntnisse bezüglich der Informationssysteme

In den betrachteten Unternehmen kommen zur Planung und Steuerung der CPPS keine PPS-Systeme zum Einsatz. Im Gegensatz zu herkömmlichen bzw. etablierten Ansätzen steuert auch nicht mehr das zentrale MES die Produktion, sondern die CPPS-Komponenten und Produkte steuern ad hoc den Produktionsprozess.

Zur Unterstützung der CPPS-Komponenten wird in den produktiven Umgebungen eine Art von MES eingesetzt, die in dieser Arbeit als MES4.0 bezeichnet wird. Deren Funktionsumfang unterscheidet sich erheblich von etablierten MES. Das wird an den einzelnen Funktionsbereichen eines MES diskutiert: Feinplanung und -steuerung, Auftragsmanagement, Betriebsmittelmanagement, Datenerfassung, Informationsmanagement, Leistungsanalyse sowie Personal- und Qualitätsmanagement.

- Feinplanung und -steuerung: Die Veränderungen am MES werden besonders beim Funktionsbereich Feinplanung und -steuerung offensichtlich, denn diese

Funktionen werden im Kontext cyber-physischer Produktionssysteme durch eine dezentrale Steuerung ersetzt.

- Auftragsmanagement: Auch Funktionen zum Auftragsmanagement verändern sich inhaltlich, da jede Produktinstanz einzeln das CPPS durchläuft. Durch den Pull-Ansatz in den betrachteten CPPS ist auch die Auftragsfreigabe an das Produkt gekoppelt. Gleichzeitig müssen weiterhin die Produktionsabläufe dokumentiert werden, sodass Teile des Auftragsmanagements in einer angepassten Form fortbestehen.
- Betriebsmittelmanagement: Im Plug-and-produce-Szenario können CPPS-Komponenten selbst über ihre Fähigkeiten Auskunft geben. Das MES ist damit nicht mehr im selben Umfang für das Betriebsmittelmanagement erforderlich. Neue Komponenten müssen einmalig im CPPS registriert werden, um berücksichtigt werden zu können. Hierzu bietet sich das MES4.0 als zentrale Plattform an.
- Datenerfassung: Das MES4.0 wird vor allem zur Erfassung und zum Austausch von Daten verwendet. In den Bereichen der Datenerfassung kommen sie weiterhin als Schnittstelle zu den CPPS-Komponenten zum Einsatz, die über Maschinen- und Betriebsdatenerfassung und Kommunikationsprotokolle ihren Status melden.
- Informationsmanagement und Leistungsanalyse: Auch die Verteilung der Informationen im Rahmen des Informationsmanagements und der Leistungsanalyse sind für Aufgabenträger von zunehmender Bedeutung, da sie als zentraler Knotenpunkt die Daten vorhalten.
- Personal- und Qualitätsmanagement: Auch für das Personal- und Qualitätsmanagement können MES4.0 weiterverwendet werden, da sie Daten über den Personaleinsatz sowie die Umstände von Ausfällen und Defekten in der Produktion vorhalten.

In Summe entwickelt sich das MES von einem zentralen Produktionssteuerungssystem zu einer Plattform, die Ressourcen verwaltet und deren dezentrale Koordination unterstützt. Dies stimmt mit der zukünftigen Rolle eines MES4.0 als Datendrehscheibe überein, wie es in der Literatur bezeichnet wird.[433]

[433] Vgl. VDI 5600-1 (2016), S. 10.

3.2.6 Zusammenhang zwischen Aufgaben, Entscheidungen, Informationsbedarf und Informationssystemen

Die Unterstützung von Aufgabenträgern bei der Erfüllung ihrer Aufgaben im Unternehmen durch geeignete Informationssysteme ist Kern der Wirtschaftsinformatik.[434] Verändern sich die Aufgaben und damit die Informationsbedarfe der Aufgabenträger wie hier im Fall der Prozess- und Produktionsplanung, sind als logische Folge auch Anpassungen der Informationssysteme erforderlich. Daher gibt es einen Bedarf an geeigneten Systemen, der von den etablierten Anwendungssystemen derzeit nicht gedeckt wird.[435]

Im Rahmen der Durchführung betrieblicher Aufgaben haben Aufgabenträger in der Regel eine oder mehrere Entscheidungen zu treffen.[436] Entscheidungen basieren auf den verfügbaren Informationen zu Handlungsalternativen und Zielen.[437] Häufig sind die Konsequenzen einer Entscheidung nicht vollständig absehbar. Es handelt sich dann um Entscheidungen unter Unsicherheit.[438] Um die Unsicherheit bestmöglich zu reduzieren, müssen die verfügbaren Informationen zu verschiedenen Handlungsalternativen und deren Konsequenzen für den Entscheider zugänglich sein. Um die Konsequenzen abschätzen zu können, sind Informationen über den aktuellen Zustand sowie die möglichen Auswirkungen von Entscheidungen erforderlich.[439] Diese Informationen werden den Aufgabenträgern über Informationssysteme bereitgestellt.

Der Informationsbedarf eines Aufgabenträgers richtet sich nach seinen betrieblichen Aufgaben und den damit verbundenen Entscheidungen (siehe Abbildung 44).[440]

Die Ermittlung der Aufgaben basiert auf einer Aufgabenanalyse.[441] Aufgaben werden in Typen unterschieden: strukturierte, teilstrukturierte und unstrukturierte Aufgaben.[442]

---

[434] Vgl. Alpar u.a. (2016), S. 19 und S. 38-39; Biethahn u.a. (2004), S. 10; Engelmann und Großmann (2015), S. 8; Heinrich u.a. (2014), S. 64; Leimeister (2015), S. 14; Thome und Winkelmann (2015), S. 8. Neben Informationssystemen sind weitere Informationsressourcen denkbar. Vgl. Mertins u.a. (2016), S. 35-37; Michelson (2001), S. 25.

[435] Vgl. Nyhuis (Hrsg.) u.a. (2016), S. 10-11.

[436] Vgl. Koziol (1975), S. 50.

[437] Vgl. Jacob (2012), S. 61; Laux u.a. (2014), S. 5.

[438] Vgl. Laux u.a. (2014), S. 33.

[439] Vgl. Laux u.a. (2014), S. 14.

[440] Vgl. Wollnik (1988), S. 40.

[441] Zur Aufgabenanalyse vgl. Koziol (1975), S. 42-66 und S. 76-79. Die Aufgabenanalyse ist eine Voraussetzung für die Ermittlung des Informationsbedarfs.

[442] Vgl. Byström and Järvelin (1995), pp. 194-195; Greschner und Zahn (1992), S. 21; Koch (2014), S. 31.

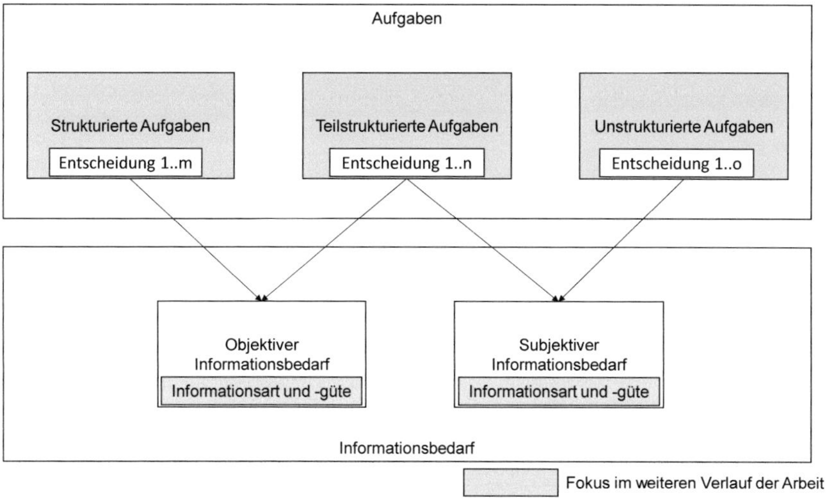

Abbildung 44: Zusammenhang zwischen Aufgaben und Informationsbedarf[443]

- Strukturierte Aufgaben: Strukturierte Aufgaben sind dadurch gekennzeichnet, dass für sie ein Lösungsweg vorhanden ist und Ursache-Wirkungs-Beziehungen bekannt sind. Strukturierte Aufgaben sind in der Regel programmierbar und daher automatisierbar.
- Teilstrukturierte Aufgaben: Teilstrukturierte Aufgaben verfügen entweder über einen Lösungsweg oder haben bekannte Ursache-Wirkungs-Beziehungen. Sie sind nicht vollständig automatisierbar, sodass an der Durchführung der Aufgabe immer ein menschlicher Aufgabenträger beteiligt sein muss.
- Unstrukturierte Aufgaben: Bei unstrukturierten Aufgaben ist weder ein Lösungsweg vorhanden noch sind Ursache-Wirkungs-Beziehungen bekannt. Unstrukturierte Aufgaben werden daher vom zuständigen Aufgabenträger individuell gelöst.

Die jeweiligen Aufgaben verursachen unterschiedliche Informationsbedarfe des Aufgabenträgers. Informationsbedarf lässt sich in zwei Typen einteilen: Objektiver und subjektiver Informationsbedarf.

443 Eigene Darstellung.

- Objektiver Informationsbedarf: Der objektive Informationsbedarf ist aus dem vorgegebenen Lösungsweg der Aufgabe eindeutig ableitbar.[444] Daher ist ein objektiver Informationsbedarf nur bei strukturierten Aufgaben bestimmbar.
- Subjektiver Informationsbedarf: Bei teil- und unstrukturierten Aufgaben hingegen kann der Aufgabenträger verschiedene Lösungswege nutzen. Damit ist der Informationsbedarf vom jeweiligen Aufgabenträger abhängig, d.h. subjektiv.[445] Zur Erhebung des subjektiven Informationsbedarfs bei unstrukturierten Aufgaben sind die Aufgabenträger zu befragen.[446]

Der Informationsbedarf setzt sich aus Informationsart und Informationsgüte zusammen.[447] Beides wird in der vorliegenden Arbeit bei der Informationsbedarfsanalyse erfasst. Die Informationsart beschreibt, „welche" Information der Aufgabenträger benötigt. Dabei handelt es sich um Angaben zu einem Sachverhalt oder zu Objekten.[448] Die Informationsgüte bezieht sich auf die jeweilige Informationsart und beurteilt, „wie" die Information vorliegt, d.h. in welcher Darstellungsform und Qualität sie gefordert wird.

Für die Informationsgüte werden folgende Qualitätskriterien zugrunde gelegt und in der vorliegenden Arbeit berücksichtigt: Aktualität der Information, Aufwand der Informationsbeschaffung, Darstellungsform, Detaillierungsgrad der Information, Erfordernis flexibler Analysen, Erfordernis historischer Daten, Korrektheit der Informationen, Verfügbarkeit der Informationen und Vollständigkeit der Informationen. [449]

- Aktualität der Informationen: Als Aktualität wird die Zeitdifferenz zwischen einer Änderung in der Realwelt und ihrer Repräsentation in der Information bezeichnet. Der Aufgabenträger gibt vor, wie groß diese Zeitdifferenz maximal sein darf.
- Aufwand der Informationsbeschaffung: Der Aufwand der Informationsbeschaffung gibt an, welcher Aufwand durch die Beschaffung der Information entstanden ist.

[444] Vgl. Horvath u.a. (2015), S. 183.

[445] Für den subjektiven Informationsbedarf gibt es auch den Begriff des Informationsbedürfnisses. Vgl. Heinrich u.a. (2014), S. 65; Krcmar (2015), S. 65-66. Für die vorliegende Arbeit wird hier begrifflich nicht unterschieden, da der Unterschied für die Entwicklung von Informationssystemen nicht relevant ist; beides muss gleichermaßen bei der Entwicklung berücksichtigt werden. Vgl. Heinrich u.a. (2014), S. 64.

[446] Vgl. Brockhoff (1983), S. 54; Voß und Gutenschwager (2001), S. 132

[447] Vgl. Koch (2014); S. 36; Picot u.a. (2003), S. 81; Stroh (2011), S. 24.

[448] Ein Beispiel für die Informationsart ist die Kennzahl der Overall Equipment Effectiveness (OEE).

[449] Diese Kriterien sind das Ergebnis einer systematischen Literaturanalyse. Vgl. Koch (2014), S. 36-38.

- Darstellungsform: Die Darstellungsform entscheidet darüber, wie eine Information dem Aufgabenträger präsentiert wird. Übliche Darstellungsformen sind Diagramme und Tabellen.
- Detaillierungsgrad der Information: Mit dem Detaillierungsgrad wird beschrieben, wie weit die Informationen aggregiert sind. Es kann nicht davon ausgegangen werden, dass das Aggregationsniveau der geforderten Informationen auf unterschiedlichen Hierarchieebenen automatisch zunimmt, sondern der Detaillierungsgrad ist vom jeweiligen Aufgabenträger zu erheben.[450]
- Erfordernis flexibler Analysemöglichkeiten: Der Einsatz flexibler Analysemöglichkeiten ist dann sinnvoll, wenn der Aufgabenträger in der Lage ist, sich mit diesen die erforderliche Information zu beschaffen.
- Erfordernis historischer Daten: Hiermit wird ausgesagt, ob ein Aufgabenträger vergangenheitsbezogene Daten wünscht.
- Korrektheit der Informationen: Informationen sind korrekt, wenn sie mit der Realwelt übereinstimmen.
- Verfügbarkeit der Informationen: Informationen sollen zu dem Zeitpunkt verfügbar sein, zu dem ein Aufgabenträger sie anfordert.
- Vollständigkeit der Informationen: Die Informationen sollen vollständig sein.[451]

Ist der Informationsbedarf auf einer fachlichen Ebene erhoben, kann dieser als Input für die Entwicklung geeigneter Informationssysteme verwendet werden.[452]

3.2.7 Methodisches Vorgehen bei der Erhebung des Informationsbedarfs

Der Informationsbedarf[453] von Aufgabenträgern wird allgemein im Rahmen von Informationsbedarfsanalysen festgestellt.[454] Diese bestehen aus den vier Schritten Erhebung, Dokumentation, Priorisierung und Validierung (siehe Abbildung 45).[455]

[450] Vgl. Horvath u.a. (2015), S. 180.
[451] Vgl. Koch (2014), S. 39.
[452] Vgl. Krcmar (2015), S. 101. So unterscheidet auch Scheer nach der Fachlichkeit im Verhältnis zur technischen Realisierung. Vgl. Scheer (2002), S. 40. Der Ebenen-Ansatz geht auf Wollnik zurück. Vgl. Kemper u.a. (2011a), S. 439-441; Wollnik (1987), S. 156; Wollnik (1988), S. 38-39.
[453] Informationsbedarf wird in der Literatur im Kontext der Systementwicklung teilweise auch als informatorische Anforderungen bezeichnet. Vgl. Goeken (2006), S. 265; Stroh (2011), S. 24.
[454] Da sich informatorische Anforderungen hinsichtlich ihrer Wiederholungshäufigkeit von funktionalen Anforderungen unterscheiden, ist deren Erhebung nicht Teil des etablierten Requirements Engineerings. Vgl. Goeken (2006), S. 265; Stroh u.a. (2011), S. 38.
[455] Vgl. Stroh u.a. (2011), S. 42.

- Erhebung: Aufgabenträger werden in dieser Arbeit zur Bestimmung ihres subjektiven Informationsbedarfs befragt.[456] Objektiver Informationsdarf lässt sich logisch-deduktiv aus dem Lösungsweg zur Aufgabe ableiten.[457]
- Dokumentation: Der erhobene Informationsbedarf wird für die folgenden Schritte festgehalten und in Informationsbedarfstemplates oder Informationsbedarfskatalogen dokumentiert.
- Priorisierung: In Softwareprojekten sollte bestimmt werden, ob es verschiedene Dringlichkeiten oder Kosten-Nutzen-bezogene Differenzen zwischen einzelnen Informationen gibt. Für die Priorisierung der Informationsbedarfe im Anschluss an die Erhebung können wirtschaftliche Kriterien herangezogen werden, z.B. der erwartete Nutzen der Bereitstellung. Damit können z.B. zuerst die Informationen bereitgestellt werden, die der Aufgabenträger dringend benötigt.
- Validierung: Nachdem der Informationsbedarf erfüllt ist, wird sichergestellt, dass der Aufgabenträger mit den gegebenen Informationen die Aufgabe bearbeiten kann. Ist dies nicht der Fall, benötigt der Aufgabenträger eventuell weitere Informationen.

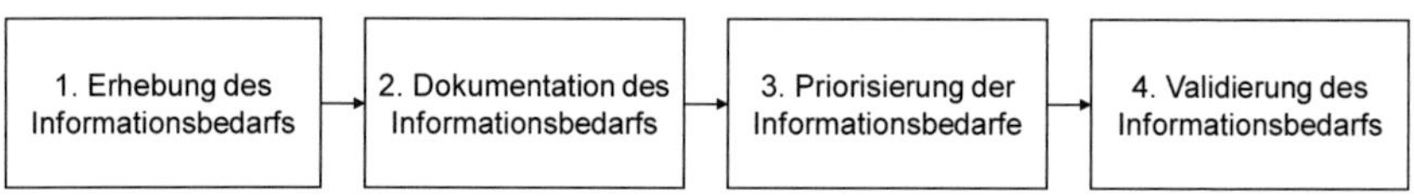

Abbildung 45: Vorgehen bei der Informationsbedarfsanalyse[458]

Im Folgenden stehen die Erhebung und die Dokumentation im Mittelpunkt. Für die vorliegende Arbeit wird der Informationsbedarf aus den Interviews im Rahmen der Fallstudie sowie den Interviews, die mit Planungsverantwortlichen der etablierten Prozess- und Produktionsplanung geführt wurden, entnommen. Zudem wird der Informationsbedarf bei teilstrukturierten Aufgaben über logische Deduktion aus der Fallstudie und den zusätzlich untersuchten CPPS ergänzt.

[456] Vgl. Heinrich u.a. (2014), S. 66; Koch (2014), S. 218; Koreimann (1975), S. 92-93; Voß und Gutenschwager (2001), S. 132. Alternative Erhebungsmethoden neben Interviews vgl. Koch (2014), S. 44; Küpper u.a. (2013), S. 222-229.
[457] Vgl. Gluchowski u.a. (2008), S. 267.
[458] Eigene Darstellung.

Der vom Aufgabenträger abhängige, subjektive Informationsbedarf wird u.a. von dessen Zielvorgaben, seinem Bildungsstand, seiner Erfahrung sowie externen Umweltfaktoren beeinflusst.[459] Da sich diese Faktoren ebenso wie die Aufgabenverteilung im Unternehmen im Laufe der Zeit verändern können, sollte der Informationsbedarf bei Veränderungen der genannten Faktoren erneut erhoben werden.[460]

Der erhobene Informationsbedarf wird in dieser Arbeit mithilfe eines Informationsbedarfskatalogs dokumentiert.[461]

3.2.8 Erhobener Informationsbedarf nach Aufgaben

Für die Aufgaben aus dem Aufgabenkatalog der Prozess- und Produktionsplanung im Kontext cyber-physischer Produktionssysteme (siehe Tabelle 10) wird im Folgenden der erhobene Informationsbedarf aufgeführt. Die nächsten Abschnitte sind so aufgebaut, dass zuerst die Aufgabe im Kontext von CPPS kurz eingeordnet wird; dabei wird darauf eingegangen, wie sich die Aufgabe durch den Einsatz von CPPS verändert. Im Anschluss werden die zur Durchführung der Aufgabe erforderlichen Informationsarten aufgelistet und die Anforderungen hinsichtlich der Informationsgüte benannt. Abschließend wird ein Ausschnitt der Informationsbedarfe aus den Aufgaben zusammengeführt, der geeignet ist, um einen auf den Case bezogenen Durchstich der Prozess- und Produktionsplanung für das cyber-physische Produktionssystem durchzuführen.

Aufgabe Kalkulation als Teil der Make-or-Buy-Entscheidung

Die Produktionskosten sind häufig für die folgende Make-or-Buy-Entscheidung ein relevantes Kriterium. Für die Kalkulation der Produktkosten sind vergangenheitsbezogene Werte ähnlicher Fälle nützlich. Aufgrund der Flexibilität cyber-physischer Produktionssysteme in der CPPS-basierten Produktion ist die exakte Bestimmung der Kosten komplexer als ohne CPPS, da die Bearbeitungen auf verschiedenen CPPS-Komponenten zu abweichenden Kostensätzen und Bearbeitungszeiten durchgeführt werden können.[462] So kann eine mehrmalige Herstellung desselben Produkts in einem CPPS

[459] Vgl. Koch (2014), S. 47-48. Eine Liste der Determinanten ist in der Literatur zu finden. Vgl. Meindl (1972), S. 35.
[460] Vgl. Koch (2014), S. 212; Krcmar (2015), S. 118.
[461] Vgl. Koch (2014), S. 208-209.
[462] Vgl. Haußmann u.a. (2017), S. 247. Der Autor der vorliegenden Arbeit ist Mitautor dieses Beitrags.

zu verschiedenen Ergebnissen hinsichtlich der Kosten kommen. Konkret werden folgende Informationsarten benötigt:

- Durchschnittlich entstandene Kosten pro Produktmerkmal in der Vergangenheit.
- Durchschnittliche Kosten pro Produkt und pro Einzelteil.
- Kostenrahmen, d.h. maximale und minimale Kosten, pro Produktmerkmal, Einzelteil und Produkt.

Die Informationsarten werden in möglichst hoher Genauigkeit benötigt. Die Werte sollen in der Regel in Tabellenform vorliegen und die Informationen sollten sich auf aktuelle Kostensätze und Bearbeitungszeiten beziehen, da diese sich im Laufe der Zeit verändern können. Die Aufgabenträger benötigen zur Ausführung der Aufgabe flexible Analysemöglichkeiten, um beispielsweise die Kosten für ein spezielles Produktmerkmal zu ermitteln.

Aufgabe Make-or-Buy-Entscheidung

Der Informationsbedarf liegt zum einen in einer Abschätzung der Kosten (s.o., Aufgabe Kalkulation) und zum anderen in den Fähigkeiten der eigenen Fertigung sowie den Anforderungen seitens des Produkts an die Ressourcen in Form der Produktmerkmale. Die Aufgabe konnte bislang basierend auf klassischen Arbeitsplänen durchgeführt werden; im Kontext von cyber-physischen Produktionssystemen können dazu die Produktmerkmale und die Fähigkeiten der CPPS-Komponenten verwendet werden. Für diese Aufgabe werden in den Interviews folgende Informationsbedarfe genannt:

- Die technische Machbarkeit ist anhand der Produktmerkmale zu prüfen. Konkret werden dazu beispielsweise Lage- und Oberflächentoleranzen benötigt, die in der Vergangenheit erfolgreich realisiert wurden.
- Außerdem soll es möglich sein, zu ermitteln, ob die zu erwartenden Produktkosten eines neuen Produkts im Rahmen der Kosten ähnlicher Produkte liegen (siehe Aufgabe Kalkulation).

Zusätzlich zu den kalkulierten Kosten kann die Make-or-Buy-Entscheidung in der Praxis auch häufig von weichen Kriterien, wie politischen oder sozialen Faktoren, beeinflusst werden. Zur Feststellung der technischen Machbarkeit sind historische Daten über vergangene Produktrealisierungen erforderlich sowie die Möglichkeit, diese flexibel zu durchsuchen. Die Entscheidungsgüte profitiert von der Vollständigkeit und Korrektheit der Datenbasis. Auch in diesem Fall sollten die Informationen mindestens wöchentlich aktualisiert werden, da CPPS-Komponenten über Erweiterungen oder Updates ihre Fähigkeiten verbessern können. Ebenso steigen häufig die Anforderungen seitens der Produkte im Laufe der Zeit.

Aufgabe Definition der technischen Restriktionen

Restriktionen sollen verhindern, dass es zu Ausschuss in der Produktion oder zu defekten Produkten im Einsatz beim Kunden kommt. Ein Beispiel ist eine ungeeignete Maschinenfolge in der Bearbeitung eines Produkts, die es auszuschließen gilt. In einem CPPS muss dezidiert sichergestellt werden, dass die Reihenfolge der Bearbeitungsschritte den Produkteigenschaften gerecht wird. Für die Durchführung der Aufgabe sind folgende Informationsarten erforderlich.

- Zwingende Reihenfolgerestriktionen, die sich aus den Produktmerkmalen ergeben.
- Fälle von defekten Produkten und deren Produktionsverlauf in der Vergangenheit.

Die Produktdaten müssen dazu auf der Granularitätsebene einzelner Produktmerkmale vorliegen. Je aktueller die Informationen sind, desto schneller lassen sich mangelhafte Produkte identifizieren und vermeiden. Zugriff auf historische Daten sowie flexible Analysemöglichkeiten sind nach Einschätzung der befragten Aufgabenträger zur bestmöglichen Durchführung der Aufgabe erforderlich.

Aufgabe Technologieplanung

Die Technologieplanung beschäftigt sich mit der Analyse und dem möglichen Einsatz zukünftig erforderlicher Fertigungstechnologien. CPPS-Komponenten und Werkzeuge müssen in der Lage sein, die Produktmerkmale der herzustellenden Produkte zu realisieren. Dazu können für CPPS die Anforderungen aus den Produktmodellen entnommen werden. Für diese Aufgabe werden in den Interviews folgende Informationsbedarfe genannt:

- Entwicklung technischer Produktmerkmale und Parameter (z.B. Oberflächengüte) im Lauf der Zeit, um Prognosen für den zukünftigen Bedarf zu erstellen.
- Ergebnisse der Qualitätsprüfung von Produkten mit hohen Anforderungen bezüglich der Produktqualität – bei hohen Ausschussquoten kann unter Umständen eine neue Technologie Abhilfe schaffen.

Erneut sind historische Daten und flexible Analysemöglichkeiten hilfreich, um die Aufgabe bestmöglich ausführen zu können. Die erforderlichen Daten sollten ebenfalls korrekt und vollständig sein. Da die Technologieplanung eine langfristige und produktübergreifende Aufgabe ist, müssen die Informationen nicht ständig aktualisiert werden, sondern eine monatliche Aktualisierung scheint den befragten Aufgabenträgern ausreichend.

Aufgabe Produktprogrammplanung

Die Produktprogrammplanung legt fest, welche Produkte in welcher Stückzahl herzustellen sind. Die Auswirkungen eines Produktprogramms auf die Produktion sind aufgrund der Flexibilität in CPPS nicht vollständig determiniert. Stattdessen können verschiedene Produktprogramme aufgestellt und deren Auswirkungen abgeschätzt werden. Die Abschätzung basiert auf den erforderlichen Produktmerkmalen, die dem Produktmix entsprechen, sowie historischen Daten aus der Produktion.

Um die Auswirkungen sowie die Machbarkeit eines veränderten Produktprogramms abschätzen zu können, sind folgende Informationen erforderlich:

- Kapazitäten der CPPS und CPPS-Komponenten bezogen auf Mengen und zeitliche Verfügbarkeit.
- Mögliche Alternativen in der Fertigung, d.h. welche Maschinen können ein Produktmerkmal herstellen.
- Produktmerkmale eines Produkts und, soweit bekannt, deren Bearbeitungszeiten sowie -kosten.
- Prognosen über die Entwicklung der Ausfallzeiten und Ausschussquoten, für den Fall, dass Maschinen mit höherer Geschwindigkeit betrieben werden, um zusätzliche Produkte herzustellen.

Historische Daten sowie flexible Analysemöglichkeiten sind ebenso erforderlich wie möglichst vollständige und korrekte Informationen zu den jeweiligen Informationsarten.

Aufgabe Kapazitätsplanung (langfristig)

Bei der langfristigen Kapazitätsplanung werden die erforderlichen Ressourcen für die Produktion in der Zukunft bestimmt, damit diese – soweit erforderlich – bereitgestellt werden können. Da in einem CPPS mehrere alternative Wege durch die Produktion zur Verfügung stehen, kann die Belastung einzelner Fertigungsressourcen stark schwanken. Im Kontext der autonom agierenden CPPS können Bearbeitungsschritte mithilfe verschiedener Fertigungsverfahren oder auf verschiedenen CPPS-Komponenten ausgeführt werden, wodurch die Kapazitätsplanung erschwert wird. Um Engpässe erkennen zu können, sind daher detaillierte Analysen der historischen Daten erforderlich. Auf Basis eines prognostizierten Produktionsprogramms und den damit verbundenen Produktmerkmalen sowie deren Parametern können unter Verwendung vergangenheitsbezogener Daten über die Dauer einzelner Bearbeitungsschritte Aussagen über die zukünftige Auslastung getroffen werden.

Für diese Aufgabe werden in den Interviews folgende Informationsbedarfe genannt:

- Auslastungsgrad der Maschinen, um Engpässe zu erkennen.
- Geplantes Produktprogramm.
- Zusammenhang zwischen Produkten und notwendigen Bearbeitungsschritten mithilfe von Produktmerkmalen.
- Dauer der Realisierung der Produktmerkmale / Bearbeitungszeit.
- Fähigkeiten der Maschinen zur Herstellung von Produktmerkmalen, um Alternativen berücksichtigen zu können.
- Präferierte Fertigungsverfahren oder Maschinentypen je Produkt, falls vorhanden.

Auch für diese Aufgabe sind aktuelle, vollständige und korrekte Informationen erforderlich. Eine graphische Aufbereitung der Daten wird von den befragten Aufgabenträgern gewünscht.

Aufgabe Definition des Lösungsraums

Der Lösungsraum in der Produktion kann eingeschränkt werden, um Ausschuss in der Produktion oder die Zahl defekter Produkte im Einsatz beim Kunden zu reduzieren. Derartige Probleme können neben den oben genannten technischen Restriktionen, die sich aus den Eigenschaften der Produkte ergeben, auch auf nicht geeignete Kombinationen in der Produktion zurückzuführen sein. Zum Beispiel können diese aus den Materialeigenschaften des Produkts in Kombination mit den Fertigungsverfahren resultieren. Zu Anhaltspunkten für derartige Regeln gelangen Aufgabenträger auf Basis der Analyse derjenigen Fälle, in denen die geforderte Produktqualität nicht erreicht wurde.

Des Weiteren kann es erforderlich sein, die Möglichkeiten in der Produktion zu begrenzen, um beispielsweise Zielvorgaben hinsichtlich der Produktionskosten oder des Energieverbrauchs zu erreichen. So könnte es notwendig werden, für bestimmte Produkte teure oder energieintensive Fertigungsverfahren auszuschließen.

Für die Durchführung der Aufgabe sind folgende Informationsarten erforderlich.

- Unerwünschte Kombinationen von Produktmerkmalen und/oder Werkzeugen und/oder CPPS-Komponenten, die u.a. hohe Kosten, lange Bearbeitungszeiten oder einen hohen Aufwand in der Nachbearbeitung verursachen.
- Fähigkeiten der CPPS-Komponenten, um Alternativen abwägen zu können.
- Defekte Produkte und Daten zu deren Herstellung.

Wie bereits bei der Definition technischer Restriktionen wünschen sich die Aufgabenträger aktuelle Informationen, um schnellstmöglich mangelhafte Produkte identifizieren und vermeiden zu können. Auch Zugriff auf historische Daten sowie flexible Analysemöglichkeiten sind nach Aussage der befragten Aufgabenträger erforderlich.

<u>Aufgabe Festlegung von Prioritätsregeln</u>

Bei Freiheitsgraden in der Produktion muss eine Prioritätsregel vorgeben, welcher Bearbeitungsschritt als nächster auf welcher Maschine erfolgen soll. In CPPS besteht eine Vielzahl an Kriterien, die zur Auswahl einer geeigneten Prioritätsregel herangezogen werden können und deren Auswirkungen auf die CPPS nicht vollständig vorhersagbar sind.

Zur Auswahl geeigneter Regeln können folgende Informationen einen Anhaltspunkt liefern:

- Unternehmensstrategie (Kostenführerschaft, Qualitätsführer, Grad der Serviceorientierung gegenüber Kunden) – je nachdem sind kosten- oder qualitätsbezogene Regeln denkbar.
- Durchschnittliche Bearbeitungszeit von Kundenaufträgen, um abschätzen zu können, ob ausgewählte Kunden priorisiert werden sollten.
- Durchschnittliche Bearbeitungszeit nach Produkten, um herauszufinden, ob bestimmte Produkte priorisiert werden sollten.
- Auslastung von CPPS-Komponenten, um entscheiden zu können, ob ein Maschinentyp für eine Produktgruppe reserviert werden sollte.

Die interviewten Aufgabenträger möchten an dieser Stelle aktuelle, korrekte und vollständige Daten von hohem Detaillierungsgrad. Der Zugriff auf historische Daten sowie eine flexible Anwendung von Analyseverfahren werden ebenso gefordert.

Übersicht und Auswahl der Informationsarten

In der folgenden Tabelle sind die Zusammenhänge zwischen Aufgaben und Informationsbedarf zusammengefasst (siehe Tabelle 11).

Aufgaben		Informationsbedarf: Aufbau des Produkts	Ausschuss	Dauer der Produktion	Fähigkeiten der CPPS-Komponenten	Produktionskosten	Technische Produktmerkmale	Unternehmensstrategie
Produktbezogene	Make-or-Buy-Entscheidung	X		X	X	X	X	
	Definition der technischen Restriktionen	X	X		X		X	
Übergreifende	Definition des Lösungsraums in der Produktion		X	X	X	X	X	X
	Festlegung von Prioritätsregeln			X		X		X
	Kapazitätsplanung (langfristig)	X		X	X		X	
	Produktprogrammplanung	X		X	X		X	
	Technologieplanung		X				X	

Tabelle 11: Zuordnung von Informationsbedarf zu Aufgaben

Der Informationsbedarf wird für den weiteren Verlauf der Arbeit nach Stammdaten zu einem Objekt aus der Produktion und objektabhängigen Kennzahlen unterschieden (siehe Tabelle 12). Der Aufbau des Produkts wird hier in der Zuordnung zwischen Produkt und Einzelteilen deutlich. Die Fähigkeiten der CPPS-Komponenten lassen sich aus der Kombination der Werkzeuge, Maschinen und Fertigungsverfahren ableiten. Dieser Ausschnitt aus den gesamten Informationsbedarfen ist geeignet, um das cyber-physische Produktionssystem im Fall der Motorblockfertigung und das CPPS der Demonstrationsanlage zu erfassen. Die Vollständigkeit wird im Rahmen der Evaluation in Verbindung mit dem Case und im wissenschaftlichen Bereich überprüft. Das Konzept zur Entscheidungsunterstützung wird auf Basis dieses Ausschnitts entwickelt.

Objekt	**Relevante Stammdaten**	**Objektabhängige Kennzahlen**
CPPS-Komponenten / Maschinen	Bauraum, verfügbare Werkzeuge	Durchlaufzeit, Energieverbrauch, Schadensquote
Einzelteile	Abmessungen, technische Merkmale	Durchlaufzeit, Produktionskosten, Schadensquote
Fertigungsverfahren	Benötigte Fertigungsverfahren, verfügbare Fertigungsverfahren	Durchlaufzeit, Oberflächengüte, Produktionskosten
Materialien	Materialart	Bearbeitungszeit, Schadensquote
Produkte	Enthaltene Einzelteile, Sachnummer, Seriennummer	Durchlaufzeit, Produktionskosten, Verkaufsmenge
Technische Produktmerkmale	Bohrungen, Durchmesser der Bohrung, zulässige Toleranz, Gewinde, Gewindeart, Nut, Tasche, Tiefe, Position	Abweichungen beim Durchmesser, Einhaltung der Toleranzvorgaben
Werkzeuge	Genauigkeit des Werkzeugs, Verwendbarkeit in Maschinen	Abweichungen der Oberflächengüte, Ausschuss

Tabelle 12: Informationsbedarf der PPP im Kontext cyber-physischer Produktionssysteme – Informationsarten[463]

3.2.9 Funktionale Anforderungen

Zusätzlich zur Deckung des konkreten Informationsbedarfs in Entscheidungssituationen muss ein adäquates Konzept in der Lage sein, die folgenden funktionalen Anforderungen zu berücksichtigen (siehe Abbildung 46). Zur Abgrenzung der Anforderun-

[463] Vgl. Lachenmaier u.a. (2015), S. 8.

gen wird in der Abbildung die Produkterstellung idealtypisch dargestellt. Aus den empirischen Untersuchungen ergeben sich funktionale Anforderungen an das Konzept, die den einzelnen Phasen der Produkterstellung zugeordnet werden können.

Anforderung A1:

Das Konzept sollte die Möglichkeit bieten, Produktmerkmale aus CAD-Systemen verschiedener Hersteller (z.B. PTC Creo, Siemens NX oder Dassault Systèmes CATIA) zu integrieren.

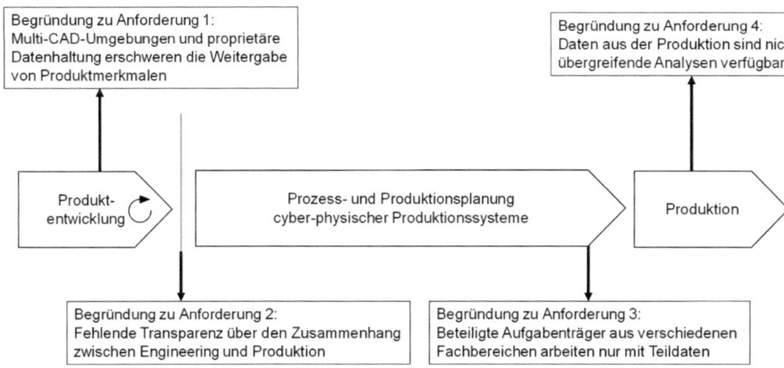

Abbildung 46: Funktionale Anforderungen an das Konzept[464]

Die Bedeutung der technischen Merkmale und deren Parameter für die Prozess- und Produktionsplanung steigt, da sie in den untersuchten CPPS direkt, ohne den Zwischenschritt eines klassischen Arbeitsplans, von den Maschinen in der Produktion umgesetzt werden.[465] Da die betrachteten Industrieunternehmen alle mindestens ein, in der Regel aber mehrere CAD-Systeme verschiedener Hersteller einsetzen, muss das Konzept in der Lage sein, mit Multi-CAD-Umgebungen umzugehen und aus ihnen einen konsistenten Datenpool zu erzeugen.

Anforderung A2:

Das Konzept muss die Möglichkeit bieten, Daten aus der Produktentwicklung und der Produktion zusammenzuführen und für Auswertungen bereitzustellen.

[464] Eigene Darstellung.
[465] Vgl. Kühnle and Bitsch (2015), p. 100.

Durch den Ersatz der klassischen Arbeitspläne durch übergeordnete, regelbasierte Strukturen sind alternative Verfahren zur Berechnung der Produktionskosten erforderlich. Um beispielsweise eine Nachkalkulation (und in der Folge auch darauf basierende Vorkalkulationen[466]) durchführen zu können oder um Schadensfälle mit den technischen Daten und dem Produktionsverlauf abgleichen zu können, sind Daten aus beiden Systemwelten relevant. Details dazu ergeben sich aus dem Informationsbedarf der entsprechenden Aufgaben.

Anforderung A3:

Bei entsprechenden Abfragen eines Benutzers muss das Konzept dem Benutzer die Möglichkeit bieten, Teildaten zu selektieren bzw. Daten zu filtern, um Sichten zu bilden, die Informationsbedarfe einzelner Aufgabenträger in der PPP decken können.

Da die PPP stark arbeitsteilig ist und Aufgabenträger häufig für spezielle Teilaspekte der Planung verantwortlich sind, ist es erforderlich, dass nur ausgewählten Daten angezeigt werden. Ein Beispiel ist ein Qualitätsmanager, der für die Einhaltung von Toleranzen zuständig ist und deshalb nur die Toleranzwerte analysieren möchte.

Anforderung A4:

Das Konzept sollte die Möglichkeit bieten, historische Daten aus Informationssystemen der Produktion standortübergreifend zu extrahieren und sie der PPP integriert zu Analysezwecken zur Verfügung zu stellen.

Daten aus der Produktion sind im Case dezentral in mehreren getrennten MES4.0 gespeichert und in der Regel nicht standortübergreifend zusammengeführt. Für die Planung kann die Möglichkeit zur Auswertung historischer Daten anderer Standorte aber hilfreich sein. Der Vorteil der Zusammenführung der Daten besteht in der umfangreicheren Datenbasis, die aus der Berücksichtigung mehrerer Standorte und Maschinen folgt. Mit dieser Datenbasis kann die Signifikanz und Breite der Analysen verbessert werden.

Auf Basis des Informationsbedarfs und der funktionalen Anforderungen wird im nächsten Kapitel das Konzept zur Entscheidungsunterstützung entworfen.

[466] Vgl. Haußmann u.a. (2017), S. 251.

4. Entwurf des Konzepts zur Entscheidungsunterstützung in der Prozess- und Produktionsplanung cyber-physischer Produktionssysteme

In diesem Kapitel wird das Entscheidungsunterstützungskonzept entworfen. Es basiert auf den funktionalen Anforderungen und den Informationsbedarfen, die im Rahmen der Case Study und der weiteren empirischen Untersuchungen in Industrieunternehmen mit cyber-physischen Produktionssystemen erhoben wurden. Zunächst wird ein geeigneter Ansatz zur Informationsversorgung ausgewählt und anschließend ausgestaltet. Dieses Kapitel fokussiert dabei fachliche, lösungsneutrale Modelle, die im anschließenden Kapitel im Rahmen der Evaluation prototypisch realisiert werden (siehe Abbildung 47).

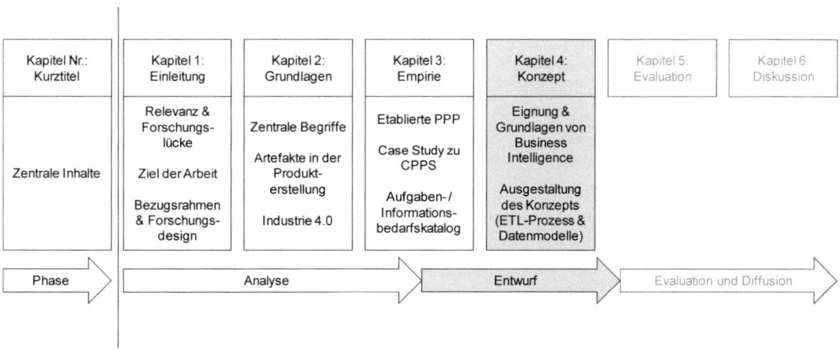

Abbildung 47: Einordnung von Kapitel 4 in den Gang der Arbeit[467]

4.1 Eignung von Business Intelligence zur Entscheidungsunterstützung in der Prozess- und Produktionsplanung cyber-physischer Produktionssysteme

Business Intelligence bezeichnet einen Ansatz zur Entscheidungsunterstützung und kann dazu verwendet werden, mittels Analysesystemen aus integrierten Datenbeständen Informationen für Entscheidungen im betrieblichen Umfeld zu generieren.[468]

Die mögliche Eignung von Business Intelligence (BI) zur Entscheidungsunterstützung im Kontext cyber-physischer Produktionssysteme lässt sich auf Basis der Literatur aus

[467] Eigene Darstellung.
[468] Vgl. Baars und Kemper (in Druck), o.S.; Baars (2018), S. 37.

zwei Richtungen begründen: Seitens bestehender BI-Ansätze in der Literatur und seitens Industrie 4.0.

- Literatur zu bestehenden BI-Ansätzen: In wissenschaftlichen Publikationen werden sehr häufig BI und Data Warehousing als Lösungen für die Informationsversorgung und Entscheidungsunterstützung angeführt.[469] Im Rahmen der Literaturanalyse zum Stand der Forschung in Kapitel 1.3 wurden Arbeiten identifiziert, in denen BI für die Informationsversorgung in der Produktion bzw. des Produktionsmanagements verwendet wird.[470]
- Literatur zu Industrie 4.0: In der Literatur zu Industrie 4.0 finden sich Hinweise darauf, dass BI geeignet sein kann, um die Produktionsplanung bei Informationszugriff und -auswertung zu unterstützen.[471] Auch im allgemeinen Industriekontext wird aktuell die Verwendung von BI zur Entscheidungsunterstützung empfohlen.[472]

Daher wird die Eignung von BI für den Anwendungskontext der Prozess- und Produktionsplanung cyber-physischer Produktionssysteme auf Basis der Anforderungen und Informationsbedarfe näher untersucht.

✓ Wandel zu unstrukturierten Aufgaben: Im Unterscheid zur etablierten Prozess- und Produktionsplanung umfasst die PPP für cyber-physische Produktionssysteme mehr unstrukturierte Aufgaben. Bei unstrukturierten Aufgaben können Entscheidungen meist nicht vollautomatisiert getroffen werden, sondern eine Entscheidungsunterstützung des Aufgabenträgers ist erforderlich.[473] Business Intelligence ist für die Informationsversorgung sowohl bei strukturierten als auch bei unstrukturierten Aufgaben und Planungsszenarien geeignet.[474] Entscheidungsunterstützung ist per Definition das Gebiet von Business Intelligence.[475]

[469] Vgl. Bodendorf (2006), S. 36-38; Heinrich u.a. (2014), S. 66-67; Krcmar (2015), S. 146; Lahrmann und Stroh (2008), S. 147.
[470] Vgl. Gröger (2015), S. 73; Gronau (1994), S. 127-158; Hänel und Felden (2016), S. 278-279; Hollstein (2016), S. 130-131; Koch (2014), S. 251-252.
[471] Vgl. Kagermann u.a. (2012), S. 22 und S. 24; Lasi u.a. (2014), S. 263.
[472] Vgl. Baars und Lasi (2016), S. 295-297; Kemper u.a. (2011b), S. 124-128.
[473] Vgl. Mertens und Meier (2009), S. 13.
[474] Vgl. Mertens und Meier (2009), S. 1.
[475] Vgl. Kemper u.a. (2010), S. 9.

- ✓ Integration von Daten aus heterogenen Quellsystemen (siehe Anforderungen A1 und A2, Kapitel 3.2.9): Erforderlich sind Daten einerseits aus betriebswirtschaftlich getriebenen Anwendungssystemen wie PPS- und ERP-Systemen und andererseits aus technisch-orientierten Anwendungssystemen wie CAD und PDM. Eine Integration heterogener Daten in einem konsistenten Datenpool ist ein Schwerpunkt von Business Intelligence.[476]
- ✓ Verschiedene Granularitäten und Sichten (siehe A3): Entscheidungsträger verschiedener Hierarchieebenen und Funktionsbereiche benötigen Daten auf verschiedenen Granularitätsstufen. Beispielsweise ist für den Produktionsleiter in der Motorblockfertigung aus der Case Study insbesondere die hochaggregierte Kennzahl OEE relevant, da er auf Basis dieser Kennzahl die Leistung der Produktionslinie beurteilt. Ein Qualitätsmanager hingegen muss Detaildaten analysieren, um Fehlerquellen im Produktionsprozess identifizieren zu können. Business Intelligence eignet sich für eine Breite an Analyseszenarien und ermöglicht die Aggregation von Transaktionsdaten zu Kennzahlen.[477] Eine entsprechende Informationsselektion für einzelne Aufgabenträger ist ebenfalls umsetzbar.[478]
- ✓ Verschiedene Adressaten mit unterschiedlichen Präferenzen in der Informationsversorgung: An der Prozess- und Produktionsplanung sind verschiedene Aufgabenträger mit individuellen Präferenzen beteiligt. Beispielsweise zieht eine Person das regelmäßige Zusenden statischer Berichte der eigenen Datenanalyse vor. Oder die Häufigkeit der benötigten Aktualisierung variiert.[479] BI ist in der Lage, diese verschiedenen Präferenzen zu bedienen.[480]
- ✓ Verschiedene Verfahren der Informationsgenerierung: Um aus den Daten aussagekräftige und bedeutungsvolle Informationen zu generieren, eignen sich je nach Fragestellung verschiedene Analyseverfahren (z.B. freie Datenrecherchen, Data-Mining oder Simulation). Business Intelligence & Analytics als Gesamtansatz ermöglicht die Verwendung verschiedenster Analyseverfahren auf einer integrierten Datenbasis.[481]

---

[476] Vgl. Gluchowski u.a. (2008), S. 124-125. Business Intelligence wird daher in der Literatur teilweise explizit als Integrationsdisziplin bezeichnet. Vgl. Schieder (2016), S. 13.
[477] Vgl. Kemper u.a. (2010), S. 37; Köppen u.a. (2014), S. 49.
[478] Vgl. Kemper u.a. (2010), S. 102-105.
[479] Zu den Möglichkeiten vgl. Mertens und Meier (2009), S. 12; Minkus (2011), S. 64.
[480] Vgl. Koch (2014), S. 253.
[481] Vgl. Kemper u.a. (2010), S. 90.

- ✓ Erfordernis historischer Daten: Für die Entscheidungsunterstützung der betrachteten Aufgaben sind historische Daten und deren Analyse notwendig. In einem Data Warehouse, welches einen zentralen Bestandteil von Business Intelligence darstellt, werden Daten historienbildend und non-volatil vorgehalten.[482]
- ✓ Korrektheit von Informationen: Entscheidungsträger sind auf korrekte Informationen angewiesen. Wie die durchgeführten empirischen Untersuchungen zeigen, wird die Datenqualität von den befragten Experten teilweise als unzureichend eingeschätzt.[483] Business Intelligence verfügt über verschiedene Verfahren zur Aufdeckung von Fehlern in Daten und kann somit zur Verbesserung der Datenqualität beitragen.[484]
- ✓ Standort- und systemübergreifende Zusammenführung von Daten (siehe A4): Produktion findet in der Regel an mehreren Standorten statt, so auch im untersuchten Case. Da sich die Produktionssysteme an den verschiedenen Standorten ähneln, sollten Daten aus allen Standorten als Entscheidungsgrundlage bereitgestellt werden. Viele operative Informationssysteme aus der Produktion werden spezifisch für den Einsatz an einem bestimmten Standort konfiguriert, sodass die Daten aus diesen Systemen zusammengeführt werden müssen.[485] Eine Business-Intelligence-Lösung kann diese standortübergreifende Datenhaltung zu Zwecken der Informationsversorgung leisten.

Auf Basis der angeführten Gründe bietet sich Business Intelligence zur Umsetzung des Konzepts zur Entscheidungsunterstützung an.[486] Im Folgenden werden daher die relevanten Grundlagen zu Business Intelligence strukturiert. Dazu gehört eine Definition des Begriffs sowie der zentralen Ebenen und Bestandteile von Business-Intelligence-Lösungen.

---

[482] Vgl. Inmon (2005), pp. 30-31.

[483] Allgemeine Hinweise zur Messung und Steigerung der Daten- und Informationsqualität vgl. ISO 8000-8 (2015), pp. 7-8.

[484] Vgl. Apel u.a. (2015), S. 75-80; Helfert (2000), S. 72-75; Hinrichs (2002), S. 86-87; Weigel (2015), S. 83. Das Thema Datenqualität ist in der Praxis von immenser Bedeutung, wird in dieser Dissertation jedoch nicht fokussiert.

[485] Vgl. Baars und Kemper (2016), S. 15; Kletti u.a. (Hrsg., 2015), S. 16; Koch et al. (2011), p. 8.

[486] Als Alternativen sind beispielsweise Big-Data-Ansätze, Simulation oder der Ausbau von ME- oder Product-Lifecycle-Management-Lösungen denkbar. Zu Big Data vgl. Bartel u.a. (2014), S. 12-16; Dittmar und Felden (2016), S. 2-6; Fasel und Meier (2016), S. 5-6; Schön (2016), S. 315. Die Eignung von Business Intelligence & Analytics wird ebenfalls durch eine Veröffentlichung des Autors bestätigt. Vgl. Lachenmaier u.a. (2015), S. 11.

4.2 Grundlagen von Business Intelligence & Analytics

Zunächst wird Business Intelligence für die vorliegende Arbeit definiert und eingeordnet. Historisch betrachtet entwickelte sich Business Intelligence aus Management-Support-Systemen.[487] Management-Support-Systeme sind Informationssysteme, die das Management bei der Entscheidungsfindung unterstützen sollen.[488] Für Business Intelligence (BI) sind in der Literatur verschiedene Begriffsverständnisse verbreitet. 2002 identifizierte Mertens sieben alternative Abgrenzungen bzw. Bezugspunkte für Business Intelligence.[489] 2011 werden noch fünf, teilweise von den ursprünglichen sieben abweichende, Definitionsansätze von der Fachgruppe Business Intelligence in der Gesellschaft für Informatik als relevant aufgeführt.[490] Diese sind: BI als Klasse von IT-Systemen, BI als IT-Architektur, BI als Sammelbegriff für Technologien und Konzepte zur Entscheidungsunterstützung, BI als integrierter Ansatz zur Entscheidungsunterstützung und BI als Wissensgenerierungsprozess.

- BI als Klasse von IT-Systemen: Bei Definitionen dieses Typs werden einzelne Arten von IT-Systemen benannt, die der BI zugeordnet werden. Bspw. Extraktions-, Transformations-, und Lade-Tools sowie Analysewerkzeuge.
- BI als IT-Architektur: BI kann auch als Architektur, bestehend aus mehreren Anwendungen, interpretiert werden.
- BI als Sammelbegriff für Technologien und Konzepte zur Entscheidungsunterstützung: Nach diesem Verständnis gehören alle Technologien, Methoden, Informationssysteme und Datenbanken zu BI, die der Entscheidungsunterstützung in Unternehmen zugeordnet werden können. Die einzelnen Komponenten sind jedoch unabhängig voneinander und werden nur unter dem Begriff subsummiert.
- BI als integrierter Ansatz zur Entscheidungsunterstützung: Im Gegensatz zum vorhergehenden Definitionsansatz kann BI auch als integrierter Ansatz zur Entscheidungsunterstützung verstanden werden. Demnach sind die einzelnen Komponenten aufeinander abgestimmt und dienen einem übergeordneten Zweck.

---

[487] Vgl. GI-Fachgruppe Management Support Systems (Hrsg., 2011), S. 1; Kemper u.a. (2010), S. 1.
[488] Vgl. Gluchowski u.a. (2008), S. 15.
[489] Vgl. Mertens (2002), S. 4.
[490] Vgl. GI-Fachgruppe Management Support Systems (Hrsg., 2011), S. 2-3.

- BI als Wissensgenerierungsprozess: Abschließend wird in einigen Literaturquellen BI als Prozess gesehen, der aus Daten Informationen und Wissen[491] generiert.

In Ergänzung zu den angeführten Verständnissen werden in aktuellen Definitionen zunehmend Analyseverfahren neben Business Intelligence gleichrangig unter dem Begriff „Analytics“ geführt, woraus sich der Term „Business Intelligence und Analytics“ (BIA) ergibt.[492] Dies soll die zunehmende Bedeutung der Analysen widerspiegeln. Im weiteren Verlauf dieser Arbeit wird daher auch der Ausdruck Business Intelligence & Analytics verwendet, unter dem Aspekte der BI ebenso wie der Analytics zusammengefasst werden. Unter Business Intelligence & Analytics wird somit ein unternehmensspezifischer, IT-basierter und integrierter Ansatz zur Entscheidungsunterstützung verstanden, da die einzelnen Aspekte des Konzepts hier als integriertes Ganzes gemeinsam zur Zielerreichung beitragen.[493] Dieses Verständnis fokussiert alle Entscheidungsträger im Unternehmen, die zur Ausführung ihrer Aufgaben auf Informationen angewiesen sind.[494]

Business Intelligence & Analytics wird in der Literatur nach mehreren Ebenen strukturiert: Datenintegration, Datenbereitstellung, Informationsgenerierung und Informationszugriff (siehe Abbildung 48).[495] Dabei werden in der Folge nur die Aspekte von Business Intelligence & Analytics fokussiert, die für die vorliegende Arbeit relevant sind:

- Datenintegrationsebene: In der Datenintegrationsschicht werden Daten aus verschiedenen operativen Quellsystemen extrahiert, transformiert und schließlich über Ladeprozesse an die Datenschicht weitergeleitet.[496]
- Datenbereitstellungsebene: Zur Datenhaltung werden vor allem Data-Warehouse-Lösungen eingesetzt. Ein Data Warehouse (DWH) ist eine historienbildende, integrierte, themenbezogene und zeitraumbezogene Datensammlung.[497] In der sogenannten Hub-and-Spoke-Architektur werden basierend auf

[491] Zur Wissenserzeugung vgl. North (2016), S. 46-49.
[492] Vgl. Baars (2018), S. 37; Baars und Kemper (in Druck), o.S.; Chen et al. (2012), p. 1167; Finger und Müller (2018), S. 3.
[493] Vgl. Baars und Kemper (in Druck), o.S.; Bauer u.a. (Hrsg., 2013), S. 13 und S. 616.
[494] Vgl. GI-Fachgruppe Management Support Systems (Hrsg., 2011), S. 4; Kemper u.a. (2010), S. 10.
[495] Vgl. Bange (2006), S. 91; Gluchowski u.a. (2008), S.109; Kemper u.a. (2010), S. 11.
[496] Vgl. Kemper und Finger (2016), S. 130-131.
[497] Vgl. Inmon (2005), p. 29.

den meist umfangreichen Data Warehouses für einzelne Anwender spezielle Data Marts gebildet, auf die Analyseverfahren zur Informationsgenerierung angewendet werden können.[498] Ein Data Mart ist also ein Extrakt aus einem DWH mit aggregierten Daten für einen intensiveren Themenbezug.[499]

- Ebene der Informationsgenerierung: Die in Data Marts oder Data Warehouses enthaltenen Daten können mittels Analyseverfahren abgefragt werden, um daraus Informationen abzuleiten.[500] Dies geschieht in der Analyseschicht. In dieser Arbeit werden zur Deckung des Informationsbedarfs die Analyseverfahren Online Analytical Processing (OLAP) und Data-Mining näher betrachtet und angewendet.[501]
- Informationszugriffsschicht: Benutzer erhalten beispielsweise über Portale Zugriff auf die Business-Intelligence-und-Analytics-Lösungen, Analyseergebnisse und Daten.[502]

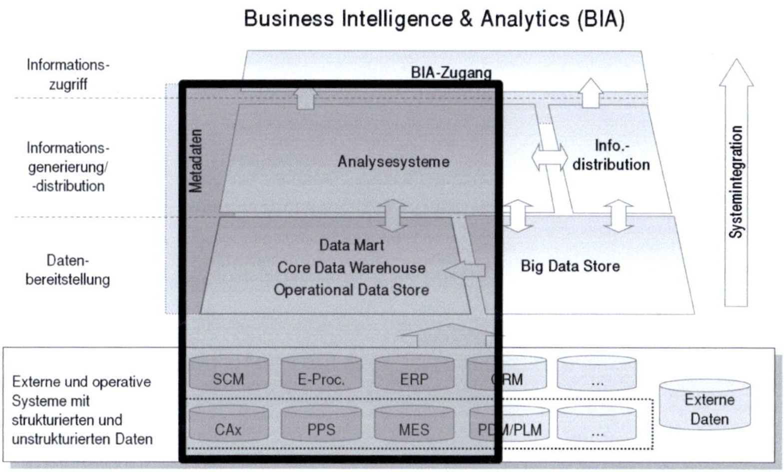

Abbildung 48: Einordnung des BIA-Konzepts der Arbeit in den BIA-Rahmen[503]

[498] Eine mögliche Alternative zur Hub-and-Spoke-Architektur ist die Bus-Architektur. Vgl. Kimball and Ross (2013), p. 52. In dieser Architektur besteht das Data Warehouse aus einzelnen, aufeinander abgestimmten Data Marts mit einem sogenannten Shared Dimensions Bus. Vgl. Kimball and Ross (2013), p. 51.

[499] Vgl. Immon (2005), p. 33.

[500] Vgl. Kemper u.a. (2010), S. 85; Mertens u.a. (2017a), S. 52.

[501] Für eine Übersicht möglicher Analyseverfahren (u.a. die freie Datenanalyse mit der Structured Query Language (SQL)) vgl. Kemper u.a. (2010), S. 90.

[502] Vgl. Gluchowski u.a. (2008), S.114-115; Kemper u.a. (2010), S. 152-154.

[503] Eigene Darstellung auf Basis von Baars und Kemper (in Druck), o.S.

Über alle Ebenen werden Metadaten vorgehalten. Metadaten sind im Kontext der BIA Daten, die den Inhalt eines DWH beschreiben.[504] Sie sind in technische und betriebswirtschaftliche Metadaten unterteilbar.[505] Betriebswirtschaftliche Metadaten beinhalten z.B. Definitionen der verwendeten Begriffe im Sinne eines Glossars oder weitere Erklärungen zu den Daten. Technische Metadaten beschreiben Abläufe oder dokumentieren Sachverhalte, die zur Implementierung und zum Betrieb des Data Warehouse erforderlich sind.

Im Bereich betriebswirtschaftlicher Anwendungsfälle ist BIA bereits etabliert; der Einbezug technischer Systeme ist hingegen eine Entwicklung der letzten Jahre.[506] In der Vergangenheit standen historisch bedingt vor allem betriebswirtschaftliche Kennzahlen und Daten im Fokus von Business Intelligence & Analytics.[507] Für die vorliegende Arbeit ist es erforderlich, zusätzlich auch ingenieurgetriebene Anwendungssysteme (v.a. CAD) anzubinden, um den Informationsbedarf an technischen Daten abdecken zu können.[508]

4.3 Grundlagen der Feature-Technologie

Zusätzlich zu Business Intelligence & Analytics wird die Feature-Technologie als weiterer Bestandteil des angestrebten Konzepts verwendet. Der Grund dafür ist, dass sie den Ausgangspunkt für die Prozess- und Produktionsplanung informationstechnisch abbildet und den Informationsbedarf bezüglich der Produktmerkmale decken kann. In modernen 3-D-CAD-Systeme basieren Digitale Produktmodelle auf der Feature-Technologie.[509] Ein Feature ist die digitale Abbildung eines Produktmerkmals oder mehrerer Produktmerkmale, die von technischem Interesse sind.[510] Features sind im Digitalen Produktmodell in einem Strukturbaum angeordnet.

[504] Vgl. Vaduva and Vetterli (2001), p. 273.
[505] Vgl. Kemper u.a. (2010), S. 49.
[506] Vgl. Adamson and Venerable (1998), pp. 143-177; Kemper u.a. (2010), S. 11; Kemper (2014), S. 4.
[507] Vgl. Kemper u.a. (2010), S. 11.
[508] Zur Trennung zwischen betriebswirtschaftlichen und technischen Daten Vgl. Mertens (2013), S. 40.
[509] Vgl. VDI 2209 (2009), S. 46; VDI 5610-2 (2017), S. 38. Der Autor der vorliegenden Dissertation hat bei der Erstellung der VDI-Richtlinie mitgewirkt. Die Alternative zur featurebasierten Modellierung ist eine rein graphische Repräsentation des Produktmodells, wie sie häufig aus Gründen des Wissensschutzes verwendet wird. Vgl. Kirsch (2013), S. 6. Für eine klare Minderheit in der Literatur ist sogar die parametrische Modellierung, die eine Vorstufe der Feature-Technologie darstellt, noch nicht ausgereift. Vgl. Roller (2014), S. 154.
[510] Vgl. VDI 2218 (2003), S. 10.

Produkte und damit auch deren Digitale Produktmodelle bestehen häufig aus Baugruppen. Ein Kraftfahrzeug umfasst u.a. die Baugruppen Motor, Getriebe und Cockpit. Baugruppen wiederum bestehen aus Einzelteilen. So ist der Motorblock Bestandteil des Motors. Einzelteile sind aus Produktmerkmalen zusammengesetzt, die in CAD-Systemen über Features repräsentiert sind (siehe Abbildung 49). Beispielsweise benötigt ein Motorblock mehrere Bohrungen.

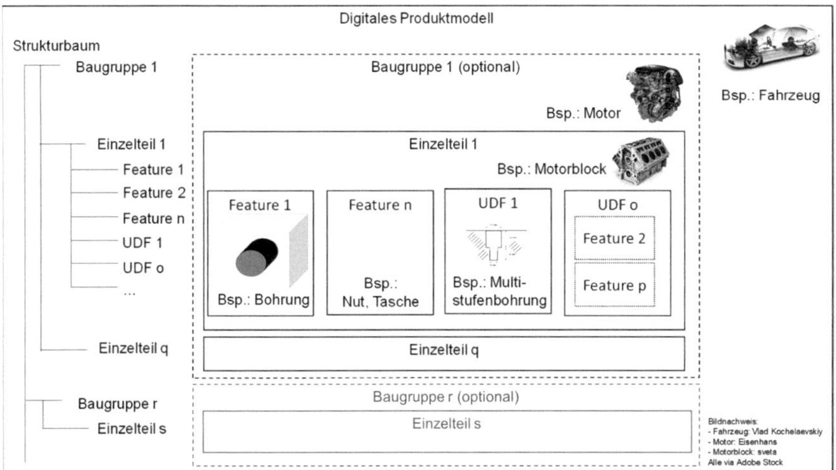

Abbildung 49: Aufbau eines Digitalen Produktmodells mit Strukturbaum[511]

Features lassen sich in zwei Arten unterteilen: Geometriebasierte und semantische Features.

Geometriebasierte Features

Features sind meist geometrische Objekte. In allen featurebasierten CAD-Systemen sind Features als Konstruktionselemente verfügbar, allerdings kann die Auswahl herstellerbedingt abweichen. In der Regel sind mindestens einige grundlegende geometrische Features verfügbar, z.B. Block, Bohrung, Gewinde, Nut oder Tasche.

[511] Eigene Darstellung.

Diese Liste ist erweiterbar. Beispielsweise können für die Verbindung von Einzelteilen und Baugruppen Schweiß- oder Klebepunkte als Features im CAD-System verwendet werden.[512]

Jedes Feature wird durch Parameter beschrieben.[513] Beispielsweise gehören zu einem Bohrungs- oder Gewindefeature die Parameter Durchmesser, Tiefe und Position. Diese Features werden in der Regel einmal entworfen und danach in mehreren Produktmodellen wiederverwendet.[514] Zum Zweck der Wiederverwendung werden Features in sogenannten Feature-Bibliotheken hinterlegt, die Konstrukteure aus dem CAD-System abfragen können. Die oben genannten Parameter einer Bohrung sind zwingende Mindestangaben, um die Bohrung überhaupt erst zu definieren, denn ohne Angaben zu Tiefe, Durchmesser und Position kann sie weder CAD-seitig angelegt noch in der Produktion ausgeführt werden.

Semantische Features

Es ist möglich, weitere Informationen als sogenannte „semantische Features“ zu hinterlegen, diese können auch unabhängig von einem geometrischen Objekt sein.[515] Solche ergänzenden semantischen Features können betriebswirtschaftliche, kundenorientierte, funktionelle, organisatorische oder technologische Informationen enthalten.[516]

- Betriebswirtschaftliche Informationen: Um eine betriebswirtschaftliche Perspektive in der Produktentwicklung zu berücksichtigen, können Angaben wie Kosteninformationen[517] als Features im Produktmodell ergänzt werden.
- Funktionelle Informationen: Funktionelle Informationen beschreiben das Verhalten eines Produkts im Einsatz. Beispiele sind Kräfte oder ein Drehmoment.

[512] Vgl. VDI 2232 (2004), S. 3.
[513] Vgl. VDI 2209 (2009), S. 46. Parametrisierbare Modelle sind die Voraussetzung für featurebasierte Modelle. Vgl. VDI 2209 (2009), S. 13-14. Das Zuweisen von Parametern zu Features wird auch als parametrisch-assoziatives Konstruieren bezeichnet. Vgl. Klepzig und Weißbach (2005), S. 23. Werden Features mit Regeln aus einer Wissensdatenbank verknüpft, handelt es sich um wissensbasierte Konstruktion. Vgl. VDI 2209 (2009), S. 14; VDI 5610-2 (2017), S. 9.
[514] Vgl. VDI 2218 (2003), S. 10.
[515] Vgl. Rieger (1995), S. 147 und S. 132; VDI 2218 (2003), S. 11.
[516] Vgl. Wartzack und Meerkamm (1999), S. 371.
[517] Vgl. Haasis (1995), S. 117-130 und S. 146.

- Kundenorientierte Informationen: Eine Verbindung zwischen den kundenseitigen Anforderungen und der technischen Realisierung im Produkt kann über Erfassung der Anforderung als Features erfolgen.[518]
- Organisatorische Informationen: Als Features können im Produktmodell unter anderem der Name des verantwortlichen Konstrukteurs oder der Status der Konstruktion angegeben werden, um Auskunft über Zuständigkeiten und Fortschritt zu dokumentieren.
- Technologische Informationen: Technologische Informationen sind für die Auswahl geeigneter Ressourcen in der Produktion relevant. Beispiele sind Toleranzen oder eine geforderte Oberflächengüte.

Features sind der wesentliche Teil eines Digitalen Produktmodells.[519] Durch die Auswahl einzelner Features bzw. Feature-Typen und Parameter kann eine bestimmte Sicht auf ein Produkt erzeugt werden, die für spezifische Aufgabenträger relevant ist.[520] Die Sicht eines Controllers könnte sich auf die Kostenfeatures fokussieren, die Sicht eines Qualitätsmanagers hingegen auf die Toleranzen. Alle erzeugten Sichten beruhen dabei auf demselben digitalen Produktmodell.

User-defined-Features

Aus einzelnen Features können Feature-Gruppen in Form von User-Defined-Features (UDF) erstellt werden.[521] Werden Kombinationen von Features in der Konstruktion häufig verwendet, bietet es sich an, diese als UDF bereitzustellen. Durch die Bereitstellung wiederverwendbarer UDF in einer Bibliothek können Konstruktionsdauer und Teilevielfalt reduziert werden.[522] Ein Beispiel dafür ist eine mehrstufige Bohrung mit zwei verschiedenen Durchmessern (siehe Abbildung 50).

518 Vgl. Lasi (2009), S. 154-156.
519 Vgl. Haußmann and Kemper (2016), p. 454.
520 Vgl. Tassi (2005), S. 81-82.
521 Vgl. Hoffmann and Joan-Arinyo (1998), p. 323; VDI 2209 (2009), S. 47-48; VDI 2218 (2003), S. 22. Die in der Vorstudie identifizierten CAD-Systeme von Dassault Systèmes, PTC und Siemens unterstützen die Definition und Verwendung von UDF. Vgl. Köhler u.a. (Hrsg., 2016), S. 102-103; Vajna (Hrsg.) und Wünsch (2017), S. 67-68. In Catia werden diese auch als Powercopy bezeichnet. Vgl. Vajna (Hrsg., 2016), S. 70.
522 Vgl. Haasis et al. (2003), p. 105; VDI 2218 (2003), S. 23. Diese Feature-Bibliothek kann mit einem PDM-System realisiert werden. Vgl. Spors und Hennig (1999), S. 167. Alternativ kann sie direkt ins CAD-System eingebunden sein. Vgl. Kasen u.a. (1999), S. 406 und S. 408.

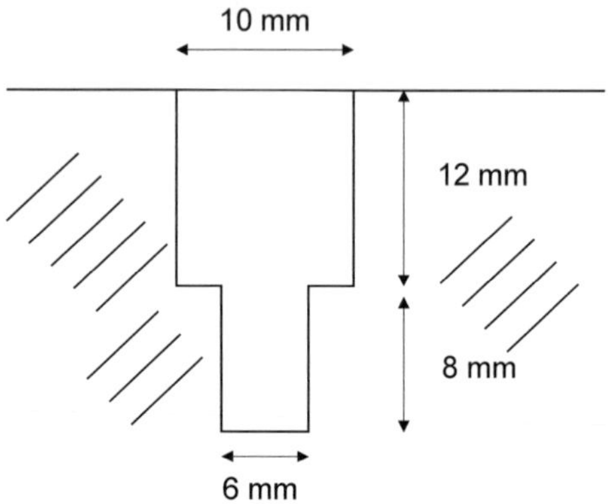

Abbildung 50: Zweistufige Bohrung als User-Defined-Feature[523]

Das UDF in der Abbildung besteht aus zwei geometrischen Features, nämlich den beiden unterschiedlichen Bohrungen. Je nach Implementierung im konkreten CAD-System ist der innere Aufbau eines UDF entweder im Strukturbaum ersichtlich oder es ist nur das UDF im Strukturbaum enthalten.

Feature-Bibliotheken und weiteren Maßnahmen in der Produktentwicklung

Neben den bereits erwähnten Feature-Bibliotheken gelten auch Normen und Richtlinien zur Konstruktion als Fundament für die Konstruktion.[524] Zur Reduktion des Aufwands können zudem Masterbauteile verwendet werden.

- Normen: Normen enthalten unter anderem Vorgaben für den Prozess der Produktentwicklung oder sie definieren Normteile, die häufig als Zukaufteile beschafft werden können.
- Richtlinien zur Konstruktion: Konstruktionsrichtlinien in Unternehmen enthalten neben Konstruktionsregeln im Sinne wissensbasierter Konstruktion teilweise Vorgaben zur Benennung von Teilen, Features und Parametern. In Konstruktionsrichtlinien können erforderliche Mindestangaben über sogenannte Pflichtfelder definiert werden.[525] Ein anderes für diese Arbeit relevantes Beispiel ist die Bestimmung des Nullpunkts im Koordinatensystem. Das Koordinatensystem

[523] Eigene Darstellung.
[524] Vgl. Conrad (2013), S. 75-76.
[525] Vgl. Pesendorfer (2014), S. 70 und S. 146.

kann bei mehreren Bauteilen für jedes der Bauteile individuell festgelegt sein, was zu Problemen bei der Positionierung einzelner Features in der Produktion führen könnte. Um eine konsistente Produktsicht zu ermöglichen, muss der Nullpunkt produktbezogen festgelegt werden.[526]

- Feature-Bibliotheken: Feature-Bibliotheken enthalten eine zulässige Vorauswahl von Features, die in der Konstruktion bevorzugt verwendet werden sollen.
- Masterbauteil: Handelt es sich um ähnliche Varianten eines Produkts, kann ein Masterbauteil eingesetzt werden.[527] Ein solcher 3-D-Master bedeutet, dass mehrere Produkte darauf basieren und Änderungen am Masterbauteil auf diese Produkte übertragen werden können.

Durch die Verwendung von Normteilen aus Teiledatenbanken oder -bibliotheken[528], Feature-Bibliotheken, Masterbauteilen und Konstruktionsrichtlinien werden Digitale Produktmodelle standardisiert.[529] Es besteht die Möglichkeit, die Einhaltung von Konstruktionsregeln und -richtlinien in CAD- oder PDM-Systemen automatisiert zu überprüfen.[530]

Einsatzgebiet der Feature-Technologie

Im Allgemeinen dient die Feature-Technologie dem Austausch von Produktdaten. Ursprünglich sollte sie insbesondere zwischen Konstruktion und Produktion eingesetzt werden, d.h. die in der Konstruktion erzeugten Features werden später in der Produktion realisiert.[531] Features werden aus diesem Grund in Konstruktionsfeatures und Fertigungsfeatures unterschieden.[532] Aus Konstruktionsfeatures können über Regeln die

[526] Vgl. Gausemeier u.a. (2005), S. 609.
[527] Zur Verwendung eines Masterbauteils vgl. Kitsios und Haslauer (2014), S. 2-12. Die Verwendung eines Masterbauteils ist eine Maßnahme aus dem Bereich der wissensbasierten Konstruktion. Vgl. VDI 5610-2 (2017), S 49. Der Autor der vorliegenden Arbeit hat an der Erstellung einer VDI-Richtlinie zu Knowledge-based Engineering mitgewirkt.
[528] Vgl. Bugow (1996), S. 16-18.
[529] Bei einer unternehmensspezifischen Umsetzung des Konzepts ist es möglich, im Einzelfall die Konstruktionsrichtlinien zu ergänzen oder anzupassen, um die Deckung des Informationsbedarfs zu ermöglichen.
[530] Vgl. Knieps (2004), S. 106-112.
[531] Vgl. VDI 2218 (2003), S. 4-9. Dies wird als featurebasierte Prozessplanung bezeichnet. Vgl. VDI 2218 (2003), S. 79. Auch das Qualitätsmanagement profitiert von einer Feature-Orientierung, indem die Prüfmethoden auf die Features und deren Parameter ausgelegt werden. Vgl. Linß (2011), S. 99; VDI 2218 (2003), S. 9-10.
[532] Vgl. VDI 2218 (2003), S. 34-35.

entsprechenden Fertigungsfeatures abgeleitet werden.[533] So kann es notwendig werden, Features aus der Konstruktion in mehrere Fertigungsfeatures umzuwandeln, um sie auf verschiedenen Maschinen mit verschiedenen Werkzeugen umzusetzen. Ein Beispiel ist eine Gewindebohrung. Im CAD-System kann diese ein einzelnes Konstruktionsfeature oder ein UDF sein. Bei der Umsetzung in der Produktion kann es aber in der Regel nicht in einem Bearbeitungsvorgang erzeugt werden. Deswegen handelt es sich aus Sicht der Produktion um zwei Fertigungsfeatures: eine Bohrung, die bspw. mit einer Bohrmaschine hergestellt werden kann, und ein Gewinde, das mit einem Gewindeschneider im Anschluss ins Material eingebracht werden kann.

Hinzu kommt, dass in CPPS meist mehrere alternative Wege existieren, wie Features realisiert werden können. Die Alternativen sind abhängig vom Zeitpunkt der Produktion, verfügbaren Ressourcen, Prioritätsregeln und technischen Restriktionen. Eine Bohrung kann beispielsweise gelasert, gefräst oder gebohrt werden. Dies kann auf verschiedenen CPPS-Komponenten durchgeführt werden.

Features und deren Parameter aus dem Digitalen Produktmodell stellen im Sinne des BIA-Konzepts sowohl Stammdaten als auch Planwerte dar. Beispielsweise ist ein Bohrungsfeature ein Produktmerkmal und dadurch ein Teil der Beschreibung des Produkts, also ein sich nur selten veränderndes Stammdatum. Diese Bohrung soll in der Produktion bei jeder Instanz dieses Produkttyps hergestellt werden, mit gewissen Eigenschaften wie Position oder Bohrtiefe. Aus Sicht der Prozess- und Produktionsplanung sind diese Parameterangaben Planwerte im Sinne von Sollvorgaben des Konstrukteurs. Bei der Umsetzung in der Produktion kann es u.a. durch abgenutzte Werkzeuge oder sonstige Fehler zu Soll-Ist-Abweichungen kommen. Im Konzept werden diese Abweichungen und Sollwerte als technische Kennzahlen berücksichtigt.

4.4 Bestandteile des Business-Intelligence-und-Analytics-Konzepts

Ausgehend von den Informationsbedarfen und funktionalen Anforderungen wird iterativ ein Business-Intelligence-und-Analytics-Konzept entwickelt, das eine adäquate Informationsversorgung in der Prozess- und Produktionsplanung für CPPS ermöglicht.

[533] Vgl. VDI 2209 (2009), S. 50.

Die gestaltungsorientierte Wirtschaftsinformatik sieht vor, dass Artefakte nach dem aktuellen Wissensstand, wie er in der Literatur dokumentiert ist, entwickelt werden.[534] Als Basis wird daher zunächst eine Literaturanalyse zur Entwicklung und den Komponenten von Business-Intelligence-und-Analytics-Lösungen durchgeführt.

Literaturanalyse zum Stand der Technik bei der Entwicklung von BIA-Lösungen

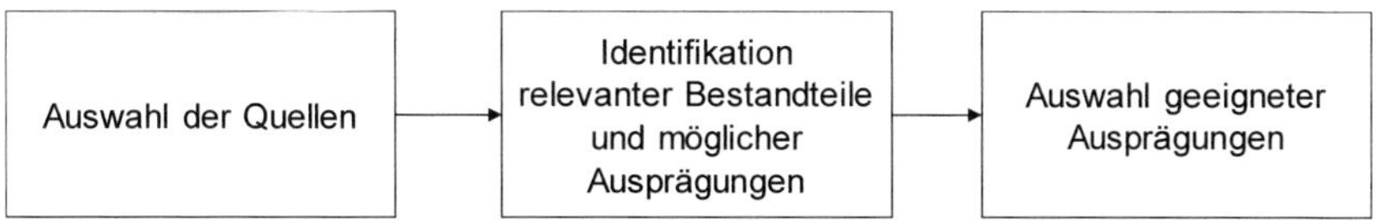

Abbildung 51: Vorgehen bei der Literaturanalyse zum Entwurf des BIA-Konzepts[535]

Die Literaturanalyse besteht aus drei Schritten: Auswahl der Quellen, Identifikation relevanter Bestandteile und möglicher Ausprägungen sowie Auswahl für das vorliegende Konzept (siehe Abbildung 51):

1. Auswahl der Quellen: Bei der Literatursuche im Katalog des Südwestdeutschen Bibliothekenverbunds und im Online-Buchhandel werden deutsch- und englischsprachige Fach- und Lehrbücher einbezogen, die bei der Stichwortsuche nach „Data Warehouse“, „Business Intelligence“, „multidimensionale Datenmodellierung“, „Data Modeling“, „Datenmodellierung“, „ETL“, „Management Support System“, „Data Mining“ als relevant[536] erscheinen. Die Suchresultate wurden begrenzt auf Erscheinungsjahre nach 2000, um möglichst aktuelle Empfehlungen zur Gestaltung zu erhalten.[537] Als Ergebnis werden 20 Lehr- und Fachbücher ausgewählt, die Hinweise und Empfehlungen zur Gestaltung von BIA-Lösungen enthalten.[538]

[534] Rigorose Forschung verlangt, beim Design von Artefakten den Stand der Technik einzuhalten, der über eine Literaturanalyse aus der sogenannten Wissensbasis identifiziert werden kann. Vgl. Hevner and Chatterjee (2010), p. 18; Österle u.a. (2010), S. 667; Peirce (1994), p. 2634.

[535] Eigene Darstellung.

[536] Relevant bedeutet an dieser Stelle, dass sie die Entwicklung von Business-Intelligence-und-Analytics-Systemen oder Empfehlungen zur Gestaltung von Business-Intelligence-und-Analytics-Konzepten thematisieren.

[537] Aufgrund des Fortschritts in der Informationstechnik sind ältere Empfehlungen möglicherweise nicht mehr sinnvoll. Ein Beispiel ist die Datenbankindizierung zur Performancesteigerung, die durch den Einsatz von In-Memory-Technologien obsolet wird.

[538] Im Einzelnen handelt es sich um: Bauer u.a. (Hrsg., 2013); Corr and Stagnitto (2012); Goeken (2006); Gluchowski u.a. (2008); Golfarelli and Rizzi (2009); Farkisch (2011); Höhn (2000); Hughes (2008); Inmon (2005); Jarke et al. (2003); Kemper u.a. (2010); Kimball et al. (2008); Mertens und Meier (2009), Moss and Atre (2003); Muksch und Behme (2000); Müller und Lenz (2013); Poe et al. (1998); Sauter (2010); Silvers (2008); Ullrey (2007).

2. Identifikation relevanter Bestandteile und möglicher Ausprägungen: Die Quellen werden dahingehend analysiert, welche Bestandteile in einem BIA-Konzept unterschiedlich ausgestaltet werden können. Dabei gibt es Abweichungen zwischen der Implementierung eines BI-Systems und dem fachkonzeptionellen Entwurf eines BIA-Konzepts.[539] Für die Bestandteile werden aus den Quellen die möglichen Ausgestaltungsoptionen extrahiert.
3. Auswahl von Ausprägungen für das vorliegende Konzept: Für das Konzept wird eine passende Ausprägung auf Basis der Anforderungen ausgewählt und umgesetzt. Teilweise sind mehrere Ausprägungen sinnvoll. Der Autor hat sich dann für eine der gleichwertigen Alternativen entschieden.

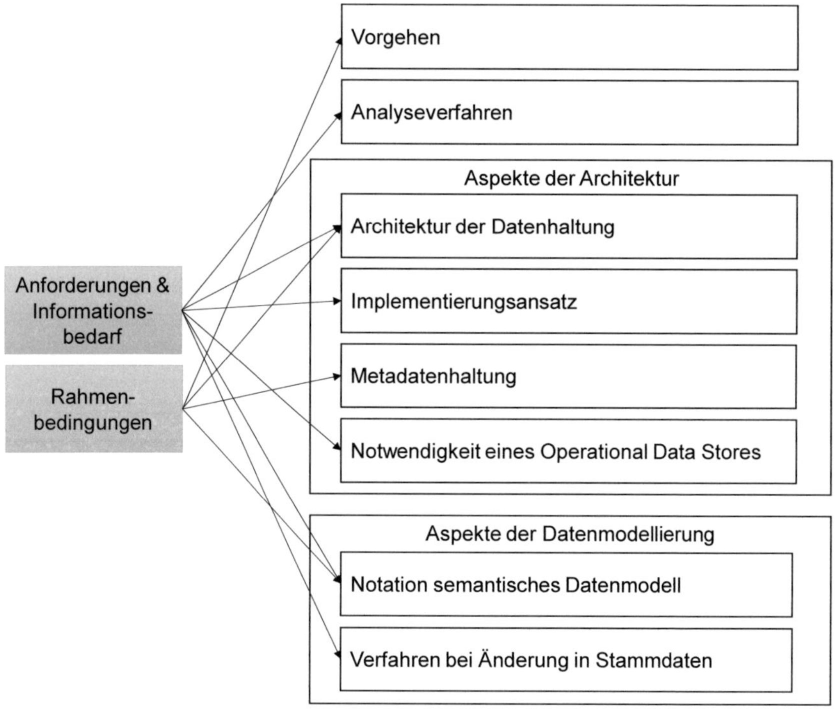

Abbildung 52: Bestandteile eines BIA-Konzepts[540]

[539] Z.B. ist die Performanceoptimierung der physischen Datenhaltung auf Ebene des Fachkonzepts von geringer Bedeutung.
[540] Eigene Darstellung.

Im Folgenden werden die insgesamt acht identifizierten Bestandteile des BIA-Konzepts zusammengefasst, strukturiert und die entsprechende Auswahl begründet. Einen Überblick ermöglicht die entsprechende Abbildung (siehe Abbildung 52). In der Abbildung ist dargestellt, dass die acht Bestandteile des BIA-Konzepts sich teilweise übergeordneten Gruppen zuordnen lassen. So werden die Bestandteile im Folgenden in Aspekte des Vorgehens, der Analyseverfahren, der Architektur und der Datenmodellierung gegliedert. Hinter jedem dieser Bestandteile steht eine Entscheidung, wie es zu gestalten ist. Die Auswahl der konkreten Gestaltungsoptionen ist abhängig von den funktionalen Anforderungen, dem Informationsbedarf und den Rahmenbedingungen. Als Rahmenbedingungen werden in der Praxis beispielsweise Budget- oder Zeitrestriktionen genannt.[541]

Vorgehen

Der Entwurfsprozess basiert auf etablierten und bewährten Verfahren und Methoden zur Gestaltung von Business-Intelligence-und-Analytics-Konzepten. Die Entwicklung orientiert sich am Top-Down-Vorgehen, wonach das BIA-Konzept ausgehend von den Anforderungen und Informationsbedarfen der zukünftigen Anwender entworfen wird.[542]

Analyseverfahren

Es stehen im Rahmen von Business Intelligence & Analytics verschiedene Analyseverfahren zur Auswahl. Analyseverfahren dienen dazu, aus den verfügbaren Daten entscheidungsrelevante Informationen abzuleiten.[543] Diese können in modellgestützte, multidimensionale und freie Analyseverfahren eingeteilt werden.[544] Für das vorliegende Konzept werden multidimensionale OLAP-Analysen, interaktive Berichte und modellgestützte Data-Mining-Verfahren ausgewählt, da sie in der Lage sind, den Informationsbedarf der Aufgabenträger zu decken.

[541] Vgl. Pohl und Rupp (2015), S. 9.
[542] Die Alternative dazu wäre eine datengetriebene Vorgehensweise. Vgl. Winter and Strauch (2003), pp. 5-6; Winter and Strauch (2004), p. 1360.
[543] Vgl. Kemper u.a. (2010), S. 85.
[544] Vgl. Kemper u.a. (2010), S. 90.

Aspekte der Architektur

Als Aspekte der Architektur sind in der Literatur die Architektur der Datenhaltung, der Implementierungsansatz, der Operational Data Store und die Metadatenhaltung zu finden. Diese Aspekte werden in den nachfolgend genannten Ausprägungen zu Bestandteilen des BIA-Konzepts:

- Architektur der Datenhaltung: Als Architektur für die Datenhaltung im BIA-Konzept wird eine Hub-and-Spoke-Architektur ausgewählt.[545] Dies bedeutet, dass ein zentrales Data Warehouse verwendet wird, in dem Daten integriert und anwendungsneutral vorgehalten werden. Extrakte aus dem Data Warehouse werden in anwendungsspezifische Data Marts[546] übertragen und dort abgestimmt auf die Informationsbedarfe des einzelnen Aufgabenträgers vorgehalten (siehe Abbildung 53). Ein Data Mart kann entweder über eine relationale oder über eine multidimensionale Datenhaltung verfügen und in Kombination mit verschiedenen Analyseverfahren eingesetzt werden.
- Implementierungsansatz: Als Implementierungsansatz wird der klassische Data-Warehouse-Ansatz verfolgt, da dieser den Anforderungen der Aufgabenträger entspricht.
- Metadatenhaltung: Im Konzept wird von einer zentralen Metadatenhaltung ausgegangen, d.h. eine einheitliche Interpretation der Daten wird über zentral vorgehaltene betriebswirtschaftliche Metadaten ermöglicht. Technische Metadaten werden bei der Implementierung des Konzepts weitgehend von den BIA-Werkzeugen automatisch generiert und daher im weiteren Verlauf der Arbeit nicht weiter berücksichtigt.
- Notwendigkeit eines Operational Data Stores: Ein Operational Data Store[547] ist im Konzept nicht erforderlich, da die Prozess- und Produktionsplanung auf historischen Daten basieren soll und Echtzeit-Daten nicht erforderlich sind.

---

545 Eine Data Warehouse Bus Matrix wäre eine gangbare Alternative. Vgl. Ariyachandra and Watson (2006), p. 6. Die Auswahl hängt von Präferenzen und den Rahmenbedingungen (v.a. verfügbare Zeit) bei der Implementierung ab. Vgl. Breslin (2004), p. 18.

546 Da die Data Marts ihre Daten in einer Hub-and-Spoke-Architektur aus dem Data Warehouse beziehen, werden sie auch als abhängige Data Marts bezeichnet. Vgl. Bauer u.a. (Hrsg., 2013), S. 69.

547 Ein Operational Data Store unterscheidet sich vom DWH konzeptionell darin, dass Daten hier weder historisiert noch aggregiert vorgehalten werden. Vgl. Kemper u.a. (2010), S. 44.

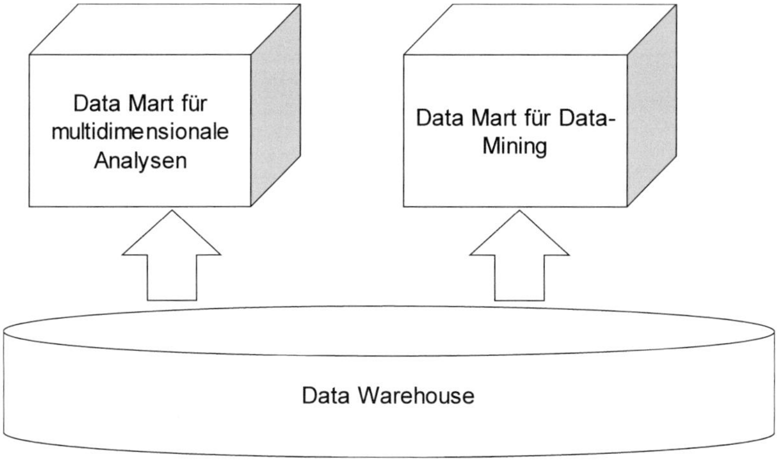

Abbildung 53: Hub-and-Spoke-Architektur im BIA-Konzept[548]

Aspekte der Datenmodellierung

Der Umgang mit Änderungen in Stammdaten sowie die Notation zur semantischen Datenmodellierung werden der Datenmodellierung zugeordnet.

- Notation zur semantischen Datenmodellierung: Als Notation zur semantischen Datenmodellierung[549] werden in dieser Arbeit das Entity-Relationship-Modell (ERM) und Application Design for Analytical Processing Technologies (ADAPT) verwendet. Die Auswahl der Datenmodellierungsnotationen ergibt sich zunächst daraus, dass nicht alle Modellierungsnotationen für ein Fachkonzept geeignet sind.[550] Des Weiteren ergibt sich aus den erhobenen Informationsbedarfen, dass multidimensionale Analysen erforderlich sein werden, die eine multidimensionale Modellierung notwendig machen. Daher wird ADAPT als semantisches Datenmodell für die multidimensionalen Datenräume verwendet.[551]

[548] Eigene Darstellung.
[549] Datenmodelle sind mathematisch definierte Konzepte zur Erfassung der Eigenschaften von Objekten. Vgl. Hahne (2002), S. 8. Mit einem Datenmodell wird ein Ausschnitt der Realwelt mithilfe einer definierten Syntax abgebildet. Vgl. Staud (2005), S. 5.
[550] Vgl. Hahne (2002), S. 9.
[551] Vgl. Hahne (2016a), S. 168-185.

- Verfahren bei Änderung in den Stammdaten: Stammdaten ändern sich selten und werden daher im BIA-Kontext als sogenannte „Slowly Changing Dimensions" bezeichnet.[552] Für den Umgang mit Slowly Changing Dimensions wird das „as-is"-Verfahren gewählt, d.h. bei Änderungen werden die Daten in den Dimensionen überschrieben.[553] Der Grund ist, dass eine historische Zuordnung für die Aufgabenträger nicht erforderlich ist und diese stattdessen mit dem aktuellen Zustand arbeiten. Es wäre jedoch auf Basis des Konzepts möglich, eine Historisierung in den Dimensionen zu ergänzen. Diese Entscheidung bleibt der unternehmensspezifischen Implementierung vorbehalten und muss für jede Dimension getroffen werden.

Modelle werden in der Literatur als der zentrale Bestandteil von Business-Intelligence-und-Analytics-Lösungen angesehen.[554] Darum werden sie im weiteren Verlauf fokussiert. Zur Einordnung der Modelle wird in dieser Arbeit das Modell der Architektur integrierter Informationssysteme (ARIS) verwendet.[555]

Einordnung der Modelle in die Architektur integrierter Informationssysteme

Die Architektur integrierter Informationssysteme dient der Beschreibung und Entwicklung konkreter Instanzen von Informationssystemen im Unternehmen.[556] ARIS umfasst zur Lösung einer betrieblichen Problemstellung mit Informationssystemen vier verschiedene Sichten auf Informationssysteme. Die Sichten sind Datensicht, Organisationssicht, Steuerungssicht und Funktionssicht:

- Datensicht: Die Datensicht enthält Datenmodelle, welche die Struktur der Daten und die Beziehungen zwischen ihnen darstellen.
- Organisationssicht: Informationssysteme umfassen als sozio-technische Systeme stets die Organisation des Unternehmens, in dem sie eingesetzt werden. In dieser Sicht werden Zuständigkeiten und Verantwortlichkeiten sowie Koordinationswege festgelegt.
- Steuerungssicht: Die Steuerungssicht fokussiert mit dem Ablauf die zeitliche Abfolge der maschinellen und menschlichen Aufgaben.

[552] Vgl. Kimball and Ross (2002), p. 95.
[553] Vgl. Hahne (2014), S. 130-151.
[554] Vgl. Grossmann and Rinderle-Ma (2015), p. 46.
[555] Vgl. Scheer (2002), S. 1 ff.
[556] Vgl. Scheer (2002), S. 1.

- Funktionssicht: Die Funktionssicht befasst sich mit den Funktionen, die ein Informationssystem bieten muss, um der betrieblichen Problemstellung gerecht zu werden.

Neben den Sichten werden die Modelle hinsichtlich ihrer Zeitstabilität und Implementierungsnähe drei verschiedenen Ebenen zugeordnet. Diese drei Ebenen sind Fachkonzept, Datenverarbeitungskonzept und Implementierung.

- Fachkonzept: Auf dieser Ebene wird die betriebswirtschaftliche Problemstellung als Anforderungen in Modellen formalisiert.
- Datenverarbeitungskonzept: In der Zwischenebene werden die Anforderungen den Möglichkeiten einer informationstechnischen Lösung zugeordnet.
- Implementierung: Auf Ebene der Implementierung wird eine softwaretechnische Lösung umgesetzt. Daten werden dabei physisch vorgehalten und die Funktionen sind ausprogrammiert.

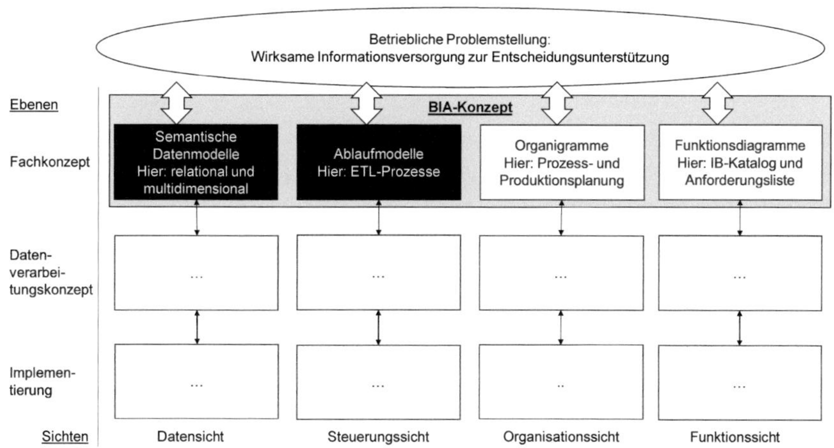

Abbildung 54: Einordnung der Artefakte des BIA-Konzepts in ARIS[557]

Das BIA-Konzept der vorliegenden Arbeit ist im Sinne des Modells der Architektur integrierter Informationssysteme ein lösungsneutrales Fachkonzept, das die betriebliche Problemstellung formalisiert wiedergibt und im Rahmen der Evaluation implementiert

[557] Eigene Darstellung auf Basis von Scheer (2002), S. 41.

wird (siehe Abbildung 54).[558] Das BIA-Konzept wird dabei eng auf die Case Study ausgerichtet. Bezüglich der Organisationssicht wird das Konzept der Prozess- und Produktionsplanung zugeordnet. Die Funktionssicht ist in den funktionalen Anforderungen repräsentiert. Es werden im Folgenden Modelle für die Daten- und Steuerungssicht entworfen: Ein relationales und ein multidimensionales Datenmodell (Kapitel 4.5 und 4.6) sowie ein Prozessmodell für den ETL-Prozess (Kapitel 4.7).

ARIS wird im Kapitel 5 im Rahmen der Evaluation des Konzepts erneut aufgegriffen. Es wird verwendet, um die Modelle, die bei der Entwicklung eines Prototyps entstehen, einzuordnen und von den hier entworfenen fachkonzeptionellen Ergebnissen abzugrenzen.

4.5 Semantisches Datenmodell für die Prozess- und Produktionsplanung cyber-physischer Produktionssysteme

Zur Gestaltung der Datenhaltung werden Entity-Relationship-Modelle (ERM) verwendet.[559] Diese beschreiben zunächst die fachliche Sicht im Sinne der Realität. Aus dem Datenmodell wird in dieser Arbeit ein Data Warehouse und ein relationaler Data Mart für Data-Mining entwickelt.[560] Das entwickelte Modell ist zur Sicherstellung der Lesbarkeit auf zwei Seiten verteilt. Die Verbindung zwischen den Teilen des Modells erfolgt über die Feature-Instanz, die in der Produktion mithilfe von Werkzeugen und Maschinen realisiert wird. Das verbindende Element zwischen der CAD-Engineering-Systemwelt und der betriebswirtschaftlichen PPS-Systemwelt ist die Sachnummer des Produkts, die in beiden Welten identisch sein kann.[561]

Das Datenmodell beinhaltet die Zusammenhänge in der Produktion bis hin zum Markt. Im ersten Teil des Modells ist der Aufbau eines Produkts repräsentiert sowie die Kundenbeziehung. Im zweiten Teil des Modells sind die Zusammenhänge zwischen Features, Maschinen und Werkzeugen innerhalb eines Produktionsschritts zu finden.

Im Folgenden wird der Aufbau des Modells erläutert, beginnend oben links beim Kunden und endend rechts auf der zweiten Seite beim Produktionsschritt (siehe Abbildung

[558] Vgl. Scheer (1998), S. 15.
[559] Zur Datenmodellierung mit ERM vgl. Chen (1976), pp. 30-32; Hoberman (2009), pp. 57-77.
[560] Auf kleinere Abweichungen zwischen Data Mart und Data Warehouse wird im Rahmen der prototypischen Umsetzung eingegangen.
[561] Vgl. Haußmann u.a. (2017), S. 249-250. Der Autor der vorliegenden Arbeit ist hier Mitautor. Ist diese Voraussetzung nicht gegeben, kann sie über ein Mapping erreicht werden.

55). Zunächst werden in der Erläuterung die Zusammenhänge beschrieben, in der Folge werden die einzelnen Entitäten mit ihren Attributen detailliert.

Datenmodell – Teil 1

Der **Kunde**[562] bestellt Produkte, die im Verständnis dieser Arbeit **Produktinstanzen** sind. Eine **Produktinstanz** ist ein Exemplar des entsprechenden **Produkttyps**. Ein **Produkttyp** ist einer oder mehreren **Produktgruppen** zugeordnet und besteht aus **Einzelteilen**, welche wiederum aus einem **Material** und aus **Features** bestehen. Die **Features** können zu User Defined Features (UDF) aggregiert werden. Zu Einzelteilen und Features gibt es sowohl realisierte Instanzen nach der Produktion als auch Typen während der Produktentwicklung.

Jede Entität ist mindestens mit einem eindeutigen Primärschlüssel attribuiert, zum Beispiel einer ID. Weitere Attribute können bei Bedarf unternehmensspezifisch ergänzt werden.

- **Kunde**: Die Entität **Kunde** verwendet als Primärschlüssel die Kundennummer. Diese kann in der Regel aus ERP- oder Customer-Relationship-Management-Systemen extrahiert werden.[563] Um verschiedene Prioritätsregeln für das CPPS abbilden zu können, wird beim Kunden die Kundenklassifizierung als Attribut ergänzt.
- Bestellung: Für die Relation „bestellt" wird das Bestelldatum erfasst, da diese Angabe Grundlage für eine Priorisierung von Aufträgen sein kann.
- **Produktinstanz**: Ein Kunde erwirbt immer eine konkrete Instanz des Produkts. Das Produkt kann über eine Seriennummer eindeutig identifiziert werden. Zudem wird der Verkaufspreis des Produkts modelliert, um gegebenenfalls damit eine Priorisierung in der Produktion zu ermöglichen.
- **Produkttyp**: Ein **Produkttyp** verfügt über eine Sachnummer aus der Produktentwicklung, die hier als Primärschlüssel verwendet wird. Ergänzend dazu werden der Listenpreis und die Produktbezeichnung als Attribute des **Produkttyps** berücksichtigt.

[562] Es kann sich dabei um einen externen oder um einen internen Kunden handeln. In der Case Study zur Motorblockfertigung werden die zu fertigenden Motorblöcke bspw. von der Fahrzeugproduktion in Auftrag gegeben.

[563] Vgl. Kumar and Reinartz (2018), p. 159; Sexauer und Wellner (2017), S. 106-107.

- **Produktgruppe**: **Produkttypen** und dadurch auch **Produktinstanzen** können **Produktgruppen** zugeordnet werden. Eine **Produktgruppe** wird mit einer ID und einer erklärenden Beschreibung versehen.
- **Einzelteilinstanz**: Ähnlich der **Produktinstanz** verfügt das Einzelteil über eine Seriennummer. Als weiteres Attribut wird vermerkt, ob die Einzelteilinstanz von der Qualitätssicherung im Rahmen der Produktion aussortiert oder im Laufe des Einsatzes als defekt eingestuft wurde.
- **Einzelteiltyp**: Jede **Einzelteilinstanz** ist einem **Einzelteiltyp** zugeordnet. Dieser verfügt wie der **Produkttyp** über eine Sachnummer und eine Bezeichnung.
- **Material**: Ein **Einzelteiltyp** verwendet ein **Material**. Dem Material sind eine ID und eine Beschreibung zugeordnet.
- **Feature-Typ**: Ein **Feature-Typ** steht dem Konstrukteur in der Feature-Bibliothek zur Verfügung. Der **Feature-Typ** ist über eine ID eindeutig identifizierbar. Ein **Feature-Typ** kann in mehreren **Einzelteiltypen** verwendet werden, aber auch mehrmals in einem spezifischen **Einzelteiltyp**. Handelt es sich bei dem Feature um ein UDF, so nimmt der entsprechende **Feature-Typ** die Rolle UDF-Typ ein, um abzubilden, dass ein UDF aus mehreren Features besteht.
- **Gewinde/Bohrung/Nut/Tasche/...**: Ein Feature kann je nach Art eine **Bohrung**, ein **Gewinde**, eine **Nut** oder ein anderes Objekt von Interesse sein. Je nach Ausprägung hat das Feature spezifische Attribute bzw. Parameter, die es beschreiben. So hat etwa jede **Nut** eine bestimmte Länge und Tiefe. Ein Gewinde hingegen verfügt über das Attribut Gewindeart (z.B. M2).
- **Feature-Instanz**: Die Feature-Instanz ist eine tatsächliche Instanz des **Feature-Typs** in einer konkreten **Einzelteilinstanz**. Jede **Feature-Instanz** hat eine Soll-Position im dreidimensionalen Raum des Digitalen Produktmodells des jeweiligen **Einzelteiltyps**. Der dreidimensionale Raum ist über ein Koordinatensystem eingeteilt, sodass die Position eines Features produkt- oder einzelteilbezogen festgestellt werden kann. Gleichermaßen hat jede Feature-Instanz eine Ist-Position nach der Realisierung in der Produktion, die von der vorgegebenen Soll-Position abweichen kann. Bei einer **Feature-Instanz** kann es sich um eine zusammengesetzte UDF-Instanz handeln. Es ist für das BIA-Konzept erforderlich, auch die **Feature-Instanz** eindeutig zu identifizieren. Dies wird oft dadurch erschwert, dass die ID des **Feature-Typs** mehrmals in einem Einzelteil

vorhanden sein kann. Um dieses Problem zu lösen, stehen mehrere Möglichkeiten zur Verfügung: Entweder kann ein künstlicher Schlüssel verwendet werden, der die **Feature-Instanzen** über alle **Einzelteilinstanzen** hinweg eindeutig identifiziert oder die Feature-Instanz-IDs werden mit der Seriennummer der **Einzelteilinstanz** kombiniert, wodurch sie eindeutig sind. Dieser letztgenannte Ansatz wird im vorliegenden Datenmodell verfolgt, da er den Vorteil bietet, dass eine **Feature-Instanz** direkt einer **Einzelteilinstanz** zugeordnet werden kann. Alternativ könnte auch die Kombination der Position und des Einzelteilinstanz-Schlüssels für Eindeutigkeit sorgen, aber dies wäre wenig performant.

Datenmodell – Teil 2

Im zweiten Teil des Modells wird die Realisierung der **Feature-Instanzen** in der Produktion erfasst. Auch hier wird dem instanziierten Feature ein eindeutiger Schlüssel zugeordnet, um eine eindeutige Identifikation zu ermöglichen. Eine **Feature-Instanz** wird in einem oder mehreren Arbeitsschritten hergestellt. Jeder Produktionsschritt wird von einer **CPPS-Komponente** mit einem **Werkzeug**[564] unter Anwendung eines **Fertigungsverfahrens** ausgeführt. D

Ein Produktionsschritt wird im Datenmodell über eine n-äre Beziehung modelliert. Der Bearbeitungsschritt wird von einer **Organisationseinheit** verantwortet, welche für die Ausführung zuständig ist. Häufig gehören einzelne **CPPS-Komponenten** zu einer **Maschinengruppe**, die gemeinsam in mehreren aufeinanderfolgenden Bearbeitungsschritten eine **Featureinstanz** erzeugt (siehe Abbildung 56). Am Beispiel einer Oberflächenfeinbearbeitung wird zunächst auf der ersten Maschine grob vorgearbeitet, dann folgt die Feinbearbeitung auf einer zweiten Maschine und abschließend wird das Einzelteil in einer dritten Maschine gereinigt.

[564] Ein Werkzeug ist im CPPS-Sinne ein Aktor und per Definition keine eigenständige CPPS-Komponente. Ein Beispiel für ein Werkzeug ist ein Stahlbohrer.

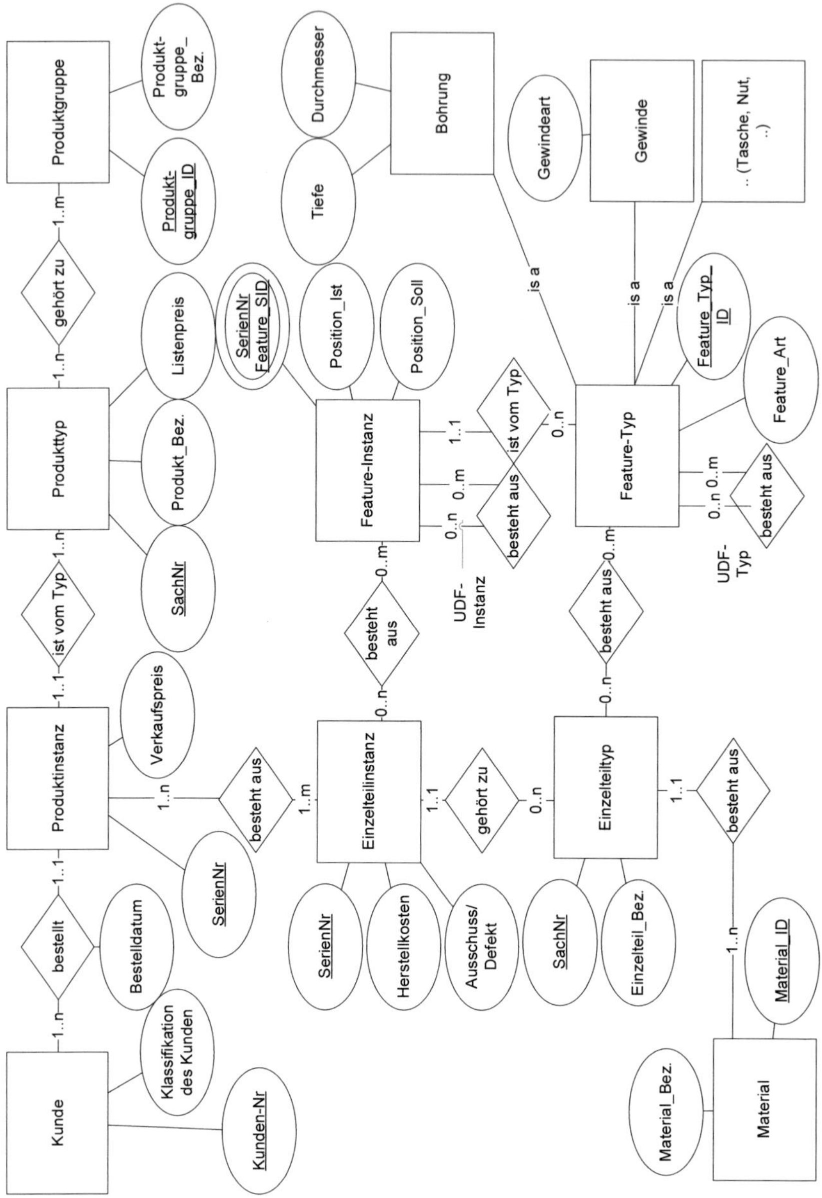

Abbildung 55: Datenmodell für die Produktion im CPPS – Teil 1[565]

565 Eigene Darstellung.

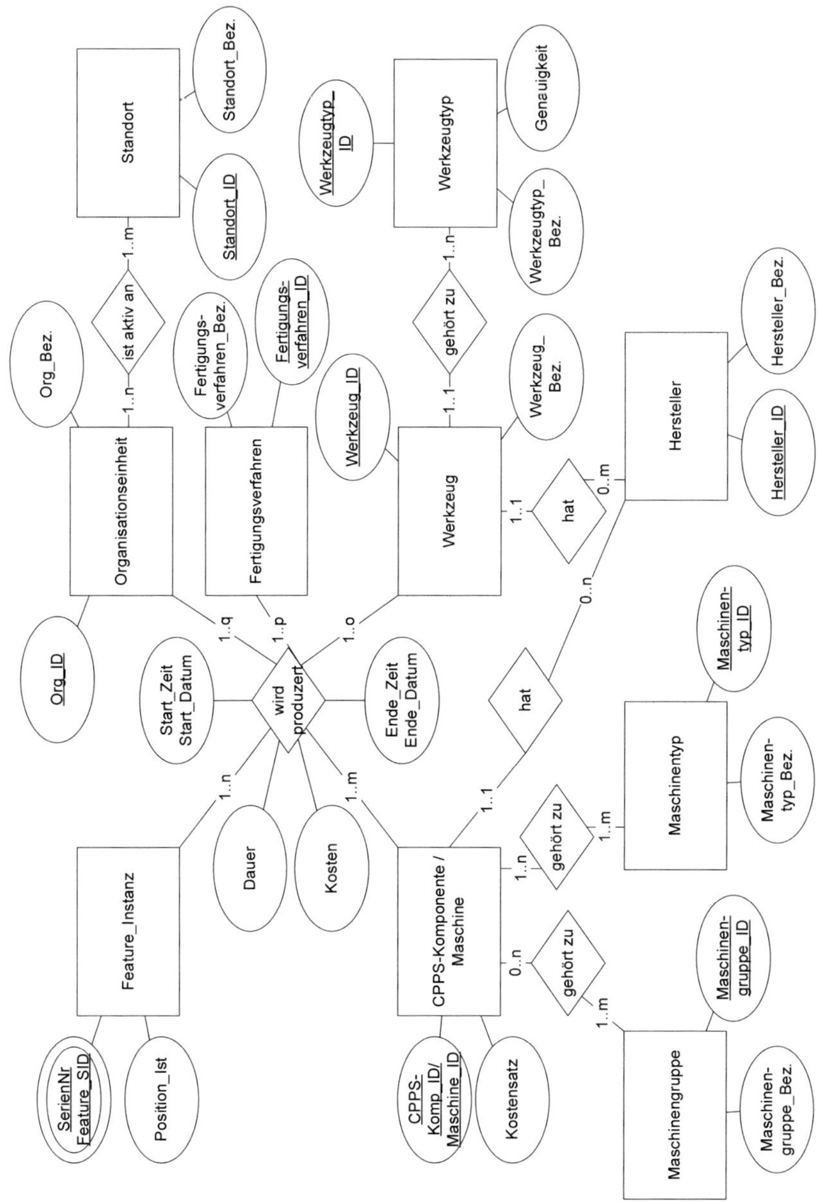

Abbildung 56: Datenmodell für die Produktion im CPPS – Teil 2[566]

[566] Eigene Darstellung.

Über Maschinen-, Betriebsdatenerfassung oder MES4.0 können Dauer und Kosten der einzelnen Produktionsschritte erfasst werden. Die Kosten ergeben sich hier aus dem Kostensatz der **CPPS-Komponenten,** multipliziert mit der Dauer. Auf Basis dieser Daten können dann Vergleiche bezüglich der Fertigungsdauer eines einzelnen Produkts im Verhältnis zur durchschnittlichen Dauer ermöglicht werden. Auch der Energieverbrauch für einen Arbeitsschritt kann durch die Aufsummierung des Energieverbrauchs während der Dauer des Arbeitsgangs erfasst werden. Im Rahmen der Qualitätssicherung während oder nach der Produktion kann die korrekte Realisierung der Produktmerkmale gemäß ihren jeweiligen Parametern überprüft werden. Die Prüfergebnisse der Qualitätskontrolle können beispielsweise in Computer-Aided-Quality-Systemen erfasst und zur Auswertung bereitgestellt werden. Fehlteile erhalten ein Ausschuss-Flag auf Ebene der **Einzelteilinstanz**.

- **CPPS-Komponente/Maschine**: Eine **CPPS-Komponente/Maschine** ist mit einer eindeutigen CPPS-Komponenten-ID versehen, um sie innerhalb des CPPS zu bestimmen. Werden standort- oder CPPS-übergreifende Analysen angestrebt, sollte die CPPS-Komponenten-ID entsprechend übergreifend vergeben werden. Alternativ kann der Fremdschlüssel des **Standorts** ergänzt werden. In diesem Fall wird der erste Ansatz verfolgt und sichergestellt, dass die CPPS-Komponenten-ID weltweit eindeutig bleibt. Die **CPPS-Komponente/Maschine** verfügt außerdem über das Attribut Kostensatz
- **Maschinentyp**: **CPPS-Komponenten/Maschinen** sind einem **Maschinentyp** zugeordnet. Beispiele eines **Maschinentyps** sind die Fräsmaschine oder ein 5-Achs-Bearbeitungszentrum. Von einem **Maschinentyp** kann es mehrerer **Maschinen** geben.
- **Maschinengruppe**: Eine **CPPS-Komponente/Maschine** kann zu einer **Maschinengruppe** von **CPPS-Komponenten/Maschinen** gehören, die eine Funktion gemeinsam erbringen. Die Entität **Maschinengruppe** hat eine ID und eine Bezeichnung als Attribute.
- **Werkzeug**: Ein **Werkzeug** kann über eine Werkzeug-ID als Primärschlüssel identifiziert werden. Als weiteres Attribut ist eine Bezeichnung vorgesehen.
- **Werkzeugtyp**: Ein **Werkzeug** ist immer einem Typ zugeordnet. Die Attribute Werkzeugtyp_ID, Werkzeugtyp_Bezeichnung und die Genauigkeit der **Werkzeuge** beschreiben den **Werkzeugtyp**.

- **Hersteller**: **CPPS-Komponenten/Maschinen** und **Werkzeuge** haben einen **Hersteller**. Diesem Unternehmen können eine Lieferanten-ID und ein Firmenname als Bezeichnung zugeordnet werden. Beides kann aus einem ERP- oder einem Supplier-Relationship-Management-System extrahiert werden.[567]
- **Fertigungsverfahren**: Jedes **Fertigungsverfahren** erhält im Datenmodell eine ID als Schlüssel und eine Bezeichnung des Verfahrens.
- **Organisationseinheit**: Für die Durchführung der Produktionsschritte ist eine **Organisationseinheit** verantwortlich. Diese wird mittels einer ID und einer Bezeichnung beschrieben.
- **Standort**: Jeder **Standort**, an dem sich **Organisationseinheiten** befinden, ist über eine ID identifizierbar und hat als weiteres Attribut die Standortbezeichnung.

Produktionsschritt: Die n-äre Relation „wird produziert" besitzt die Attribute Start- und Endzeit sowie Start- und Enddatum. Daraus lässt sich die Dauer eines Arbeitsgangs berechnen. In Kombination mit dem Kostensatz der **CPPS-Komponente/Maschine** können die Kosten der Produktion eines Features bestimmt werden. Weitere Attribute wie der Energieverbrauch sind denkbar.

Das Datenmodell ist vollnormalisiert und liegt damit in dritter Normalform vor, um Inkonsistenzen und Anomalien zu vermeiden.[568] Es enthält Aspekte der Produktion und der Produktentwicklung, was durch die Unterscheidung nach Typen und Instanzen deutlich wird. Das Modell kann grundsätzlich erweitert und angepasst werden, um unternehmens- oder aufgabenträgerspezifischen Informationsbedarfen gerecht zu werden.

4.6 Semantisches Datenmodell für multidimensionale Analysen

Im Rahmen der Erhebung des Informationsbedarfs wünschen sich die befragten Aufgabenträger flexible Analysemöglichkeiten. Dementsprechend bieten sich multidimensionale Analysen an, um den Informationsbedarf zu decken. Für die multidimensiona-

[567] Vgl. Appelfeller und Buchholz (2011), S. 20; Schuh et al. (2014), p. 143.
[568] Vgl. Kemper u.a. (2010), S. 63-66; Zur Normalisierung allgemein vgl. Schubert (2007), S. 292-309; Vetter (1998), S.181-235

len Analysen werden auf Ebene des generalisierten Fachkonzepts semantische Datenmodelle mit ADAPT[569] entworfen. Aus diesem Modell wird im Anschluss ein multidimensionaler Data Mart entwickelt, der den Aufgabenträgern auf Basis von OLAP flexible Auswertungen ermöglicht. Im folgenden ADAPT-Modell sind alle Entitäten aus dem vorherigen semantischen Datenmodell berücksichtigt.

Das Modell stellt also ein Maximal-Modell dar, welches den Informationsbedarf aus dem Informationsbedarfskatalog passend zum Case deckt (siehe Kapitel 3.2.8). Aufgrund der Arbeitsteilung in der Prozess- und Produktionsplanung kommt es vor, dass ein Aufgabenträger ausgewählte Teile der Daten benötigt – bspw. eine Übersicht der Features in einem Einzelteil. Mit BIA ist es möglich, spezifische Sichten auf die Daten zu erzeugen, indem diese über Transformationsprozesse aus dem Data Warehouse erzeugt werden. Die Erstellung von Teilmodellen ist auf Basis des vorgestellten Gesamtmodells sowohl auf fachlicher Ebene als auch bei der Implementierung möglich.

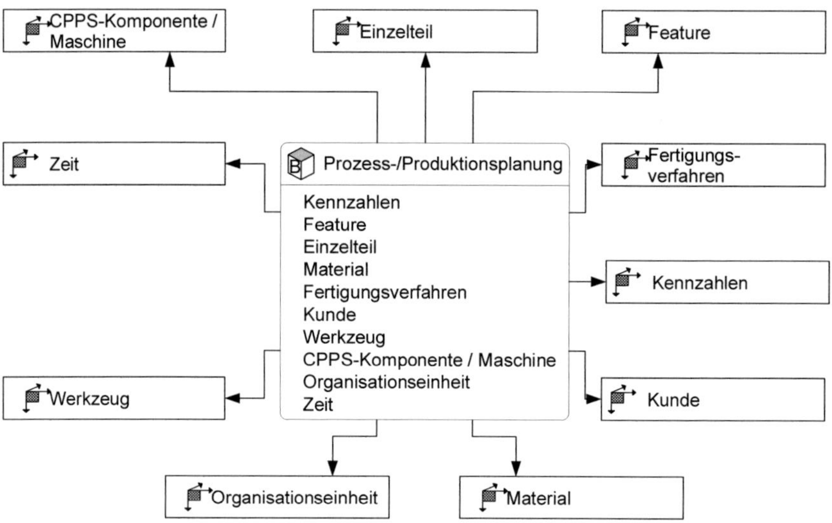

Abbildung 57: Umfassendes ADAPT-Modell für multidimensionale Analysen[570]

[569] Zu ADAPT vgl. Bulos (1996), p. 34; Bulos and Foreman (2006), pp. 16-17; Hahne (2014), S. 64-91.
[570] Eigene Darstellung.

Der multidimensionale Würfel besteht aus einer Kennzahlendimension und den Dimensionen CPPS-Komponente/Maschine, Einzelteil, Feature, Fertigungsverfahren, Kunde, Material, Organisationseinheit, Werkzeug sowie Zeit (siehe Abbildung 57).

Dimension CPPS-Komponente/Maschine

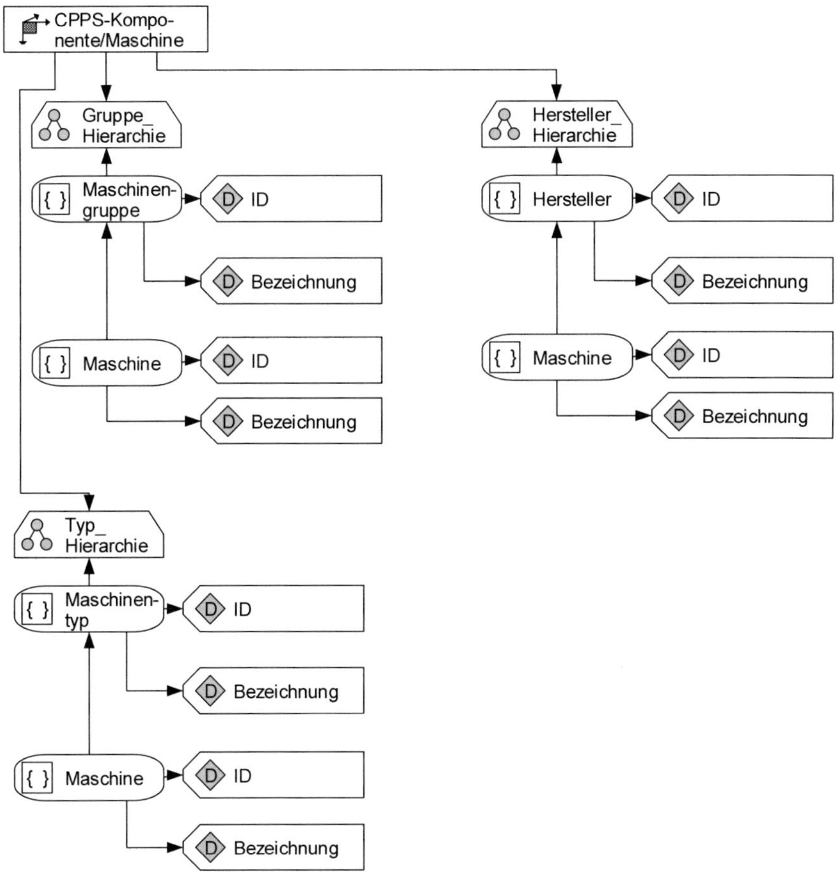

Abbildung 58: ADAPT-Modell der Dimension „CPPS-Komponente/Maschine“[571]

In der Dimension der CPPS-Komponenten/Maschinen wird eine parallele Hierarchie modelliert, da es möglich ist, diese hinsichtlich verschiedener Attribute zu aggregieren (siehe Abbildung 58). Ein Aufgabenträger im Industrieunternehmen könnte sich hier

[571] Eigene Darstellung.

unter anderem für die Zuverlässigkeit eines bestimmten Maschinenherstellers interessieren oder ein anderer könnte sich über das Zusammenwirken mehrerer einzelner Maschinen informieren. Jede CPPS-Komponente verfügt über eine ID und eine Bezeichnung.

Dimension Einzelteil

Einzelteile verfügen auf der Instanzebene über eine Seriennummer und auf Ebene des Typs über eine Sachnummer (siehe Abbildung 59). Beides ist in der Einzelteildimension berücksichtigt. Produkte sind im Modell eine Aggregationsstufe der Einzelteile.

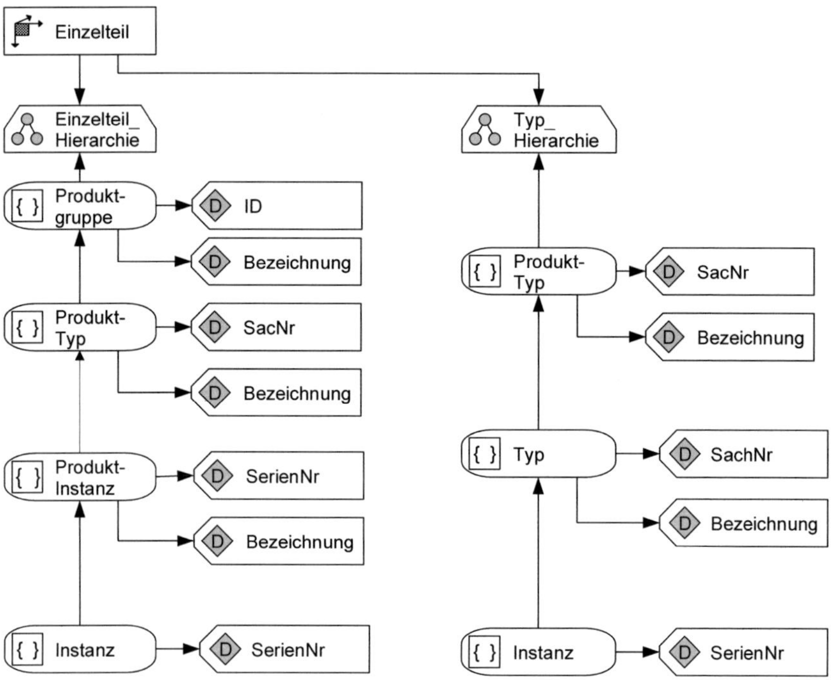

Abbildung 59: ADAPT-Modell der Dimension „Einzelteil“[572]

Dimension Feature

Die Feature-Dimension sieht eine Aggregation einzelner Features zu User-Defined-Features vor (siehe Abbildung 60). Die Parameter der Features sind vor allem in der

[572] Eigene Darstellung.

Kennzahlendimension in Form von Sollwerten zu finden. Einige Stammdaten wie die ID und die Feature-Art sind jedoch Dimensionsattribute und daher dieser zugeordnet.

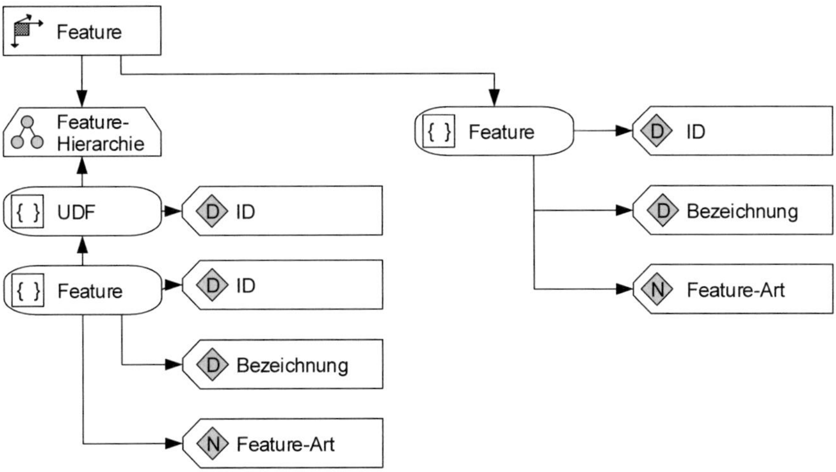

Abbildung 60: ADAPT-Modell der Dimension „Feature"[573]

Dimension Fertigungsverfahren

Die Dimension Fertigungsverfahren umfasst die ID und eine Bezeichnung des Fertigungsverfahrens (siehe Abbildung 61).

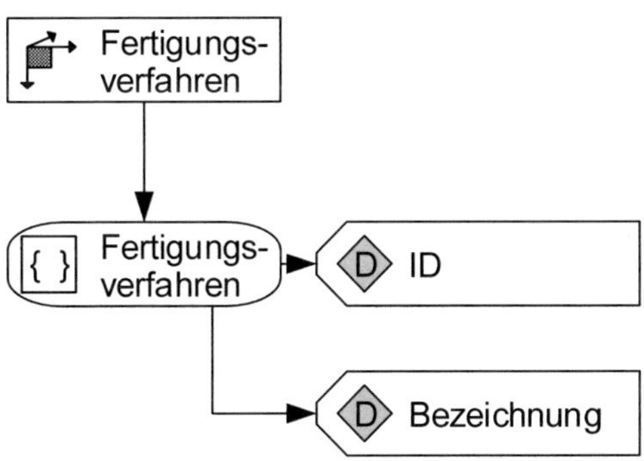

Abbildung 61: ADAPT-Modell der Dimension „Fertigungsverfahren"[574]

[573] Eigene Darstellung.
[574] Eigene Darstellung.

Dimension Kunde

Der Kunde als Auftraggeber kann relevant werden, wenn Produkte für ausgewählte Kunden bevorzugt behandelt werden sollen (siehe Abbildung 62). Die Dimension beinhaltet eine ID und eine Klassifikation des Kunden.

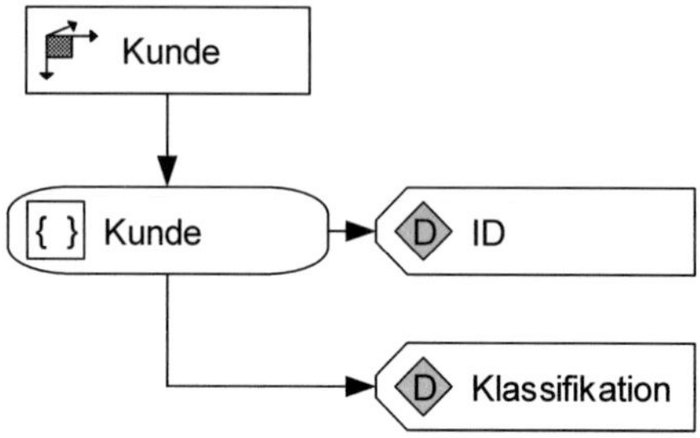

Abbildung 62: ADAPT-Modell der Dimension „Kunde“[575]

Dimension Material

Zum Material sind in der Regel eine ID und eine Bezeichnung vorhanden (siehe Abbildung 63).

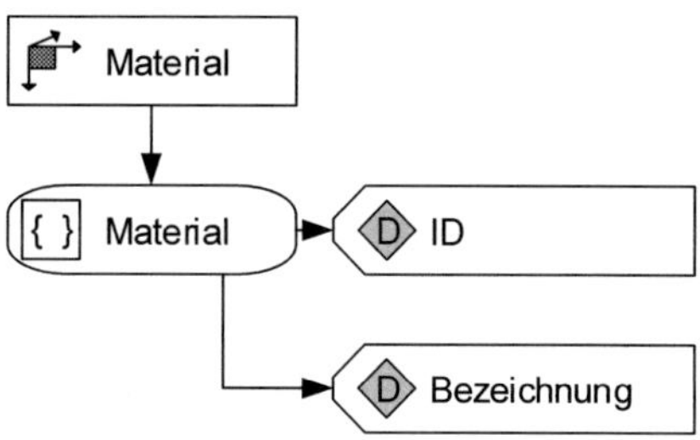

Abbildung 63: ADAPT-Modell der Dimension „Material“[576]

Dimension Organisationseinheit

Organisationseinheiten, wie Teams oder Schichtbelegungen, können über die Organisationsdimension erfasst werden (siehe Abbildung 64). Dabei ist es möglich, Einheiten der Produktion an verschiedenen Standorten zu berücksichtigen, um Zuständigkeiten zu erfassen.

---

575 Eigene Darstellung.
576 Eigene Darstellung.

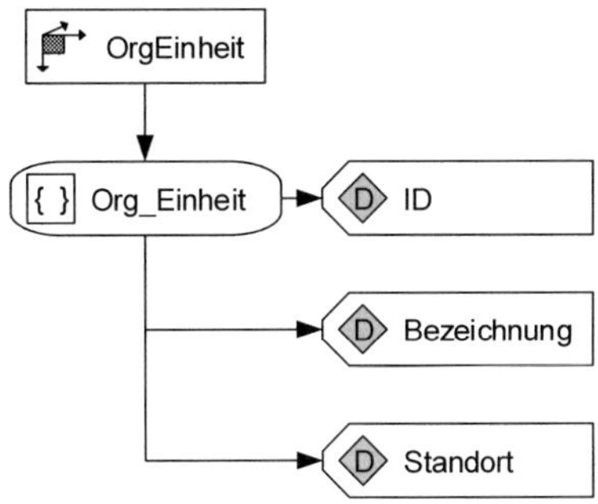

Abbildung 64: ADAPT-Modell der Dimension „Organisationseinheit“[577]

Dimension Werkzeug

Werkzeuge können nach Typ oder nach Hersteller gruppiert werden (siehe Abbildung 65). Die Bezeichnung wird auf Ebene des Typs zugeordnet, die ID bei der Instanz.

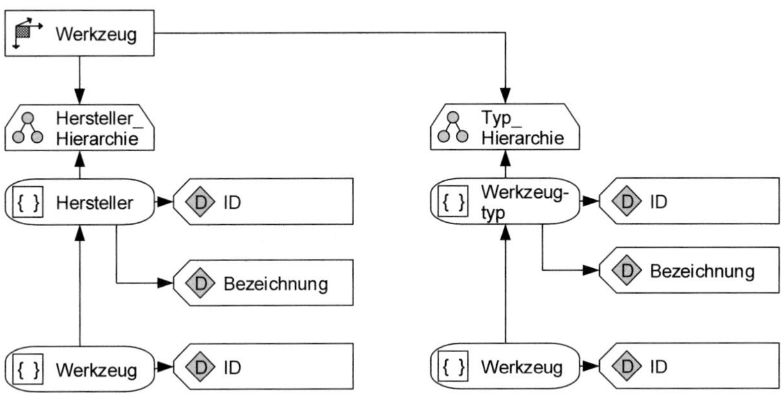

Abbildung 65: ADAPT-Modell der Dimension „Werkzeug“[578]

Dimension Zeit

Die Zeitdimension ist auf Sekundenebene modelliert (siehe Abbildung 66). Auf parallele Hierarchien wird verzichtet, sodass eine Aggregation in diesem Fall nach Wochen anstelle von Monaten vorgesehen ist.

[577] Eigene Darstellung.
[578] Eigene Darstellung.

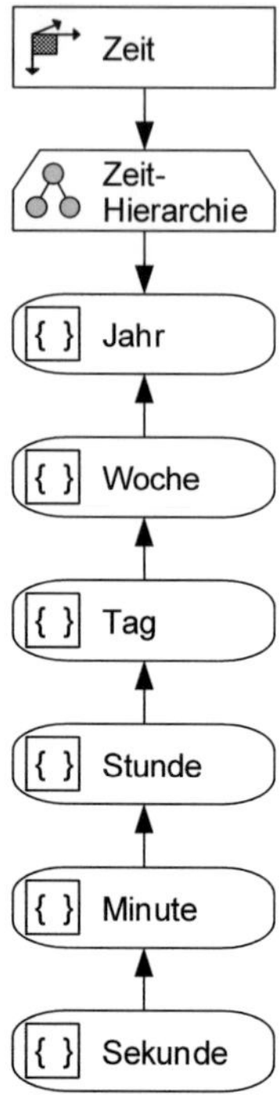

Abbildung 66: ADAPT-Modell der Dimension „Zeit“[579]

Kennzahlendimension

Die Kennzahlendimension enthält Soll- und Ist-Angaben zu technischen und betriebswirtschaftlichen Kennzahlen (siehe Abbildung 67, nächste Seite). Aus dem Soll-Ist-Vergleich ergeben sich Abweichungen zwischen den Sollwerten aus der Konstruktion oder der PPP, die auf Probleme in der Fertigung hinweisen können. Auf Basis dieser Daten kann die Auslastung der Ressourcen beurteilt werden. Zudem kann eine eventuelle Entwicklung im Bereich der Produktmerkmale festgestellt werden, wenn beispielsweise zulässige Toleranzen geringer werden.

[579] Eigene Darstellung.

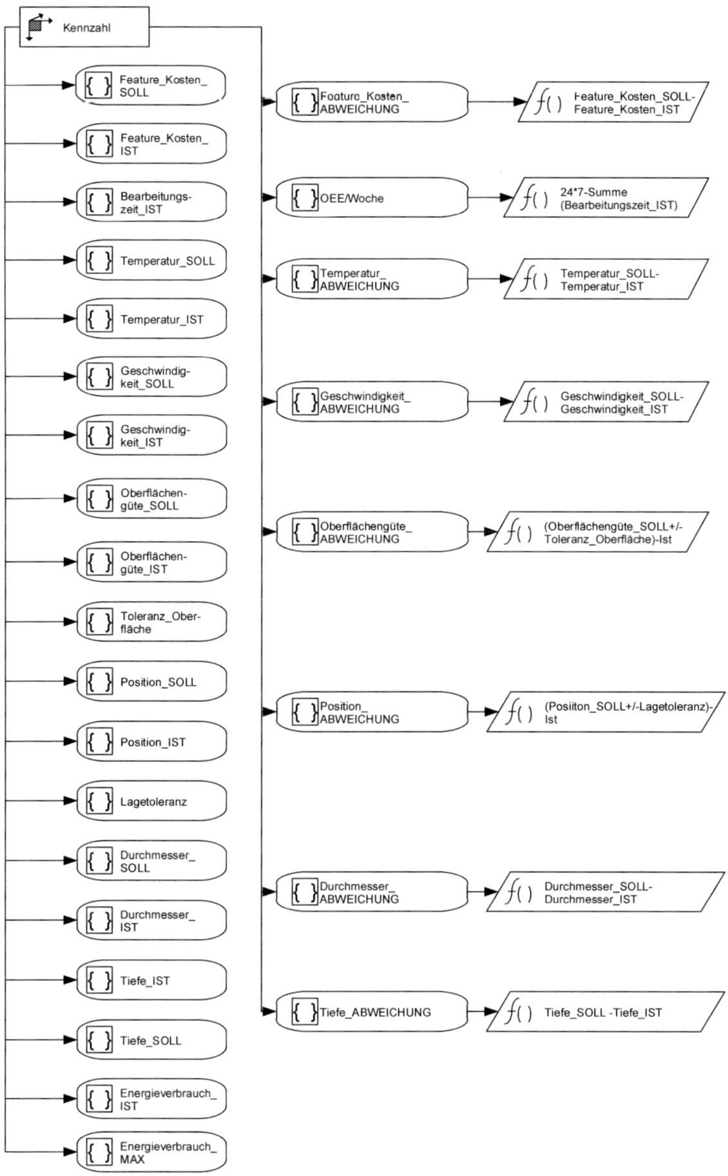

Abbildung 67: ADAPT-Modell der Kennzahlendimension[580]

[580] Eigene Darstellung.

4.7 Fachkonzept der Extraktions-, Transformations- und Ladeprozesse

Um Features aus CAD-Systemen im BIA-Konzept berücksichtigen zu können, müssen diese zunächst aus der CAD-Umgebung extrahiert und für das BIA-Konzept bereitgestellt werden. Dazu werden Extraktions-, Transformations- und Ladeprozesse (ETL-Prozesse) verwendet.

Auf fachkonzeptioneller Ebene können ETL-Prozesse mit BPMN 2.0 modelliert werden.[581] ETL-Prozesse aus den betriebswirtschaftlichen Administrations- und Dispositionssystemen sind etabliert und heute sowohl Stand der Technik als auch Stand der Praxis.[582] In der vorliegenden Arbeit werden daher die ETL-Prozesse für Daten aus technischen Systemen, insbesondere CAD-Systemen, fokussiert, die bisher weder standardisiert noch etabliert sind.[583] Die Modellierung erfolgt auf Basis von Empfehlungen aus der Literatur.[584]

Zunächst folgt ein Überblick über den gesamten ETL-Prozess (siehe Abbildung 68), danach werden die Teilprozesse zur Transformation und zum Laden detailliert.

Extraktion

Entweder der Benutzer des CAD-Systems oder ein Automatismus startet die Extraktion der Features aus dem CAD-System. Dies sollte immer dann erfolgen, wenn entweder ein neues Produktmodell verfügbar ist oder eine neue Version eines bestehenden Produktmodells durch Änderungs- bzw. Variantenkonstruktion entsteht. Alternativ kann auch ein Freigabezeitpunkt, z.B. nach Abschluss eines bestimmten Quality Gates in der Produktentwicklung, als Anlass zur Extraktion gewählt werden. Die Extraktion kann direkt aus dem CAD-System erfolgen oder mithilfe spezieller Extraktionstools, die als Plug-Ins für die CAD-Systeme verfügbar sind. Das CAD-System sollte vor der Extraktion sicherstellen, dass das Produktmodell konform mit den Vorgaben der Konstruktionsrichtlinie ist, indem es u.a. prüft, ob erforderliche Mindestangaben vorhanden

[581] Vgl. Oliveira and Belo (2015), p. 598; Vaisman and Zimanyi (2014), pp. 291-295.

[582] Vgl. ISO 15531-44 (2010), p. 10; Kemper u.a. (2010), S. 11. Ihre Entwicklung kann trotzdem einen hohen Aufwand verursachen. Vgl. Kimball and Caserta (2004), p. xxi.

[583] Die Entwicklung von ETL-Prozessen aus CAD-Systemen ist auch für die Informationsversorgung von Aufgabenträgern außerhalb der Prozess- und Produktionsplanung relevant. Vgl. Kemper (2014), S. 13-14. Teile dieses Kapitels sind auf höherer Abstraktionsebene bereits veröffentlicht. Vgl. Lachenmaier et al. (2015), p. 994.

[584] Vgl. Freund und Rücker (2017), S. 33-255; Silver (2011), pp. 139-140.

sind.[585] Bei positivem Ergebnis werden die Features inkl. der Paramater sowie Metadaten zum Produktmodell exportiert und als Datei zwischengespeichert. Das ETL-Tool importiert die Feature-Datei und führt dann eine Reihe vordefinierbarer Aktionen zur Transformation aus (siehe Abbildung 69).

Eine Fehlerbehebung im Rahmen des ETL-Prozesses durch den IT-Support ist berücksichtigt. An dieser Stelle handelt es sich um eine unterbrechende Aktivität, die den Prozess so lange stoppt, bis der Fehler behoben ist. Nach Abschluss der Fehlerbehebung kann der Prozess fortgesetzt werden.

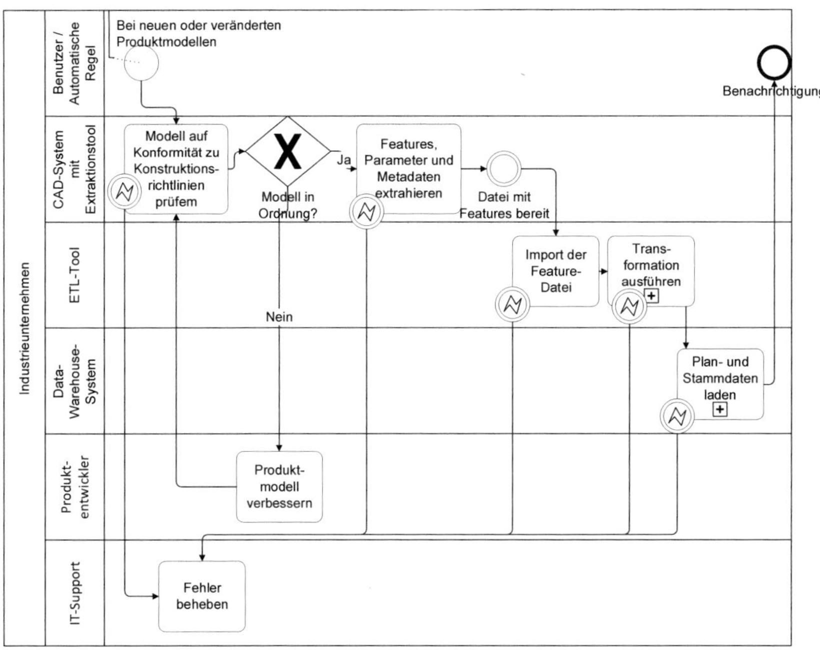

Abbildung 68: Modell des gesamten ETL-Prozesses[586]

Transformation

Zu den Transformationsschritten gehören die Schritte Filterung, Harmonisierung und Anreicherung.[587]

---

[585] Dies ist mit aktuellen CAD-Systemen möglich. Vgl. Lutz (2011), S. 59.
[586] Eigene Darstellung.
[587] Vgl. Kemper und Finger (2016), S. 132.

- Filterung: Die Filterung der Daten dient zur Anpassung der Syntax bei bekannten Formatierungsproblemen und der Erkennung von Ausreißern.
- Harmonisierung: Im Anschluss an die Filterung folgt die Harmonisierung mittels eines Abgleichs von Synonymen und Homonymen, was besonders bei einer Multi-CAD-Umgebung sinnvoll ist, da verschiedene CAD-Systeme eigene Begriffe für dieselben Feature-Typen verwenden.
- Anreicherung: Bei der folgenden Anreicherung werden auf Basis der Daten die als Informationsbedarf geforderten technischen und betriebswirtschaftlichen Kennzahlen berechnet, bspw. die OEE.

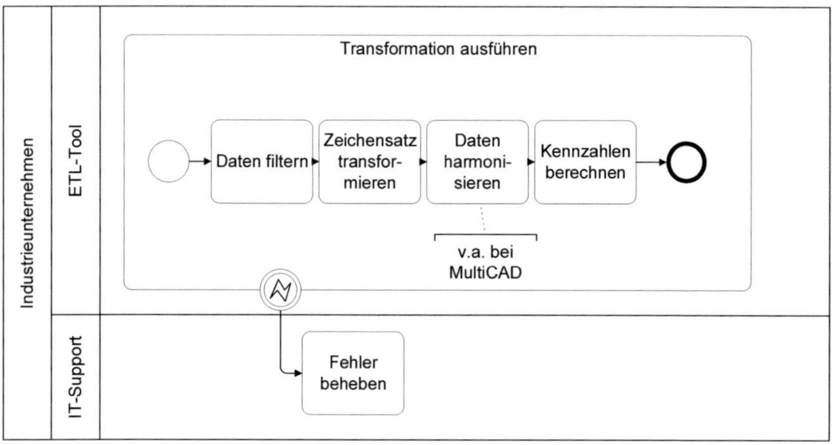

Abbildung 69: Modell des Teilprozesses „Transformation ausführen“[588]

Laden

Nach der Transformation der Daten werden diese in ein DWH geladen, sofern sie nicht bereits vorhanden sind (siehe Abbildung 70). Eine ausführliche Fehlerbehandlung, z.B. für den Fall nicht erwarteter NULL-Werte, wird im Modell vom IT-Support durchgeführt.[589]

Um die Feature-Daten in das DWH zu laden, müssen beim ersten Beladen zunächst die Tabellen in der Datenbank erstellt werden (siehe Abbildung 70). Ab dem zweiten

[588] Eigene Darstellung. Die Schritte des Teilprozesses Transformation entsprechen denen aus Kemper und Finger (2016), S. 132.
[589] Zu NULL-Werten und Fehlerbehandlung im ETL-Prozess vgl. Vaisman and Zimanyi (2014), p. 305.

Durchlauf des ETL-Prozesses werden die Stamm- sowie die Plandaten als Attribute in die entsprechenden Tabellen geschrieben. Bei einer erneuten Durchführung des Prozesses werden die Daten abhängig vom Historisierungsverfahren ergänzt bzw. aktualisiert.[590] Im Konzept sind beide Fälle – das erste Laden und das erneute Laden – berücksichtigt.

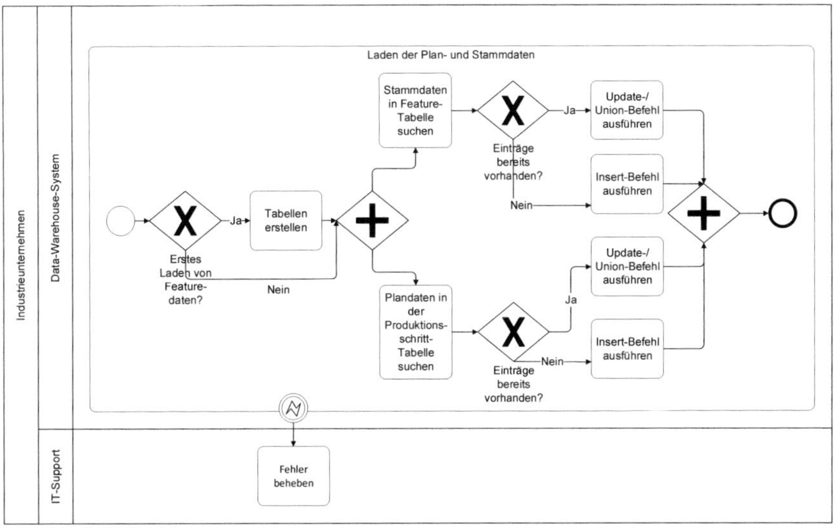

Abbildung 70: Teilprozess „Laden“[591]

Durch die Extraktion von Produktmerkmalen aus dem CAD-System kann die Transparenz zwischen technischen Systemen und betriebswirtschaftlichem Bereich in Unternehmen erhöht werden, da beide Datentypen gemeinsam im Data Warehouse integriert werden. Ein Vorteil der hier vorgestellten Lösung ist, dass die ETL-Prozesse auch in einer Multi-CAD-Umgebung verwendet werden können, sofern ein Extraktionstool gefunden wird, das verschiedene CAD-Systeme anbinden kann, oder CAD-Systeme zukünftig derartige Funktionen selbst anbieten.

590 Zur Historisierung vgl. Hahne (2014), S. 49-52; Kemper u.a. (2010), S. 71-76.

591 Eigene Darstellung in Anlehnung an Vaisman and Zimanyi (2014), pp. 305-306.

5. Evaluation des Konzepts in Praxis und Wissenschaft

Nach der Ausgestaltung des Konzepts zur Entscheidungsunterstützung in der Prozess- und Produktionsplanung im vorherigen Kapitel folgt nun dessen Evaluation. Dazu werden zunächst die methodischen Grundlagen dargelegt, um im Anschluss die prototypische Realisierung auf Basis von Microsoft SQL Server umzusetzen (siehe Abbildung 71). Mithilfe des Prototyps werden Experten aus den untersuchten CPPS sowie Vertreter verschiedener CPPS-Komponenten-Hersteller zum Konzept befragt. Ergänzend findet eine Evaluation über die Veröffentlichung von Teilergebnissen auf wissenschaftlichen Tagungen statt.

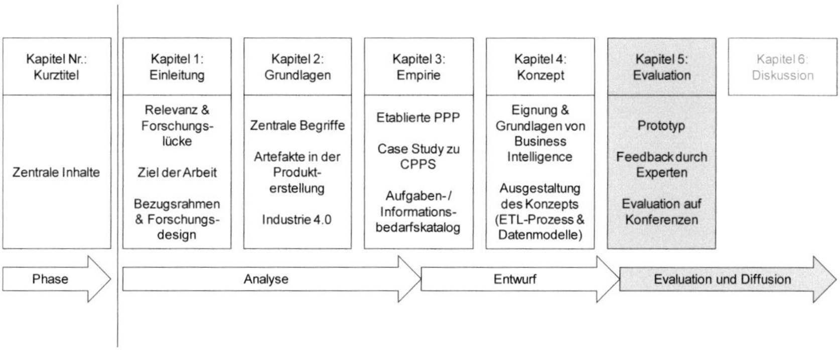

Abbildung 71: Einordnung von Kapitel 5 in den Gang der Arbeit[592]

5.1 Methodische Grundlagen der Evaluation

Das Evaluationsobjekt ist das in der Entwurfsphase entwickelte Konzept zur Entscheidungsunterstützung.[593] Der Zweck der Evaluation der Artefakte dieser Arbeit besteht darin, zu überprüfen, ob das entwickelte Business-Intelligence-und-Analytics-Konzept in der Lage ist, den Informationsbedarf der Aufgabenträger in der Prozess- und Produktionsplanung cyber-physischer Produktionssysteme zu decken und damit die Entscheidungsfindung zu unterstützen. Dabei wird sowohl die Wirksamkeit als auch die Wirtschaftlichkeit des Konzepts betrachtet.

[592] Eigene Darstellung.
[593] Vgl. Döring (2014), S. 170; Heinrich (2000), S. 16.

Die Evaluation wird durch einen Bezugsrahmen strukturiert, der die Evaluationskriterien[594] enthält (siehe Abbildung 72).[595] Die Kriterien sind der Literatur zur gestaltungsorientierten Wirtschaftsinformatik entnommen.[596] Die Evaluation erfolgt in zwei Bereichen: einerseits über Diskussionen mit Experten aus dem Bereich cyber-physischer Produktionssysteme auf Basis des Prototyps sowie andererseits über wissenschaftliche Publikationen und Diskussion auf deutschen und internationalen Tagungen der Wirtschaftsinformatik und der Ingenieurwissenschaften.[597]

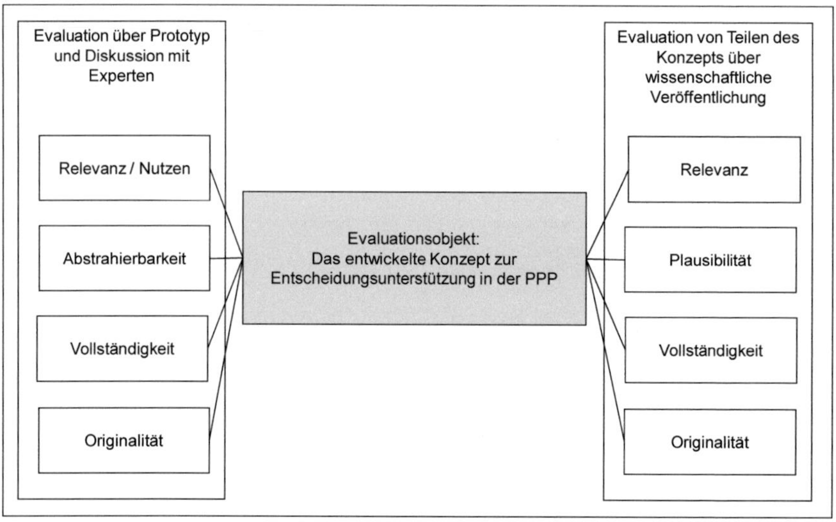

Abbildung 72: Bezugsrahmen der Evaluation[598]

Der Ablauf der Evaluation lässt sich in vier Phasen unterteilen: Verifikation, Entwicklung des Prototyps, Diskussion mit Fachexperten und wissenschaftliche Veröffentlichung (siehe Abbildung 73).

- Verifikation: Zunächst wird das Konzept vom Autor den Anforderungen und Informationsbedarfen gegenübergestellt. Dabei wird sichergestellt, dass die Anforderungen im Konzept adäquat berücksichtigt sind.

594 Vgl. Döring (2014), S. 171.
595 Vgl. Frank (2000a), S. 40-41; Heinrich (2000), S. 9.
596 Vgl. Österle u.a. (2010), S. 668-669.
597 Vgl. Österle u.a. (2010), S. 668.
598 Eigene Darstellung.

- Entwicklung des Prototyps: Der Prototyp dient der weiteren Vorstellung und Diskussion mit Experten. Der Prototyp basiert auf Microsoft SQL Server.
- Diskussion mit Fachexperten: Zur Evaluation im Unternehmenskontext werden die Anforderungen sowie die Eignung des Konzepts abschließend anhand des Prototyps von sechs Experten geprüft.[599]
- Wissenschaftliche Veröffentlichung: Begleitend werden Teilergebnisse auf wissenschaftlichen Konferenzen der Ingenieurwissenschaften und der Wirtschaftsinformatik einem fachkundigen Publikum vorgestellt, diskutiert und in doppelt-blinden Begutachtungsprozessen zur Veröffentlichung zugelassen.

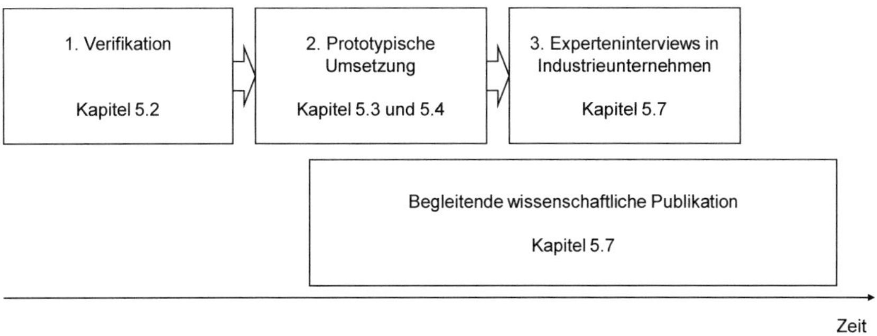

Abbildung 73: Zeitlicher Ablauf der Evaluation[600]

Die Ergebnisse der Evaluation werden in den folgenden Abschnitten der Arbeit strukturiert und analysiert.

5.2 Verifikation des Business-Intelligence-und-Analytics-Konzepts auf Basis der Anforderungen und Informationsbedarfe

Zur Verifikation des Konzepts werden die Anforderungen und der empirisch erhobene Informationsbedarf dem Konzept gegenübergestellt.[601] Zunächst wird die Deckung des Informationsbedarfs überprüft: Die geforderten Informationsarten sind als Dimensionen, Attribute oder Kennzahlen in den Datenmodellen berücksichtigt. Der geforderten Informationsgüte[602] wird ebenfalls im Konzept entsprochen, d.h. im Einzelnen:

[599] Vgl. Österle u.a. (2010), S. 668.
[600] Eigene Darstellung.
[601] Vgl. IEEE 1012-2016 (2017), p. 26.
[602] Zu den Dimensionen der Informationsgüte siehe Kapitel 3.2.6.

- ✓ Flexible Analysen der Daten sind auf Basis des multidimensionalen Datenmodells möglich. Zudem können freie Datenrecherchen und Data-Mining-Verfahren angewendet und Berichte erstellt werden.
- ✓ Ein Zugriff auf historische Daten ist über den Einsatz eines Data Warehouses auf Basis des ERMs gewährleistet, unter der Voraussetzung, dass ein entsprechendes Historisierungskonzept gewählt wird.[603]
- ✓ Die Informationsdarstellung in Form von Tabellen oder Diagrammen ist mit gängigen BIA-Tools umsetzbar, wird auf Ebene des Fachkonzepts aber nicht adressiert.
- ✓ Die Genauigkeit und Korrektheit der Daten sind abhängig von der Implementierung im jeweiligen Unternehmen.
- ✓ Die Aktualität der Informationen hängt davon ab, wie häufig die ETL-Prozesse ausgeführt werden. Es ist möglich, die Daten mit sehr geringen Latenzzeiten bereitzustellen, was jedoch nicht Teil der erhobenen Anforderungen ist.
- ✓ Die Daten werden in feinster Granularität vorgehalten, um verschiedene Detaillierungsgrade abbilden zu können. Über die Hierarchien in den Dimensionen können Daten auf das vom Aufgabenträger geforderte Niveau aggregiert werden.
- ✓ Der Zeitaufwand der Informationsbeschaffung sinkt im Vergleich zur Akquise der Daten aus den verschiedenen Quellsystemen, da sie im BIA-Konzept bereits direkt aggregiert und integriert verfügbar sind.

Das entwickelte BIA-Konzept deckt damit den erhobenen Informationsbedarf. In der Folge wird das BIA-Konzept hinsichtlich der Erfüllung der geforderten funktionalen Anforderungen überprüft.

- ✓ Anforderung A1 wird erfüllt, indem die Daten mit einem anbieterneutralen ETL-Prozess aus mehreren CAD-Systemen extrahiert werden können.
- ✓ A2 wird erfüllt, indem Sichten und Aggregationen sowie Kennzahlen durch multidimensionale OLAP-Analysen gebildet werden können.
- ✓ A3 wird erfüllt, indem die Integration auf einer übergeordneten Ebene, nämlich im BIA-Konzept, stattfindet. Technische und betriebswirtschaftliche Informationssysteme sind gleichermaßen Quellsysteme für das BIA-Konzept.

[603] Vgl. Hahne (2014), S. 138-151; Kemper u.a. (2010), S. 72-77; Kimball et al. (2008), pp. 257-261.

- ✓ A4 wird erfüllt, indem Daten aus dezentralen MES oder ERP- bzw. PPS-Systemen berücksichtigt und zusammengeführt werden können, auch standortübergreifend.

Um die korrekte Konstruktion gemäß den Anforderungen und Informationsbedarfen sicherzustellen, werden die Datenmodelle zusätzlich in einem halbtägigen Workshop mit einem Experten[604] diskutiert und dabei auf syntaktische und semantische Korrektheit überprüft.[605]

Das BIA-Konzept erfüllt demnach in Summe die Anforderungen und ist in der Lage, die Aufgabenträger mit den erforderlichen Informationen zu versorgen.

5.3 Prototypische Realisierung und Analyseszenarien

5.3.1 Vorgehen bei der prototypischen Umsetzung

Das BIA-Konzept wird im Rahmen dieser Arbeit zu Evaluationszwecken prototypisch umgesetzt.[606] Die semantischen Modelle aus der Entwurfsphase werden dazu zunächst in logische Datenmodelle bzw. Workflows überführt und im Anschluss physisch implementiert (siehe Abbildung 74).[607] Konkret wird in der Datensicht auf der Ebene des Datenverarbeitungskonzepts ein multidimensionales Star Schema auf Basis des ADAPT-Modells entworfen und anschließend physisch implementiert. Für die Funktionssicht und die Steuerungssicht werden ebenfalls Lösungskomponenten entsprechend der Anforderungen und des Fachkonzepts realisiert.

Für die beispielhafte Anwendung werden Analyseszenarien aus den Experteninterviews und der Case Study mit verschiedenen Analyseverfahren abgebildet. Dabei wird am Markt verfügbare Software genutzt – hier der Microsoft SQL Server[608].[609] Eine Übersicht der verwendeten Tools ist der folgenden Abbildung zu entnehmen (siehe Abbildung 75).

[604] Die Expertise ergibt sich aus der langjährigen Erfahrung im Bereich der Datenmodellierung.

[605] Die objektive Evaluation von Daten- und Informationsmodellen ist für Forschungsarbeiten der Wirtschaftsinformatik von großer Bedeutung. Vgl. Frank (2000b), S. 340 und S. 349-350.

[606] Es handelt sich um experimentelles Prototyping und einen explorativen Prototyp. Vgl. Balzert (2011), S. 552; Floyd (1984), p. 6; Ludewig und Lichter (2013), S. 168-169.

[607] Vgl. Hahne (2014), S. 27 und S. 53; Scheer (1998), S. 88.

[608] Nutzung mit Genehmigung von Microsoft.

[609] Zur Umsetzung einer BI-Lösung in Microsoft SQL Server vgl. Mundy et al. (2011); Rainardi (2008).

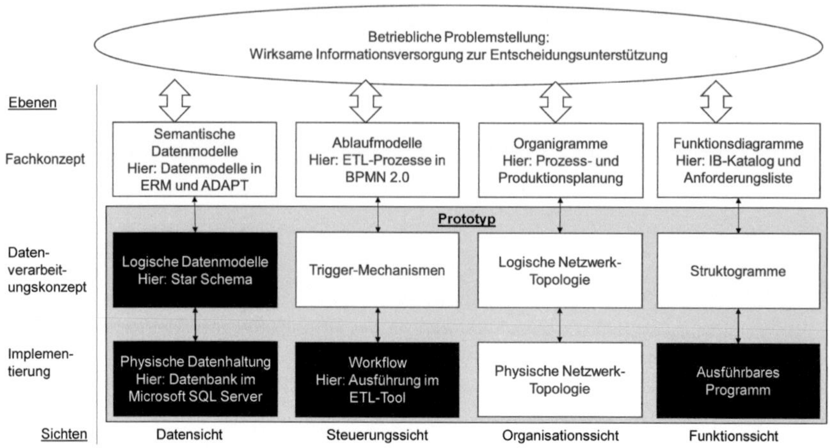

Abbildung 74: Einordnung des Prototyps in ARIS[610]

Im Detail kamen folgende Softwarelösungen zum Einsatz:

- Dassault Systèmes CATIA V5-6 wird verwendet, um Digitale Produktmodelle zu erstellen. Eine eigene Konstruktionsrichtlinie definiert Features und deren Parameter, inkl. Namenskonventionen.
- Zur Extraktion der Daten aus dem Digitalen Produktmodell in ein neutrales Format wird CAT2XML der :em AG eingesetzt.
- In Altova XMLSpy wird zur Transformation der Daten ein Skript entwickelt.
- Mit Microsoft SQL Server Integration Services wird das Skript zur Datentransformation auf die Daten angewendet, um diese anschließend bereinigt in das Data Warehouse zu laden.
- Als Data-Warehouse-Lösung kommt Microsoft SQL Server zum Einsatz. Die Data Marts werden mit den Microsoft SQL Server Analysis Services modelliert und umgesetzt.
- Der Zugriff für Endbenutzer erfolgt über Microsoft SQL Server Reporting Services, Microsoft Excel[611] und zur Realisierung der Data-Mining-Analysen über die Microsoft SQL Server Data Tools.

[610] Eigene Darstellung auf Basis von Scheer (2002), S. 41.
[611] Nutzung mit Genehmigung von Microsoft.

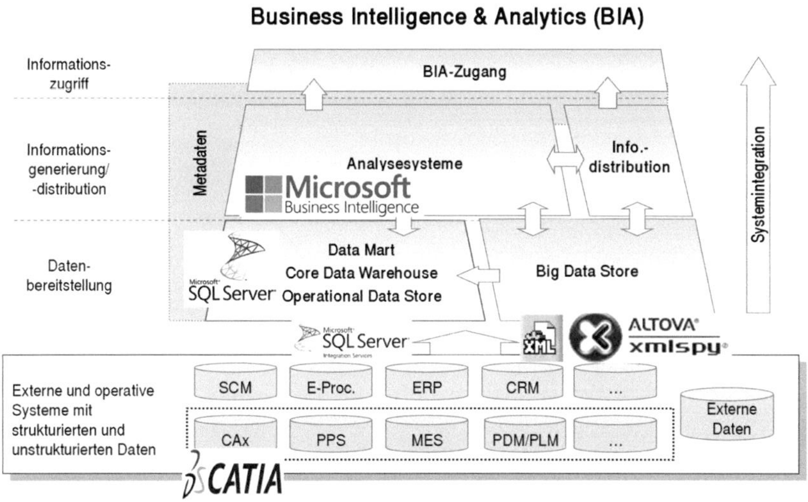

Abbildung 75: Komponenten und Tools im Prototyp[612]

Die prototypisch implementierten Komponenten umfassen

- die Datengenerierung für technische Produktdaten sowie Produktionsdaten,
- ETL-Prozesse,
- Datenhaltung auf Ebene des Data Warehouse,
- Bildung zweier Data Marts (einer multidimensional, einer relational) und
- darauf aufsetzende Anwendung von OLAP- und Data-Mining-Verfahren.

Mit dem Prototyp können verschiedene Adressatentypen abgedeckt werden[613]: Für Gelegenheitsnutzer bzw. BIA-Konsumenten sind statische Berichte auf Basis der Microsoft SQL Server Reporting Services geeignet. Für Power-User bzw. Data Scientists gibt es die Möglichkeit, eigene Modelle in Excel oder den Analysis Services direkt zu entwickeln. Der Zugriff kann in der Regel über Microsoft Excel oder im Fall von Berichten auch über eine Webseite erfolgen. Über Plug-Ins können Power User auch Data-Mining in Microsoft Excel nutzen.

[612] Eigene Darstellung auf Basis von Baars und Kemper (im Druck).
[613] Die Benutzertypen sind in der Literatur ausführlich beschrieben. Vgl. Gluchowski u.a. (2008), S. 105-107; Schmid und Baars (2016), S. 1-2.

5.3.2 Erzeugung von Daten für den Prototyp

Für die technischen Produktdaten werden in CATIA V5-6 mehrere Digitale Produktmodelle erstellt. Diese werden featurebasiert modelliert.[614] Die folgende Abbildung zeigt ein Bauteil in CATIA V5-6 R22 mit dem zugehörigen Strukturbaum, in welchem die Features und deren Parameter erkennbar sind (siehe Abbildung 76). Insgesamt werden sieben Digitale Produktmodelle mit je acht bis zehn Features und deren Parametern erstellt, darunter Bohrungen, Abkantungen, Nuten, Taschen und Gewinde. Diese wurden nach den Vorgaben einer vom Autor entwickelten Konstruktionsrichtlinie modelliert. So wurden einheitliche Bezeichnungen eingeführt und Parameter wie Positionen, Toleranzen oder Oberflächengüte eingetragen.

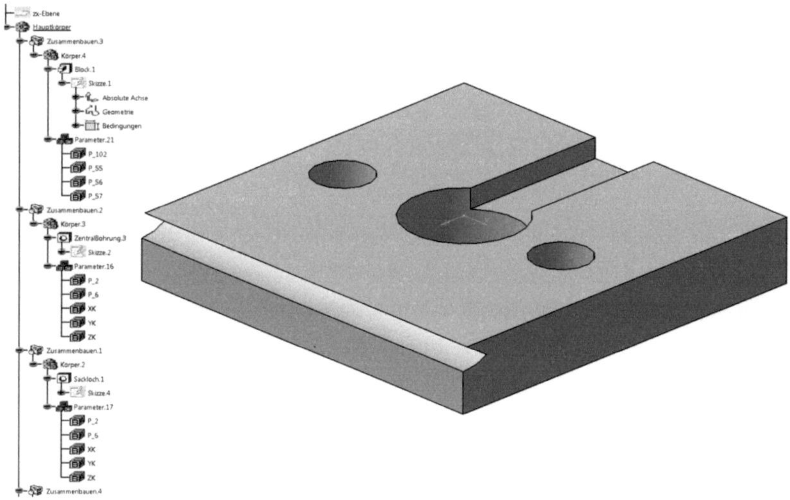

Abbildung 76: Bauteil in Catia V5-6 mit Features[615]

Für diese Produkttypen wurden dann Produktionsdaten von Produktinstanzen generiert, bspw. eine Maschinenzuordnung, eine Bearbeitungsdauer, eine Ist-Oberflächengüte und ein Produktionsdatum.

[614] Zur featurebasierten Modellierung mit CATIA V5-6 vgl. Braß (2009), S. 36-40; List (2017), S. 54-75; Kornprobst (2016), S. 85-171; Trzesniowski (2011), S. 222-269. Features werden hier teilweise auch als Konstruktionselemente bezeichnet. Alternativ kann mit 2-D-Skizzen gearbeitet werden, die zu 3-D-Körpern extrudierbar sind, was jedoch nicht zu einem auswertbaren Bauteil führt. Vgl. Vajna u.a. (Hrsg., 2016), S. 38-44.

[615] Eigene Darstellung.

Die historischen Daten aus der Produktion sind für diese Arbeit generiert. Dabei wurden in einem Expertengespräch realitätsnahe Werte für die Fertigung der Bauteile erhoben.[616] Bei der Generierung der Daten wird darauf geachtet, dass sie bezüglich der Attribute und der Inhalte weitestgehend den verfügbaren Daten aus einem ERP-System oder MES entsprechen. Die Daten werden außerdem passend zum Datenmodell aus dem oben beschriebenen BIA-Konzept erzeugt. Einen Auszug aus den Daten zeigt die folgende Tabelle (siehe Tabelle 13).

Datum	Feature_ID	ET_SerienNr	AuftragsNr	ET_SachNr	Fertverf_ID	Fertverf_Bez	CPPSKomp_ID	MaschTyp	MaschTypBez	Werkzeug_ID	Prodkosten_Plan	Prodkosten_Ist
15.01.2019	2	101120110	1	101	29	Bohren	1	1	Bohrmaschine	11	1	1,1
15.01.2019	2	101120111	1	101	29	Bohren	1	1	Bohrmaschine	11	1	0,9
15.01.2019	2	101120112	1	101	29	Bohren	1	1	Bohrmaschine	11	1	1,02
15.01.2019	2	101120113	1	101	29	Bohren	1	1	Bohrmaschine	11	1	1
15.01.2019	2	101120114	1	101	29	Bohren	2	1	Bohrmaschine	12	1	1,01
15.01.2019	2	101120115	1	101	29	Bohren	2	1	Bohrmaschine	12	1	1,02
15.01.2019	2	101120116	1	101	29	Bohren	2	1	Bohrmaschine	12	1	0,99
15.01.2019	2	101120117	1	101	29	Bohren	2	1	Bohrmaschine	12	1	1
15.01.2019	2	101120118	1	101	29	Bohren	3	2	Bearbeitungsz	13	1	0,95

Tabelle 13: Auszug aus den generierten Produktionsdaten[617]

5.3.3 Prototypische Umsetzung der ETL-Prozesse

Der ETL-Prozess zur Verarbeitung der Produktmerkmale aus CATIA V5-6 wird für Demonstrationszwecke realisiert.[618] Einen Überblick über den ETL-Prozess und die verwendeten Tools gibt die folgende Abbildung (siehe Abbildung 77).

Zur Extraktion müssen die Digitalen Produktmodelle ausgelesen werden. Allerdings sind diese in proprietären Strukturen gespeichert und Standards zum Austausch von CAD-Daten (z.B. Standard for the Exchange of Product Model Data (STEP), Jupiter Tesselation (JT)) können bei komplexen Produktmodellen nicht immer alle Features und deren Eigenschaften vollständig abbilden. Deshalb werden für die Extraktion der Features und deren Parametern spezielle Tools verwendet, die in der Lage sind, das CAD-Modell bzw. die darin enthaltenen Features auszulesen und in eine Extensible-Markup-Language[619]-Datei (XML-Datei) umzuwandeln. In diesem Fall wird das Tool CAT2XML der :em AG zur Extraktion verwendet. Es gibt weitere ähnliche Tools am Markt, u.a. Elysium CADFeature.

---

[616] Der Experte ist Einkäufer in einem mittelständischen Maschinenbauunternehmen. Seine Aufgabe ist es zu beurteilen, ob Einkaufskonditionen dem tatsächlichen Aufwand des Lieferanten entsprechen. Das Gespräch hatte eine Dauer von ca. einer Stunde.

[617] Eigene Darstellung.

[618] Alternativ dazu könnte die Implementierung der ETL-Prozesse aus dem Fachkonzept automatisiert erfolgen. Vgl. Belo et al. (2015), pp. 244-246.

[619] XML ist eine Sprache zum Datenaustausch. Vgl. Bray et al. (Eds., 2013); Vonhoegen (2015), S. 33.

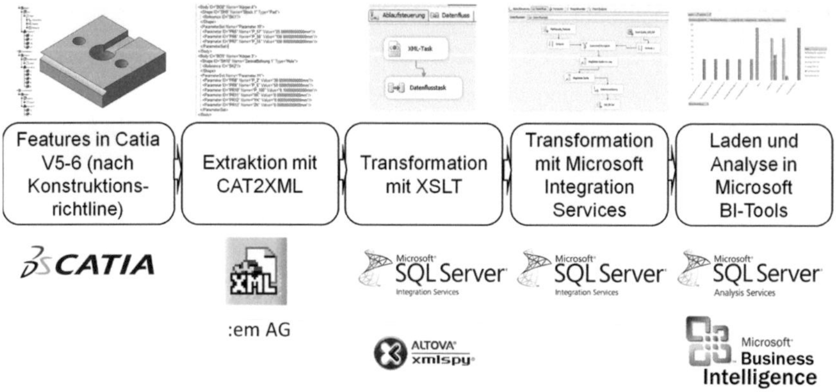

Abbildung 77: Prototypischer ETL-Prozess[620]

Ein Vorteil dieser Lösung ist, dass die ETL-Prozesse auch in einer Multi-CAD-Umgebung verwendet werden können. Das Ergebnis wird am Beispiel einer Nut und deren Parametern dargestellt (siehe Abbildung 78). Die Parameter stehen für die Länge, die Schräge und die Tiefe der Nut.

```
<Body ID="BO4" Name="Körper.5">
  <Shape ID="SH11" Name="Nut.1" Type="Groove">
    <Reference ID="SK3"/>
  </Shape>
  <ParameterSet Name="Parameter.12">
    <Parameter ID="PR14" Name="P_55" Value="100.000000000000mm"/>
    <Parameter ID="PR15" Name="P_60" Value="15.725000000000mm"/>
    <Parameter ID="PR16" Name="P_106" Value="0.010000000000mm"/>
  </ParameterSet>
</Body>
```

Abbildung 78: Beschreibung einer Nut mit Parametern als XML-Datei[621]

Zur Transformation wird einmalig eine Vorlage erzeugt – in diesem Fall auf Basis der Extensible-Stylesheet-Language-Transformation[622] (XSLT) mit Altova XMLSpy. Anschließend wird die erzeugte XML-Datei, welche die Features und deren Parameter enthält, mit dem ETL-Werkzeug Microsoft SQL Server Integration Services verarbeitet, damit sie in das passende Format gebracht und in die Datenbank geladen werden kann (siehe Abbildung 79). Gleichzeitig werden die selbstgenerierten Daten aus der

[620] Eigene Darstellung.
[621] Eigene Darstellung auf Basis von CAT2XML.
[622] XSLT wird zur Formatierung oder Umwandlung von XML-Dokumenten verwendet. Vgl. Kay (Ed., 2017); Vonhoegen (2015), S. 36.

Produktion in das DWH geladen – daher beginnt der ETL-Prozess mit zwei Datenquellen. Da diese Daten selbst erstellt sind, bleibt die Zahl der erforderlichen Transformationsschritte übersichtlich. Zunächst werden die Quelldaten nach identischen Kriterien sortiert, anschließend die Angabe der Einheit Millimeter entfernt, damit die Werte als Zahlen verarbeitet werden können. Nach einer letzten Formatumwandlung können die Daten ins DWH geladen werden.

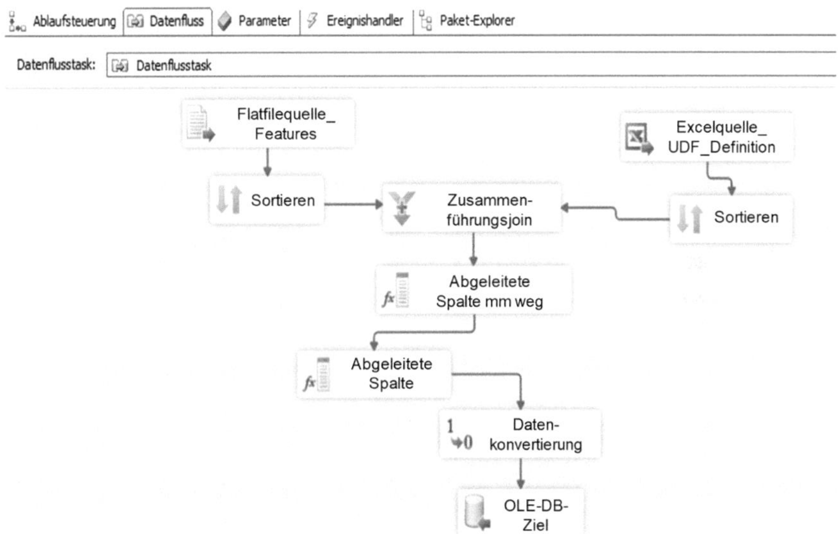

Abbildung 79: Transformation und Laden mit Microsoft SQL Server Integration Services[623]

5.3.4 Prototypische Umsetzung des Data Warehouse

Das konzeptionelle ERM wird mit Microsoft SQL Server relational umgesetzt. Dabei wird zunächst das Datenschema (siehe Abbildung 80) erzeugt, um danach die Tabellen über die ETL-Prozesse zu befüllen. Damit ist das Data Warehouse physisch implementiert.

[623] Eigene Darstellung auf Basis von Microsoft SQL Server Data Tools.

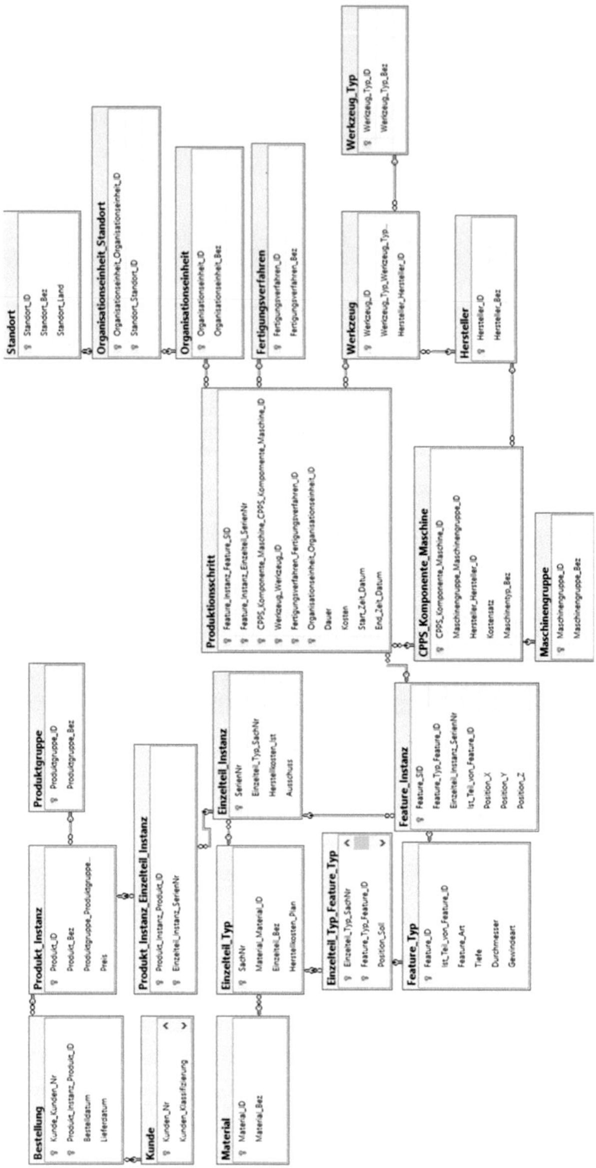

Abbildung 80: Datenschema im Microsoft SQL Server[624]

[624] Eigene Darstellung auf Basis von Microsoft SQL Server Management Studio.

5.3.5 Prototypische Umsetzung des Data Marts für multidimensionale Analysen

Das ADAPT-Modell aus dem Konzept wird zunächst in ein logisches Modell, in diesem Fall ein Star-Schema[625], umgesetzt (siehe Abbildung 81) und anschließend in Auszügen in einem multidimensionalen Datenwürfel mit den Microsoft SQL Server Analysis Services physisch implementiert. Danach können mit OLAP die Daten multidimensional analysiert werden.[626]

Im Folgenden werden ausgewählte Besonderheiten des Star-Schemas hervorgehoben, die nicht als selbsterklärend angesehen werden können. Das Star-Schema enthält eine Faktentabelle mit den technischen und betriebswirtschaftlichen Kennzahlen. In der Regel kommen die Soll-Werte durch die Vorgaben des Konstrukteurs im Rahmen der Produktentwicklung zustande. Die technischen Kennzahlen sind nicht immer vorhanden, sondern abhängig vom konkreten Feature. Beispielsweise ist nicht für jedes Feature die Angabe einer Oberflächengüte sinnvoll. Die Faktentabelle ist prinzipiell erweiterbar.

Die Feature-Dimension wird mithilfe einer Brückentabelle (Bridge Table) angeschlossen, da Features beliebig und auch rekursiv zu User-Defined-Features kombiniert werden können. Dadurch kommt es zu einer Hierarchie, bei der eine Many-zu-Many-Beziehung zwischen den UDF vorliegen kann. Ein UDF kann aber immer in seine Einzelfeatures zerlegt werden.

Bei den Dimensionen zu den CPPS-Komponenten und den Werkzeugen werden parallele Hierarchien gebildet, da diese auf verschiedene Arten aggregierbar sind. Beispielsweise kann der Maschinentyp von Interesse sein oder die Maschinengruppe, zu der eine spezifische CPPS-Komponente gehört.

Das Star-Schema wird im Anschluss mit den Microsoft SQL Server Analysis Services prototypisch implementiert.

---

625 Für Details zum Star-Schema vgl. Adamson (2010), pp. 10-11; Kemper u.a. (2010), S. 67-68. Eine Alternative wäre ein Data-Vault-Modell. Data Vault eignet sich besonders zur Abbildung von Agilitätsanforderungen. Vgl. Baars and Zimmer (2013), p. 7; Hahne (2016b), S. 80-81; Lerner (2016), S. 98. Data Vault 2.0 ist dabei mehr als nur eine Modellierungsnotation, sondern umfasst zusätzlich eine Architektur und eine Methode. Vgl. Nielsch (2015), S. 31. Für Details zu Data Vault 2.0 vgl. Linstedt (2011), pp. 33-96; Linstedt and Olschimke (2016), pp. 89-170.

626 OLAP-Systeme arbeiten dabei im Normalfall nach bestimmten Regeln und Prinzipien. Vgl. Codd et al. (1993), p. 88; Pendse and Creeth (1995), zitiert nach Kemper u.a. (2010), S. 100.

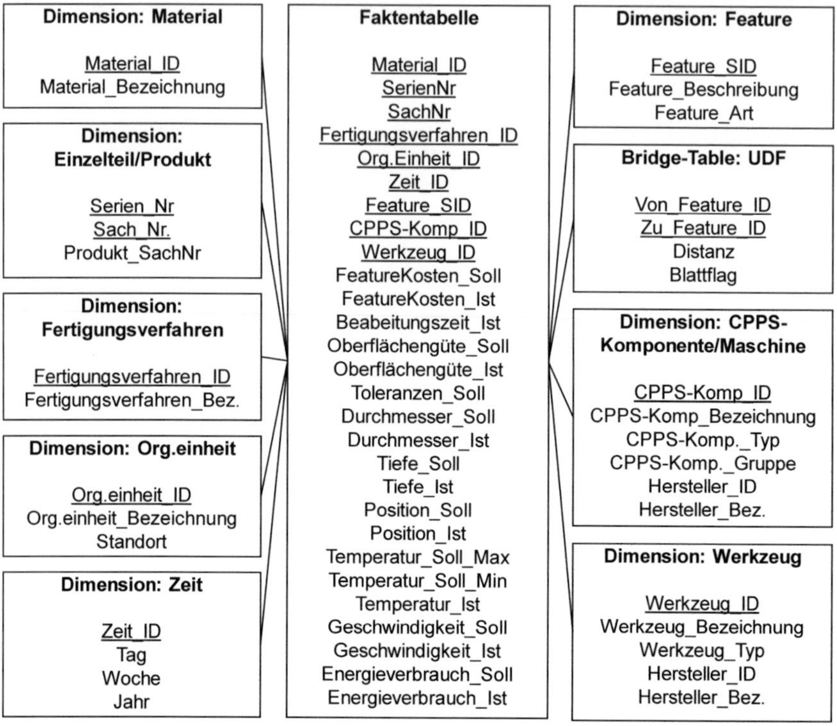

Abbildung 81: Star-Schema[627]

5.3.6 Durchführung von Data-Mining auf Data-Mart-Ebene

Im Folgenden wird auf Basis der Daten beispielhaft die Anwendung von Data-Mining-Verfahren[628] aufgezeigt. Dabei wird auf die Analytics Solutions Unified Method for Data Mining (ASUM-DM), einen Nachfolger des Cross-Industry Standard Process for Data Mining (CRISP-DM-Vorgehensmodells)[629] zurückgegriffen.[630] ASUM-DM besteht aus den Phasen Analyze, Design, Configure, Build, Deploy sowie Operate and Optimize (siehe Abbildung 82).

[627] Eigene Darstellung.

[628] Data-Mining ist ein Prozess zur Gewinnung von Informationen aus in der Regel großen Datenbeständen. Vgl. Han et al. (2012), p. 8. Für Details zu Data-Mining vgl. Han et al. (2012); Witten et al. (2011).

[629] Zu CRISP-DM vgl. Chapman et al. (2000), pp. 10-12.

[630] Vgl. Haffar (2015), URL siehe Literaturverzeichnis.

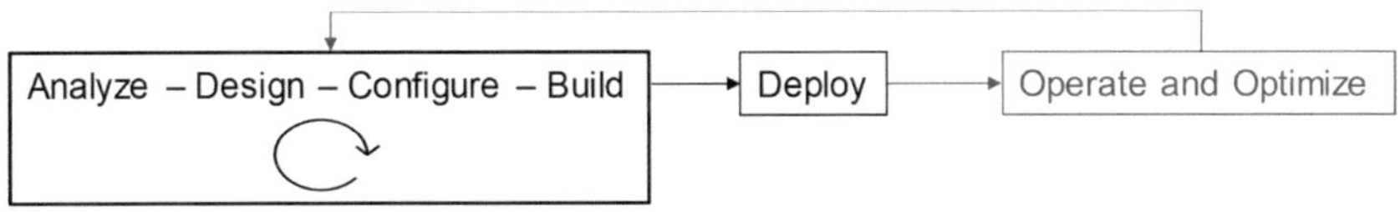

Abbildung 82: Verwendung von ASUM-DM[631]

- Phase Analyze: In der Phase der Analyse muss in der praktischen Anwendung zunächst ein Projekt aufgesetzt und ein Ziel für die Analyse definiert werden. Danach werden nach ASUM-DM die Daten, deren Qualität und Bedeutung für das jeweilige Geschäftsmodell eingehend untersucht. Im vorliegenden Fall ist dies nicht erforderlich, da der Autor die Daten bereits kennt.
- Phase Design: In der Design-Phase wird mit einem Ausschnitt der Daten ein Data-Mining-Modell entwickelt, das auf transformierten Daten beruht. Demnach ist in der Regel zunächst eine erneute Transformation der Daten erforderlich, um diese in ein geeignetes Format für das Data-Mining zu bringen. Die konkreten Transformationsschritte sind abhängig vom jeweiligen Data-Mining-Verfahren. Beispielsweise müssen die Angaben zu enthaltenen Features eines Einzelteils von Zeilen in Spalten transponiert und bei Vorhandensein des Features ein binärer Wert gesetzt werden. Manche Verfahren erfordern auch sortierte Daten.
- Phase Configure und Build: Nach einem ersten Test des Data-Mining-Modells wird das Modell in mehreren Zyklen feinjustiert und mit dem Rest der Daten geprüft.
- Phase Deploy: Abschließend kann das Modell produktiv gesetzt werden. Damit stellt ein Entwickler das Modell und die Analyseergebnisse anderen BIA-Nutzern zur Verfügung.
- Phasen Operate und Optimize: In diesen Phasen geht es darum, das Data-Mining-Modell langfristig zu betreiben und im Rahmen eines kontinuierlichen Verbesserungsprozesses bei Bedarf weiterzuentwickeln.

Der Fokus liegt dabei auf der initialen Erstellung des Modells, also den Phasen „Analyze", „Design", „Configure" und „Build". Anschließend erfolgt in der Phase „Deploy" der Rollout des Ergebnisses im Prototyp.

[631] Eigene Darstellung basierend auf IBM (2015), o.S.

Das Vorgehen wird angewendet, um verschiedene Analyseszenarien im Prototyp auf Basis der Microsoft SQL Server Analysis Services abzubilden. Die Szenarien werden im folgenden Abschnitt dargelegt.

5.4 Prototypische Umsetzung ausgewählter Analyseszenarien

Im Folgenden werden die Möglichkeiten des Konzepts und des Prototyps auf Basis einiger Analyseszenarien veranschaulicht. Diese sind:

- Eine Clusteranalyse zur Identifikation ähnlicher Produkte,
- eine Root-Cause-Analyse zur Identifikation von Problemen in der Produktion auf Basis des Ausschusses,
- eine Klassifikation von Produktmerkmalen durch ein Naive-Bayes-Verfahren nach deren Stromverbrauch in der Produktion,
- ein Bericht zur Entwicklung der OEE im Laufe der Zeit sowie
- mehrere Szenarien aus der multidimensionalen Analyse.

Die Analyseszenarien sind aus den durchgeführten Interviews abgeleitet und ergänzt durch Diskussionen mit Toolherstellern.

5.4.1 Clusteranalyse zur Identifikation ähnlicher Produkte

Mit Data-Mining können im Prototyp über eine Clusteranalyse ähnliche Produkte oder Einzelteile aus der Vergangenheit auf Basis ihrer Produktmerkmale identifiziert werden (siehe Abbildung 83), um im Anschluss aus den aufgezeichneten Daten ähnlicher Produkte Rückschlüsse auf das aktuell in der Planung befindliche Produkt zu ermöglichen.[632] So können beispielsweise durchschnittliche Produktionskosten aus der Vergangenheit für ähnliche Produkte oder Features ermittelt werden, um die zukünftigen zu prognostizieren. Die Analyse kann auch im Rahmen der Make-or-Buy-Entscheidung nützlich sein, da ähnliche Produkte zu ähnlichen Entscheidungen führen können. Bei der Suche nach Gründen für Ausschuss kann die Ähnlichkeit von Produkten ebenfalls unterstützend eingesetzt werden, wenn ähnliche Produkte vergleichbare Ausschussraten verursachen.

[632] Vgl. Lachenmaier and Kemper (2015), p. 1366.

Die Abbildung zeigt die sieben Produkttypen (Cluster 1-7) und ihre Ähnlichkeit. Starke Übereinstimmung bezogen auf die Produktmerkmale wird durch eine dicke Linie dargestellt. Es ist erkennbar, dass das Produkt mit der SachNr. 3 dem mit SachNr. 6 stark ähnelt. Die Produkte mit SachNr. 2 und 4 (Cluster 2 und 4 in der Abbildung) sind anders aufgebaut und daher nicht verbunden.

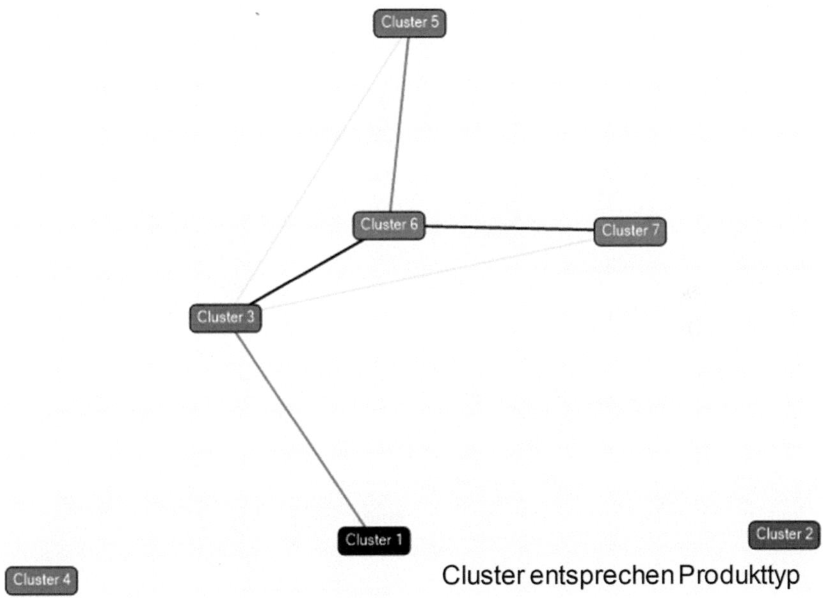

Abbildung 83: Ähnlichkeitsanalyse von Produktmodellen[633]

5.4.2 Root-Cause-Analyse zur Identifikation von Problemen in der Produktion

Mit Data-Mining können Ursachen für Probleme in der Produktion gefunden werden. So könnte eine bestimmte Feature-Werkzeug-Maschinen-Kombination besonders häufig zu defekten Teilen führten (siehe Abbildung 84). Derartige Kombinationen können durch Regeln der PPP ausgeschlossen werden, um die Rate der defekten Produkte gezielt zu reduzieren. Alternativ können die Probleme auch durch Veränderungen an den CPPS-Komponenten oder den Produkten behoben werden, falls dies möglich ist.

[633] Eigene Darstellung auf Basis von Microsoft SQL Server Data Tools. Bereits veröffentlicht in Lachenmaier and Kemper (2015), p. 1367.

Aus der Abbildung geht hervor, dass etwa 60 % der betrachteten Teile defekt sind. Dies ist mit größter Signifikanz dem Feature Nr. 7 zuzuordnen. Das Vorhandensein des Features erklärt ca. 70 % des Ausschusses. Mit abnehmender Signifikanz kann das Problem auf die Kombination von „Feature 7 ist vorhanden“ und „CPPS-Komponente mit der ID 1 war an der Produktion beteiligt“, zurückgeführt werden. Etwa 80 % der defekten Teile mit Feature 7 liefen über diese Produktionsmaschine.

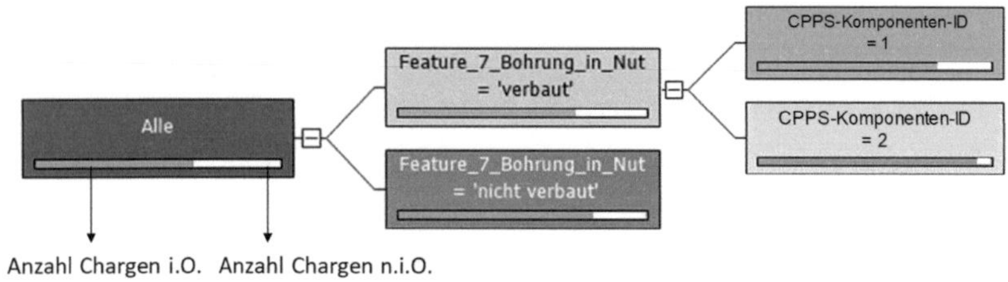

Abbildung 84: Root-Cause-Analyse (beispielhaft)[634]

Als Einschränkung ist an dieser Stelle anzumerken, dass für solche Rückschlüsse eine statistische Signifikanz Voraussetzung ist, d.h. die Kombination muss im zugrundeliegenden Datenset signifikant zu Qualitätsproblemen führen.

5.4.3 Klassifikation von Produktmerkmalen nach deren Stromverbrauch

Soll der Energieverbrauch in der Produktion reduziert werden, kann die Ursache eines hohen Energieverbrauchs möglicherweise über Data-Mining identifiziert werden (siehe Abbildung 85). Auch hier können im Anschluss entsprechende Regeln aufgestellt werden, die zu einer Reduktion des Energieverbrauchs führen, indem beispielsweise bei Freiheitsgraden eine Maschine mit geringerem Verbrauch gewählt wird oder indem Konstruktionsrichtlinien dahingehend angepasst werden, dass ein Feature möglichst selten verwendet wird, das einen hohen Stromverbrauch verursacht.

In der Abbildung ist ersichtlich, dass das Vorhandensein eines Features des Typs 1 einen hohen Energieverbrauch in der Produktion zur Folge hat („begünstigt hoch“ in der Abbildung). Feature-Typ 2 hingegen begünstig einen niedrigen Stromverbrauch. Wären die Features substituierbar oder mithilfe eines anderen Fertigungsverfahrens

[634] Eigene Darstellung auf Basis von Microsoft SQL Server Data Tools.

produzierbar, könnte Strom eingespart werden. Die Entscheidung liegt nun beim Aufgabenträger, der auf Basis der Analyseergebnisse seine Bemühungen auf Features vom Typ 2 und die entsprechenden Fertigungsressourcen konzentrieren kann.

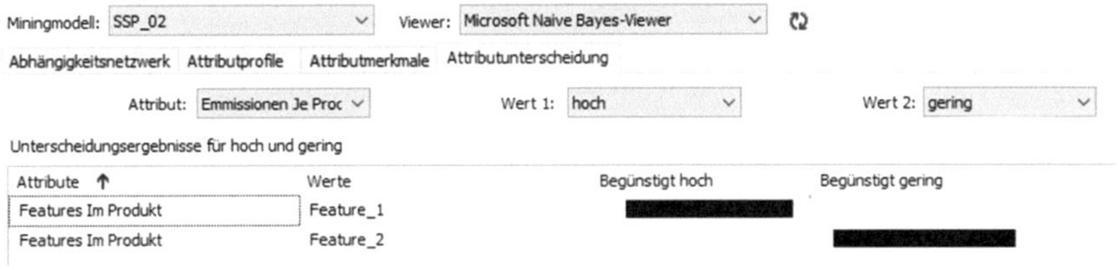

Abbildung 85: Naive-Bayes-Verfahren zur Aufdeckung von Ursachen eines hohen Energieverbrauchs[635]

5.4.4 Bericht zur Entwicklung der Overall Equipment Efficiency

Unter Verwendung der Microsoft SQL Server Reporting Services können standardisierte Berichte als Webseite zugänglich gemacht werden. Diese eignen sich besonders zur Darstellung von Kennzahlenverläufen für höhere Managementebenen im Unternehmen.

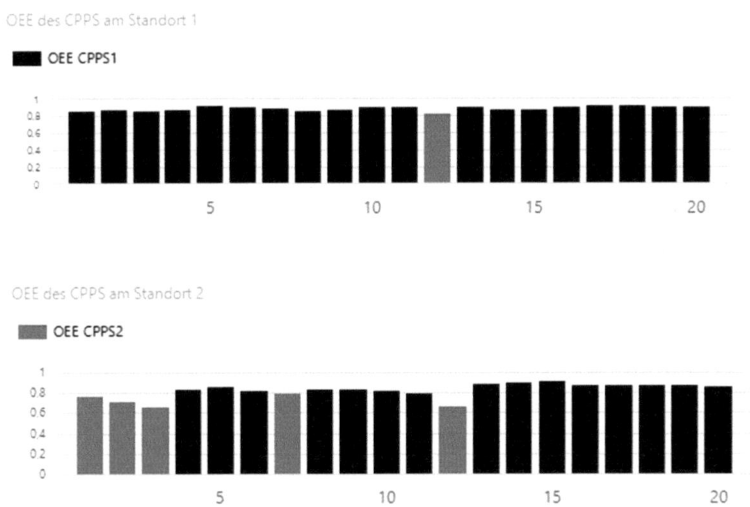

Abbildung 86: Report zur OEE in Microsoft SQL Server Reporting Services[636]

---

[635] Eigene Darstellung auf Basis von Microsoft SQL Server Data Tools.

[636] Eigene Darstellung auf Basis von Microsoft SQL Server Reporting Services.

In der Abbildung ist die Schwankung der OEE zweier Produktionssysteme im Verlauf mehrerer Kalenderwochen dargestellt (siehe Abbildung 86). Die OEE soll mindestens bei 80 % liegen, daher sind Werte über 80% in der Abbildung schwarz eingefärbt. Werte unterhalb von 80 % sind hingegen hellgrau. Der verantwortliche Aufgabenträger erhält dadurch die Möglichkeit, die Entwicklung im Laufe der Woche zu beurteilen. Insgesamt ist in den Daten ein leichter, positiver Trend zu beobachten, d.h. die Ressourcenproduktivität steigt.

5.4.5 Szenarien zur multidimensionalen Analyse

Mit OLAP sind u.a. folgende Analysen möglich – zum Teil basieren diese darauf, dass mit Data-Mining zuvor bereits ähnliche Produkte identifiziert wurden:

- Aufgabe Make-or-Buy-Entscheidung und Technologieplanung: Durch die technischen Kennzahlen, wie Oberflächengüte, kann auf Basis der historischen Daten beurteilt werden, ob ein Produkt mit den bestehenden Ressourcen gefertigt werden kann (siehe Abbildung 87). Sollten die technischen Möglichkeiten im eigenen Unternehmen nicht vorhanden sein, kann im Rahmen der Make-or-Buy-Entscheidung das Einzelteil fremdbezogen werden.
- Aufgabe Festlegung technisch bedingter Restriktionen: Bei Einzelteilen mit hohen Ausschussraten kann ausgewertet werden, aus welchen Features diese bestehen und wie diese hergestellt wurden (siehe Tabelle 14).
- Aufgabe Produktprogrammplanung und Kapazitätsplanung (langfristig): Die Auslastung einer CPPS-Komponente oder des gesamten Produktionssystems kann dargestellt werden (siehe Abbildung 88). Im Rahmen der Kapazitätsplanung können bei Bedarf zusätzliche Kapazitäten beschafft werden.
- Aufgabe Definition des Lösungsraums: Die Kosten der Fertigung können nach Produktmerkmal und Maschine aufgeschlüsselt werden, um Kostentreiber zu identifizieren (siehe Abbildung 89).
- Aufgabe Festlegung von Prioritätsregeln: Eine durchschnittliche Bearbeitungszeit für eine Kundenklasse kann ermittelt werden, um zu entscheiden, ob diese zukünftig priorisiert werden soll (siehe Abbildung 90). Eine solche Priorisierung kann auf Basis von Regeln für das CPPS erfolgen.

Aufgrund der Multidimensionalität der Analysen sind sehr viele Kombinationen der Dimensionen möglich. Bei den Abbildungen handelt es sich um ausgewählte Szenarien, die auf Basis der Microsoft SQL Server Analysis Services in Microsoft Excel visualisiert wurden. Eine Darstellung der Daten in Tabellenform ist ebenfalls möglich.

Analyse zur Make-or-Buy-Entscheidung und zur Technologieplanung

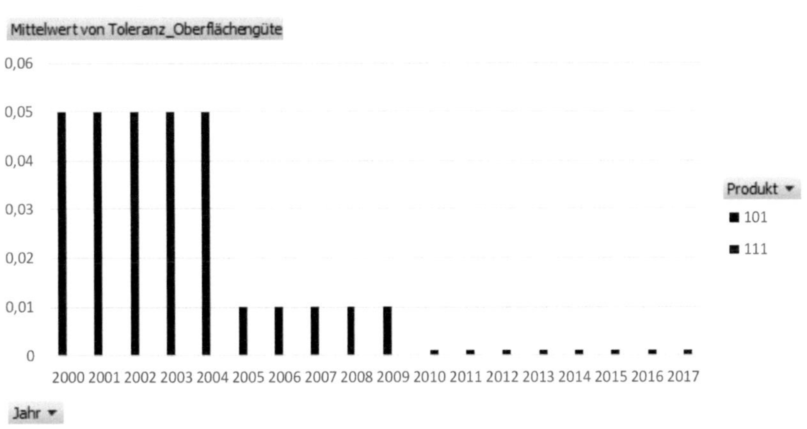

Abbildung 87: Analyse zur Entwicklung der Oberflächengüte in den letzten Jahren[637]

In Abbildung 87 ist zu erkennen, dass die erlaubten Toleranzen im Lauf der letzten Jahre reduziert wurden. Im Jahr 2005 wurde zum Zweck der Fehlerbeseitigung die zulässige Toleranz reduziert. Im Jahr 2010 wurde eine neue Version des Produkts eingeführt, das die Anforderungen an die Oberflächengüte weiter verschärft.

Die Prozess- und Produktionsplanung kann nun entscheiden, ob Ressourcen zur Fertigung mit dieser Oberflächengüte zur Verfügung stehen, beschafft werden oder ob das Produkt fremdbezogen wird.

Analyse zur Aufgabe Festlegung technisch bedingter Restriktionen

In Tabelle 14 ist ersichtlich, dass Einzelteile immer dann defekt sind, wenn sie auf einer Maschine des Typs Bohrmaschine mit dem Werkzeugtyp „1“ bearbeitet wurden. Da sich die Defekte auf der Typ-Ebene erklären lassen, kann dies auf ein grundsätzliches technisches Problem zurückzuführen sein (siehe Tabelle 14). Demnach sollte die

[637] Eigene Darstellung.

Kombination aus Bohrmaschine, Werkzeugtyp 1 und Einzelteiltyp 101 vermieden werden.

Einzelteiltyp	Einzelteilinstanz	Ausschuss	CPPS-Kompnente_Typ	Werkzeugtyp_ID
101	1010001	ja	Bohrmaschine	1
101	1010001	ja	5-Achs-Bearbeitungszentrum	2
101	1010002	ja	Bohrmaschine	1
101	1010002	ja	5-Achs-Bearbeitungszentrum	2
101	1010003	ja	Bohrmaschine	1
101	1010003	ja	4-Achs-Bearbeitungszentrum	3
101	1010004	nein	4-Achs-Bearbeitungszentrum	4
101	1010004	nein	4-Achs-Bearbeitungszentrum	2
101	1010005	nein	4-Achs-Bearbeitungszentrum	4
101	1010005	nein	4-Achs-Bearbeitungszentrum	3
101	1010006	nein	5-Achs-Bearbeitungszentrum	5
101	1010006	nein	5-Achs-Bearbeitungszentrum	2

Tabelle 14: Analyse von Ausschussgründen

Analyse zur Aufgabe Produktprogrammplanung und Kapazitätsplanung (langfristig)

In Abbildung 88 ist dargestellt, wie die Produkttypen 101 und 102 die Maschinen wöchentlich auslasten.

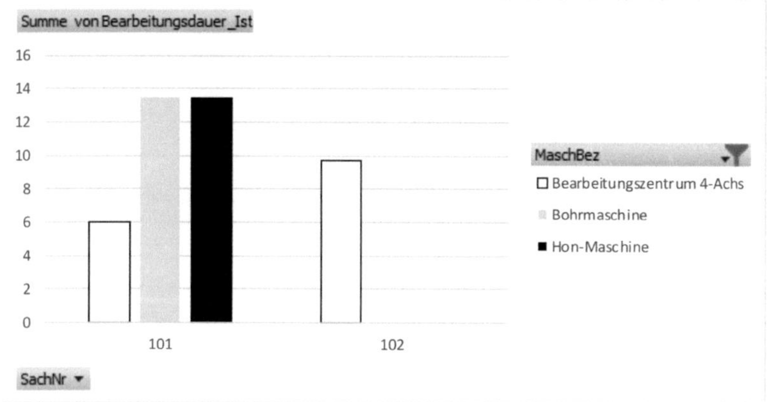

Abbildung 88: Analysebeispiel: Auslastung verschiedener Maschinentypen durch zwei Produkte im Laufe einer Woche in Stunden[638]

Darauf basierend kann abgeschätzt werden, wie sich die Belastung erhöht, wenn die Produktionsmengen des Produkttyps 101 verdoppelt werden. Je nach verfügbarer

[638] Eigene Darstellung.

Kapazität kann es erforderlich sein, eine weitere Maschine des gefragten Typs zu beschaffen und für die Produktion zur Verfügung zu stellen. Damit können also mögliche Engpässe identifiziert und adressiert werden.

Analyse zur Aufgabe Definition des Lösungsraums

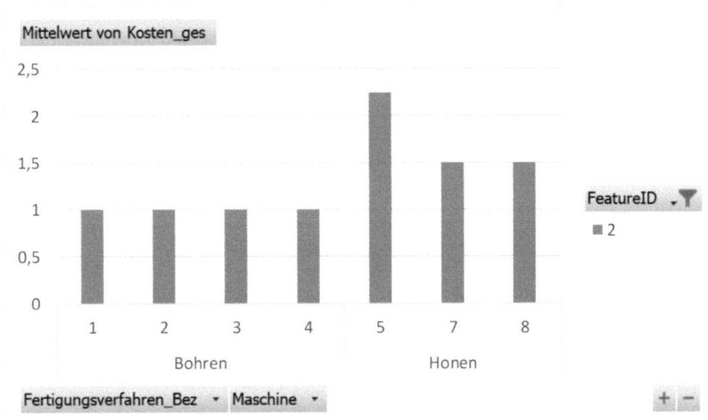

Abbildung 89: Analysebeispiel: Durchschnittliche Fertigungskosten je Feature nach CPPS-Komponente und Fertigungsverfahren[639]

In Abbildung 89 ist dargestellt, was die Realisierung des Features „2" mit den Fertigungsverfahren Bohren und Honen auf verschiedenen Maschinen kostet. Wie aus dem Diagramm hervorgeht, ist Honen auf Maschine „5" teurer als das Honen auf den Maschinen 7 und 8. Auf Basis der Auswertung kann die Prozess- und Produktionsplanung eine Regel erstellen, welche die Kombination von Feature „2" und der Honmaschine „5" verbietet. Alternativ können die Ursachen untersucht werden und ein eventueller Fehler bei der Honmaschine „5" könnte behoben oder eine neue Maschine beschafft werden.

Analyse zur Aufgabe Festlegung von Prioritätsregeln

In Abbildung 90 ist dargestellt, wie lange die Produkte zur Bearbeitung benötigen.[640] Aus der Abbildung geht hervor, dass Kunde 2 aktuell im Vergleich zu Kunde 1 länger

---

639 Eigene Darstellung.

640 Warte- und Transportzeiten werden im Prototyp ebenfalls als Bearbeitungszeiten mit der CPPS-Komponente bzw. dem Werkzeug „Transportband" oder „Keine" erfasst.

warten muss, bis er die Produkte vom Typ 101 erhält. Zukünftig könnte Kunde 2 priorisiert werden, da dieser Kunde auch Produkte des Typs 102 einkauft und daher gemessen am Gesamtumsatz ein bedeutender Kunde sein könnte. Die Priorisierung kann im CPPS über Regeln umgesetzt werden.

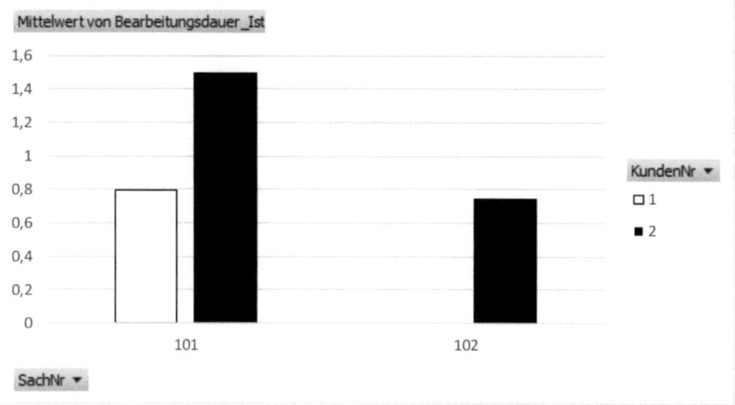

Abbildung 90: Analysebeispiel: Durchschnittliche Fertigungsdauer zweier Produkttypen nach Kunde[641]

Diese Analyseszenarien werden in der Folge mehreren Experten in Teilen vorgestellt, um ihnen die Möglichkeiten des Konzepts aufzuzeigen.

5.5 Methodische Fundierung der Evaluationsgespräche

Auf Basis des Prototyps werden fünf Diskussionen mit sechs Experten geführt, in denen zunächst das Konzept durch den Autor erläutert und anschließend anhand eines Leitfadens hinsichtlich Relevanz, Übertragbarkeit bzw. Abstrahierbarkeit, Nachvollziehbarkeit, Originalität und Vollständigkeit diskutiert wird.[642] Die Dauer und Interviewpartner sind der folgenden Tabelle (siehe Tabelle 15) zu entnehmen. Damit erfolgt die Evaluation im Unternehmenskontext.[643] Die Evaluationsgespräche werden mitprotokolliert und anschließend über eine Inhaltsanalyse strukturiert ausgewertet. Die Kategorien entsprechen dabei den Evaluationskriterien.

[641] Eigene Darstellung.

[642] Dabei handelt es sich um den ergebnisorientierten Evaluationsansatz. Vgl. Döring (2014), S. 176.

[643] In der Literatur wird zwischen einer Evaluation gegen die Realwelt, bei der ein Prototyp in einem Unternehmen eingesetzt wird, und einer Evaluation gegen die Forschungslücke unterschieden. Vgl. Riege u.a. (2009), S. 75.

Experte	Rolle des Experten	Dauer
A	Case-Study, Experte für Prozessplanung	2,5 Stunden
B	Maschinenhersteller, Assistent der Geschäftsführung	2 Stunden
C und D	Maschinenhersteller, Leiter Engineering-IT und CAD-CAM-Experte	1 Stunde
E	Komponentenanbieter, Geschäftsführer/Gründer	1,5 Stunden
F	Maschinenhersteller, Solution-Architekt	1,5 Stunden

Tabelle 15: Experteninterviews zur Evaluation

Auch hier werden die Gütekriterien der empirischen Sozialforschung wie folgt berücksichtigt:

- Objektivität: Um bei den Interviews eine hohe Güte zu erhalten, wird die Durchführungsobjektivität mithilfe eines Interviewleitfadens und die Auswertungsobjektivität über eine strukturierte Auswertung der Aussagen sichergestellt.
- Reliabilität: Die Reliabilität wird mittels Dokumentation der Interviews und Einsatz eines Leitfadens unterstützt.
- Validität: Die Validität der Aussagen wird über die getrennte Durchführung mehrerer Interviews mit verschiedenen Experten, die strukturierte Herleitung des Interviewleitfadens und vor allem den Einsatz des Prototyps gesichert.

5.6 Auswahl und Charakterisierung der befragten Experten in der Evaluation

Die ausgewählten Industrieunternehmen sind entweder Nutzer von CPPS oder Hersteller von CPPS-Komponenten. Die befragten Experten sind somit entweder maßgeblich für die Entwicklung von CPPS-Komponenten verantwortlich oder sie betreuen den Einsatz der CPPS in ihren Unternehmen.

- Experte A ist Prozessplaner aus der Case Study zur Motorblockfertigung. Er betreut dort fachlich das MES4.0 und ist für die Weiterentwicklung der Fertigungslinie verantwortlich.[644]
- Experte B ist Assistent der Geschäftsführung in einem mittelständischen Unternehmen, das Honmaschinen herstellt. Seine Aufgaben umfassen die Marktbeobachtung sowie die Aufdeckung von Potenzialen zur Weiterentwicklung und Qualitätsverbesserung der Maschinen. Experte B hat dabei tendenziell eine strategische Perspektive. Da die Maschinen mit Sensorik und Aktorik ausgerüs-

[644] Durch Einbezug eines Experten aus der Case Study wird der empirische Zyklus des Design-Science-Ansatzes geschlossen. Vgl. Wieringa (2014), pp. 111-113.

tet sind und Daten zur Produktion über das Internet der Dinge übermitteln, entwickelt das Unternehmen die Maschinen aktuell zu cyber-physischen Komponenten weiter.

- Experte C arbeitet in einem mittelständischen Maschinenbauunternehmen mit kundenindividueller Fertigung. Er ist verantwortlich für die Engineering-IT, insbesondere für das PDM-System.
- Experte D ist aus demselben Unternehmen wie Experte C. Sein Tätigkeitsfeld ist die CAD-CAM-Schnittstelle. Beide können deshalb die Möglichkeiten der Prozessplanung, der Feature-Technologie, der NC-Programmierung und die Herausforderungen der kundenindividuellen Produktion beurteilen. Ebenso vertreten beide Experten sowohl die Anbieter- als auch die Anwendersicht, da sie sowohl intern im eigenen Unternehmen die Produktion koordinieren als auch extern Maschinen und Lösungen für Kunden entwickeln.
- Experte E ist Solution-Architekt in einem Unternehmen, das CPPS-Komponenten anbietet. Er ist damit betraut, in der Forschung und Entwicklung Lösungen für Plug-and-produce zu entwickeln. Darüber hinaus ist er in Forschungsprojekten mit Universitäten zum Themenbereich Industrie 4.0 aktiv.

5.7 Ergebnisse der Evaluation

Im Folgenden werden die Ergebnisse aus den Expertengesprächen und der wissenschaftlichen Veröffentlichung vorgestellt und diskutiert. Das Kapitel ist nach den Evaluationskriterien aus dem Bezugsrahmen der Evaluation strukturiert. Bevor das entwickelte BIA-Konzept mit den Experten diskutiert wird, werden zunächst die Aufgaben und Informationsbedarfe evaluiert.

Vollständigkeit der Aufgaben und des Informationsbedarfs

Die Vollständigkeit und Plausibilität des Aufgabenkatalogs sowie des erhobenen Informationsbedarfs werden über eine Veröffentlichung auf der Internationalen Tagung Wirtschaftsinformatik im wissenschaftlichen Kontext bestätigt.[645] Für die Evaluation im Unternehmenskontext werden im Rahmen der Diskussion die Experten gefragt, ob sie den Aufgabenkatalog der zukünftigen PPP und den Informationsbedarfskatalog für vollständig erachten.

[645] Vgl. Lachenmaier u.a. (2015), S. 8.

Die befragten Experten, die sich intensiv mit CPPS auseinandersetzen, konnten die Veränderungen im Aufgabenkatalog der Prozess- und Produktionsplanung nachvollziehen und halten diese für plausibel und korrekt.[646]

Der ausgewählte Informationsbedarf ist hauptsächlich auf das CPPS aus der Case Study zugeschnitten. Mit den Informationen kann das Produktionssystem umfassend erfasst und analysiert werden.[647] Für andere Produktionssysteme, die beispielsweise im Automatisierungsgrad abweichen, wünschen sich die Experten noch Angaben über die Personen, die an der Produktion beteiligt sind.[648] Im Datenmodell kann dies berücksichtigt werden, indem die Dimension Organisationseinheit in der Granularität bis zur einzelnen Person detailliert wird, sofern keine Datenschutzbedenken bestehen.

Aus Sicht eines Experten sollte der Informationsbedarf durch Schmierstoffe ergänzt werden.[649] Schmierstoffe sind für die Produktqualität ein relevanter Einflussfaktor. Diese sind im Datenmodell aktuell nicht berücksichtigt, könnten jedoch ergänzt werden.

Korrekte Konstruktion

Auch die befragten sechs Experten für CPPS bestätigen auf Basis des vorgestellten Prototyps, dass dieser in der Lage sei, den Informationsbedarf zu decken.

Über Veröffentlichungen im wissenschaftlichen Bereich können zudem weitere Teile des Konzepts forschungsbegleitend evaluiert werden. Dazu gehört die korrekte Konstruktion der ETL-Prozesse sowie die Eignung von BIA zur Deckung des Informationsbedarfs.[650]

Relevanz und Nutzen des Konzepts

Zur Relevanz des Konzepts haben sich die Experten in den Gesprächen durchgehend positiv geäußert. Im Unternehmen, das im Rahmen der Case Study untersucht wurde, hat der Verantwortliche in der Folge ein entsprechendes Projekt initiiert, um zukünftig mit Big-Data-Technologien die Produktionsdaten zu analysieren.

[646] Experte A und Experte E.
[647] Experte A.
[648] Experte B, Experte C und Experte D.
[649] Experte D.
[650] Vgl. Lachenmaier et al. (2015), p. 994; Lachenmaier u.a. (2015), S. 6 und S. 8.

Der Hauptnutzen besteht nach Aussage der Experten in der gewonnenen Transparenz hinsichtlich der Zusammenhänge zwischen Produktentwicklung und Produktion, die seither in dieser Form nicht gegeben war. Nutzen kann im Rahmen der Anwendung des BIA-Konzepts entstehen durch Fehlervermeidung, durch geeignete Auslastung der Ressourcen, durch Deckung des Informationsbedarfs mit geringem Aufwand und durch Verbesserung der CPPS-Komponenten.

- Nutzen durch Fehlervermeidung: Die Experten gehen davon aus, dass mit dem Konzept Fehler in der Zuordnung von Produktionsschritten zu Ressourcen vermieden werden können. Dazu tragen die technischen Restriktionen und die weiteren Regeln bei, über die eine passende Zuordnung sichergestellt wird. Letztlich kann dies den Ausschuss reduzieren.
- Nutzen durch geeignete Auslastung der Ressourcen: Die Verantwortlichen im Unternehmen sind sicher, dass derartige Analysen sinnvoll und erforderlich sind, um die Effizienz und Effektivität der Produktionssysteme weiter zu steigern.[651] So können mithilfe des Konzepts Engpässe erkannt oder obsolete Ressourcen identifiziert werden.
  In Kombination mit präventiver Wartung kann ebenfalls die Auslastung der Ressourcen verbessert werden.[652]
- Nutzen durch Deckung des Informationsbedarfs mit geringem Aufwand: Nutzen entsteht, wenn mithilfe des Konzepts der Informationsbedarf der Aufgabenträger gedeckt werden kann.[653] Aktuell ist es sehr aufwendig, den Informationsbedarf der Aufgabenträger zu decken, da die erforderlichen Daten manuell extrahiert, zusammengeführt und analysiert werden müssen.[654] Der Nutzen des Konzepts liegt also in der Verringerung des Aufwands, indem durch automatische Routinen die Daten extrahiert, transformiert und integriert werden. Besonders zugesagt hat den Experten die Vielfalt der multidimensionalen Analysemöglichkeiten, die auf Basis der integrierten Datenhaltung und darauf aufsetzenden Analyseverfahren im BIA-Kontext möglich wird.[655]
  Ein messbarer Nutzen des Konzepts für die Prozessplanung entsteht durch die

[651] Experte A und Experte B.
[652] Experte B.
[653] Vgl. Corsten und Gössinger (2008), S. 564. Dieser Nutzen ist jedoch nicht immer quantifizierbar.
[654] Experte A.
[655] Alle Experten.

Bereitstellung der Produktmerkmale inklusive der Paramater.[656] In den befragten Unternehmen werden seither die Features aus Digitalen Produktmodellen manuell extrahiert. Häufig verfügen die Prozessplaner dabei nur über einen CAD-Viewer, der nicht alle Parameter zu den Features ausgibt. Die Anwendung des Konzepts lässt hier eine deutliche Zeitersparnis erwarten, indem Features automatisiert extrahiert werden.

- Nutzen durch Verbesserung der CPPS-Komponenten: Insbesondere aus Sicht der Hersteller von CPPS-Komponenten ist es erforderlich, Daten über die Nutzung der Maschinen zu gewinnen. Mit diesen Daten kann voraussichtlich deren Zuverlässigkeit erhöht werden.[657] An dieser Stelle geht die Relevanz des Konzepts über die Prozess- und Produktionsplanung hinaus, da die Verbesserung von CPPS-Komponenten Aufgabe der Produktentwicklung ist. Zudem betrifft die prädiktive Wartung, die auf den Auswertungen des BIA-Konzepts basieren könnte, auch den Bereich After Sales.

Über die Annahme eines Beitrags zur Prozess- und Produktionsplanung im Kontext cyber-physischer Produktionssysteme und der entsprechenden IT-Unterstützung auf der Internationalen Tagung Wirtschaftsinformatik wird die Relevanz des Themas für die Forschung bestätigt.[658]

<u>Originalität der Lösung</u>

Keinem der Experten war ein vergleichbares Konzept bekannt. Sie haben diese Lösung durchgehend als innovativ eingeschätzt. Auch die Annahme eines Beitrags, in dem das Konzept vorgestellt wird, auf der Tagung für Wirtschaftsinformatik spricht für die Originalität.

<u>Abstrahierbarkeit des Konzepts</u>

Das Konzept wurde vornehmlich passgenau zur Case Study entworfen. Die Experten sind der Meinung, dass das Konzept in ihren jeweiligen Unternehmen anwendbar wäre.

---

[656] Experte A und Experte C.
[657] Experte B.
[658] Vgl. Lachenmaier u.a. (2015).

Die Experten halten auch eine Übertragung des Konzepts auf andere Automobil- und Maschinenbauunternehmen für möglich und auch für sinnvoll.[659] Eine Übertragung des Konzepts auf die Montage ist ebenfalls möglich.[660] Letztlich bestätigen sie, dass es ebenfalls auf andere Industrieunternehmen mit diskreter Produktion übertragbar wäre.

Zusätzlich können die Daten auch zur Qualitätsverbesserung der CPPS-Komponenten im Rahmen der Weiterentwicklung durch den Hersteller verwendet werden.[661] Die Anwendbarkeit des Konzepts erstreckt sich folglich auf die Produktentwicklung beim Hersteller.

Konsequenzen aus der Evaluation

Es kann festgestellt werden, dass das entwickelte BIA-Konzept nach Meinung der Experten zur Entscheidungsunterstützung geeignet, umsetzbar und relevant ist. Dies gilt nicht nur im betrachteten Case, für den das Konzept vornehmlich entwickelt wurde, sondern – nach Einschätzung der befragten Experten – auch in anderen Industrieunternehmen. Folglich können Unternehmen, die CPPS bereits verwenden oder einsetzen wollen, und Unternehmen, die CPPS-Komponenten herstellen und diese verbessern möchten, vom entwickelten BIA-Konzept profitieren (siehe Tabelle 16).

Artefakt	Evaluationsmethode	Evaluationskriterien
Aufgabenkatalog der Prozess- und Produktionsplanung im Kontext von CPPS	- Experteninterviews (inkl. Case Study) - WI-Konferenzbeitrag	✓ Vollständigkeit ✓ Plausibilität ✓ Abstrahierbarkeit ✓ Originalität
Informationsbedarfskatalog mit dem relevanten Informationsbedarf (Informationsart und -güte)	- Experteninterviews (inkl. Case Study) - WI-Konferenzbeitrag	✓ Vollständigkeit ✓ Plausibilität ✓ Abstrahierbarkeit
Konzept zur Entscheidungsunterstützung in der PPP, bestehend aus: - BIA-Architektur - ETL-Prozessen - Datenmodellen (DWH/Data Mart)	- ET-Prozesse über HICSS-Konferenzbeitrag - Konzept über Prototyp und beispielhafte Analysen - Konzept über Experteninterviews (inkl. Case Study)	✓ Relevanz / Nutzen ✓ Abstrahierbarkeit ✓ Originalität

Tabelle 16: Ergebnisse der Evaluation der Artefakte

[659] Experte A, Experte C, Experte D und Experte E.
[660] Experte A.
[661] Experte B.

Bezogen auf die wissenschaftlichen Gütekriterien Objektivität, Reliabilität und Validität kann das BIA-Konzept wie folgt eingeschätzt werden:

- Objektivität: Objektivität bedeutet, dass sämtliche Aspekte der Forschung objektiv nachvollzogen und beurteilt werden können. Das Konzept wurde vom Autor entwickelt und unterliegt daher einer unvermeidlichen Subjektivität. Allerdings ist der Forschungsprozess in der vorliegenden Arbeit dokumentiert und sollte somit faktenbasiert objektiviert sein. Auch die Evaluation durch Fachexperten aus der Praxis steigert die Objektivität.
- Reliabilität: Reliabilität bezeichnet in der gestaltungsorientierten Forschung die Tatsache, dass die Artefakte entsprechend der Anforderungen entwickelt wurden.[662] Im Rahmen der Verifikation wurde das Konzept mit den Anforderungen und Informationsbedarfen abgeglichen.
- Validität: In gestaltungsorientierten Wissenschaften wird unter Validität verstanden, dass das Konzept realisierbar und in realen Kontexten einsatzfähig sein muss.[663] Die Validität des entwickelten Konzepts ist hier über dessen funktionsfähige, prototypische Umsetzung nachgewiesen. Auch gehen die evaluierenden Experten von einer Übertragbarkeit des Konzepts aus, was die Validität weiter erhöht.[664]

[662] Vgl. Gregor and Hevner (2013), p. A5.
[663] Hierbei ist eine pragmatische Validität gemeint. Vgl. Gregor and Hevner (2013), p. 35; Prat et al. (2014), p. 7; van Aken (2013), p. 4.
[664] Vgl. Gregor and Hevner (2013), p. 341.

6. Limitationen, Forschungsbedarf und Implikationen

Im abschließenden Kapitel wird die vorliegende Arbeit reflektiert. Dabei wird ein Fazit gezogen und anschließend werden die Limitationen der Ergebnisse untersucht (siehe Abbildung 91). Ein Ausblick auf mögliche anschließende Forschungsfelder sowie Gestaltungsbereiche für Industrieunternehmen bilden den Schluss der Arbeit.

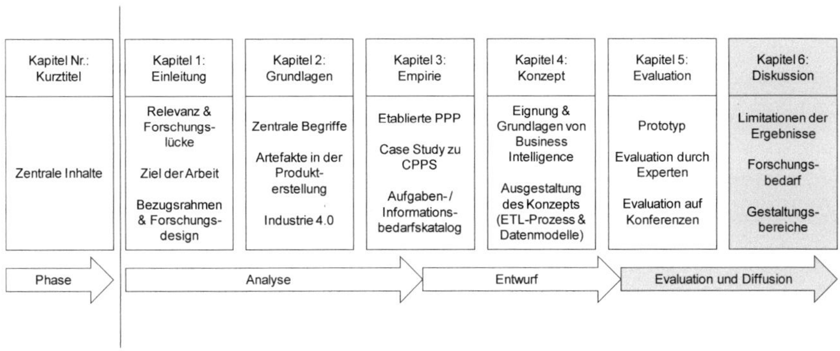

Abbildung 91: Einordnung von Kapitel 6 in den Gang der Arbeit[665]

Fazit

Die Entwicklung zu Industrie 4.0 ist ein langwieriger Prozess, der diverse Herausforderungen beinhaltet, die es zu bewältigen gilt. RAMI4.0 gibt einen ersten Einblick in die Komplexität, die sich bereits in jeder Ebene auf allen Achsen der RAMI4.0 wiederfindet, aber durch die integrierte Betrachtung und Berücksichtigung mehrerer Aspekte noch vervielfacht.

In einem derartig komplexen und dynamischen Umfeld ist es Aufgabe der Forschung, klar abgegrenzte und innovative Beiträge zu leisten, die den aktuellen Wissensstand um ein Stück erweitern.[666] So wird auch in dieser Arbeit mit dem vorgestellten Konzept zur Entscheidungsunterstützung ein Mosaikstein zur Diskussion um Industrie 4.0 beigetragen. Dieser Mosaikstein muss in den Kontext anderer Arbeiten eingebettet werden und er unterliegt auch Grenzen in seiner Anwendbarkeit. Diese Limitationen werden im Folgenden dargelegt.

[665] Eigene Darstellung.
[666] Dies wird im Aphorismus „Zwerge auf den Schultern von Riesen“ zum Ausdruck gebracht. Vgl. Merton (2017), S. 14-22.

6.1 Diskussion des entwickelten Konzepts und Limitationen der Ergebnisse

CPPS, CPPS-Komponenten und auch Industrie 4.0 befinden sich aktuell noch in der Entwicklung und es kann daher kein endgültiges Bild gezeichnet werden, wie diese sich in den nächsten Jahren weiterentwickeln werden. Eine Vollständigkeit der Untersuchung aller möglichen Facetten kann nicht gewährleistet werden, da es sich um eine erste Exploration cyber-physischer Produktionssysteme handelt. Die Inhaltsvalidität der Erkenntnisse bleibt daher begrenzt. Alle Erkenntnisse beziehen sich auf die festgestellten Eigenschaften der CPPS in den betrachteten Unternehmen, in denen CPPS aktuell zusätzlich zu etablierten Produktionslinien eingesetzt werden.

Da BIA stets unternehmensindividuell ausgeprägt ist[667], kann das hier entwickelte generalisierte Konzept nicht unmittelbar in einen konkreten Unternehmenskontext übernommen werden, sondern muss angepasst werden. Dabei müssen auch Aspekte der Wirtschaftlichkeit und der unternehmensspezifischen Einbettung in deren BIA-Strategie und -Infrastrukturen berücksichtigt werden.[668] So gibt es beispielsweise in manchen Unternehmen zentral verwaltete Gesamtdatenmodelle, die bei der Umsetzung des hier vorgestellten Konzepts berücksichtigt werden sollten. Da es sich zum Großteil um subjektiven Informationsbedarf handelt, der vom individuellen Aufgabenträger und der Aufgabe abhängig ist und der sich im Laufe der Zeit verändern kann, ist eine regelmäßige Überprüfung des Informationsbedarfs erforderlich.[669] Über agile BIA-Konzepte könnten eventuelle Änderungen des Informationsbedarfs berücksichtigt werden.[670] Ebenso müssen je nach Strategie des Unternehmens bzw. der strategischen Geschäftseinheit der Informationsbedarf und das Konzept angepasst werden.[671] Vor dem Hintergrund des betrachteten Case und den befragten Experten beruht das Konzept tendenziell auf einer Qualitätsführerschaftsstrategie.[672]

Die Abstrahierbarkeit des BIA-Konzepts zur Entscheidungsunterstützung in der PPP wurde von den befragten Experten in der Evaluation bestätigt, jedoch sind dieser Gren-

[667] Vgl. Kemper u.a. (2010), S. 9.
[668] Vgl. Gansor und Totok (2015), S. 93; Gluchowski u.a. (2008), S. 351-354; Mertens und Wieczorrek (2000), S. 31; Winter (2000), S. 130-135.
[669] Vgl. Koch (2014), S. 213-217; Prakash and Prakash (2018), p. 38.
[670] Vgl. Bleiholder u.a. (2016), S. 45; Zimmer (2015), S. 145.
[671] Vgl. Koch (2014), S. 46.
[672] Zu den verschiedenen Strategien in der Produktion vgl. Zäpfel (2000a), S. 79-94; Zäpfel (2000b), S. 7-18.

zen gesetzt. Das Konzept ist vorrangig für die diskrete Fertigung entwickelt, insbesondere für den Maschinen- und Anlagenbau, die Automobilindustrie und deren Zulieferer. Eine Untersuchung der Übertragung auf die Prozessfertigung leistet die vorliegende Arbeit nicht.

Für die Auswertbarkeit von Features ist die Beachtung und Einhaltung von Vorgaben im Rahmen der Konstruktion erforderlich. So müssen beispielsweise Features und deren Parameter einer bestimmten Namenskonvention folgen. Ist dies nicht der Fall, wird die Auswertung erschwert. Entsprechen bestehende Produktmodelle in Industrieunternehmen nicht den Vorgaben, kann es aufwendig sein, diese nachträglich in auswertbare Modelle umzuwandeln, wie sie im Konzept vorgesehen sind.

Die Produkterstellung smarter Produkte ist arbeitsteilig, deshalb sollten die beteiligten Unternehmen eng zusammenarbeiten.[673] Im Falle einer Produktions- und Prozessplanung, die mehrere Unternehmen im Sinne einer Lieferkette berücksichtigt, müssten zunächst entsprechende Daten von allen Unternehmen vorliegen, dann könnten in der Folge auch unternehmensübergreifende Aufgaben – wie die Verteilung von Arbeitsschritten auf Lieferanten – unterstützt werden. Grundsätzlich ist eine Übertragung des Kerns dieses Entscheidungsunterstützungskonzepts auf eine Supply Chain denkbar, auch wenn dafür Anpassungen erforderlich sind.

In Bezug auf RAMI4.0 ist festzuhalten, dass die strukturierten Aufgaben der Produktions- und Prozessplanung, die von den cyber-physischen Produktionssystemen ad hoc durchgeführt werden, im Functional Layer eingeordnet werden können. Die Ergebnisse der Arbeit leisten hingegen einen Beitrag zum Business Layer, das sich mit der Frage der Produktionsplanung beschäftigt, und zum Information Layer, das Datenmodelle im Kontext von Industrie 4.0 beinhaltet.[674] Die Limitation besteht darin, dass aus den Ergebnissen dieser Arbeit alleine kein CPPS entstehen kann, sondern das Zusammenwirken mit anderen Aspekten aus RAMI4.0 zwingend erforderlich ist.

6.2 Weiterer Forschungsbedarf

Forschungsergebnisse sind zu veröffentlichen und anderen zugänglich zu machen, damit zukünftige Forschungsaktivitäten daran anknüpfen können.[675] Im Folgenden

[673] Vgl. Lachenmaier u.a. (2018), S. 26-27.
[674] Vgl. Adolphs u.a. (2016a) S. 20-21.
[675] Vgl. Hevner and Chatterjee (2010), p. 18; Vaishnavi and Kuechler (2015), p. 10.

werden drei konkrete Forschungskontexte angeführt, in denen im Anschluss an die vorliegende Arbeit Forschungsarbeiten möglich sind und die in einem engen Zusammenhang mit der vorliegenden Arbeit stehen. Diese sind: Forschungsbedarfe aufgrund von Veränderungen durch neue Standards und Technologien im Umfeld von Industrie 4.0, aufgrund von Veränderungen in der Produktentwicklung sowie aufgrund von Veränderungen im Bereich Business Intelligence & Analytics.

- Veränderungen durch neue Standards und Technologien im Umfeld von Industrie 4.0: Zukünftige Forschung sollte die Weiterentwicklung von Industrie 4.0[676] berücksichtigen und darauf basierend auf veränderte Anforderungen reagieren. Insbesondere die zukünftigen Bemühungen der Plattform Industrie 4.0 um Normierung von Industrie 4.0-Komponenten und deren Kommunikation untereinander steht in direktem Zusammenhang mit der vorliegenden Arbeit. Die internationalen Entwicklungen im Bereich Internet of Things und die Entwicklung von Plattformen für CPPS sind relevante Aspekte dieser Kommunikation, die einen Einfluss auf die Prozess- und Produktionsplanung haben können.[677]
  Auch weitere technische Innovationen können im Zusammenhang mit einer zukünftigen Prozess- und Produktionsplanung stehen. So sind die Auswirkungen von Additive Manufacturing auf die Produkterstellung noch nicht abschließend erforscht. Diese disruptive Technologie hat das Potenzial, die Produktion nachhaltig zu verändern.[678] Es wurde bereits festgestellt, dass die etablierten Anwendungssysteme der Produkterstellung auch an die Anforderungen, die sich aus dem Additive Manufacturing ergeben, angepasst werden müssen.[679]
  Auch nimmt die Bedeutung von Sensorik und Sensorwerten in der Diskussion um Industrie 4.0 zu. Diese könnten zukünftig den Informationsbedarf der Prozess- und Produktionsplaner ergänzen. Eine Anreicherung des Konzepts aus dieser Arbeit um Fakten wie Temperatur, Druck usw. wäre problemlos umsetzbar. Dabei ist jedoch zu beachten, dass durch eine ständige Erfassung von Sensorwerten die Datenmengen ansteigen und in der Folge Big-Data-Lösungen erforderlich werden könnten.

[676] Vgl. Adolph u.a. (2018), S. 24-121.
[677] Vgl. Vermesan et al. (2014), pp. 60-62.
[678] Vgl. Petrick and Simpson (2013), p. 15.
[679] Vgl. Morar et al. (2017), p. 1270; Thiesse et al. (2015), pp. 142-143.

- Veränderungen in der Produktentwicklung: Die in der vorliegenden Arbeit thematisierte steigende Produktvielfalt stellt auch für die Produktentwicklung eine Herausforderung dar.[680] Analysen von Produktdaten und Produktmerkmalen unter Einbezug historischer Daten können auch in der Produktentwicklung unterstützend angewendet werden.[681]

  In der Produktentwicklung dienen bislang Standardisierung bzw. Modularisierung, IT-Unterstützung und Wissensmanagement als Lösungsansätze zur Beherrschung der Produktvielfalt, die auf Basis gewonnener Daten und einer integrierten Datenbasis in zukünftigen Arbeiten hinterfragt bzw. angepasst werden könnten.[682] Konkret können Unternehmen mit den durch Anwendung des Konzepts aus dieser Arbeit gewonnen Erkenntnissen über Features und deren Realisierung in der Produktion Regeln zur wissensbasierten Konstruktion herleiten und in der Produktentwicklung einsetzen. Zum Beispiel können Features bzw. Feature-Kombinationen, die in der Produktion häufig Probleme verursachen, aus der verfügbaren Feature-Bibliothek entfernt oder konstruktiv verändert werden.[683]

  Ergänzend kann das bestehende Konzept Target Costing[684] in der Produktentwicklung unterstützen, indem mithilfe der historischen Daten die Produktionskosten für Features und Feature-Kombinationen ermittelt werden.

  Immaterielle Produktbestandteile wie Software oder Dienstleistungen werden in industriellen Produkten zunehmend relevant. Im Zusammenhang mit diesen immateriellen Bestandteilen ergeben sich neue Forschungsfelder. Diese Produktbestandteile können beispielsweise in weiteren Forschungsarbeiten mit bestehenden BIA-Ansätzen kombiniert werden, sodass ein Produkt vollständig erfasst und dessen Entwicklung unterstützt werden kann.
- Veränderungen in Business Intelligence & Analytics: Im Bereich von Business Intelligence & Analytics ist derzeit eine Weiterentwicklung der Analyseverfahren festzustellen. Die sich daraus ergebenden Potenziale können auch im Kontext cyber-physischer Produktionssysteme einen Mehrwert bringen. Die im Konzept

---

680 Vgl. Bischoff u.a. (Hrsg., 2015), S. 49 und S. 59.

681 Vgl. Beyer und Herzberg (2015), S. 28-29; Wang et al. (2007), p. 616.

682 Zu den bestehenden Ansätzen vgl. Boutellier u.a. (1997), S. 57-58; Ehrlenspiel und Meerkamm (2017), S. 722-725; Schuh (1989), S. 3 ff.; VDI 5610-2 (2017), S. 25.

683 Zur profitablen Verwendung von Fertigungsdaten in der Produktentwicklung vgl. Prengemann (1994), S. 106-122.

684 Zu Target Costing vgl. Gleich u.a. (2016), S. 393-395; Pedell (2004), S. 656-657.

erarbeitete Datenbasis kann beispielsweise für Machine Learning in der Produktion verwendet werden. Auch Hersteller von CPPS-Komponenten können durch Machine-Learning-Ansätze die Fähigkeiten ihrer Komponenten verbessern, um die Bearbeitungszeiten zu verkürzen, die Produktqualität zu erhöhen oder den Ausschuss zu verringern.[685] Gesucht sind auch Konzepte zur automatischen Anpassung von Datenmodellen oder zur autonomen ad hoc Integration von Daten aus verschiedenen Quellsystemen.[686]

Zusätzlich ist die Analyse von Daten aus der Nutzungsphase ein Thema für die BIA. Die in der Nutzungsphase erzeugten Daten können nämlich beispielsweise in der Produktentwicklung zur Entscheidungsunterstützung herangezogen werden. Dazu bedarf es aber durchgängiger Konzepte, die eine Nachverfolgung und Analyse über den gesamten Produktlebenszyklus ermöglichen.[687] Die Feature-Technologie könnte hier unter Umständen im Zusammenhang mit dem sogenannten „digitalen Zwilling“[688] eine geeignete Basis liefern, wenn Features über den Produktlebenszyklus verfolgbar bleiben.

Abschließend ist festzuhalten, dass Industrie 4.0 und die Nutzung cyber-physischer Systeme Fragen aufwerfen, die Mertens als Grand Challenges der Wirtschaftsinformatik bezeichnet, mit deren Auswirkungen sich die Forschung noch einige Zeit auseinandersetzen wird.[689] Dazu gehören im weitergefassten Kontext unter anderem die Interaktion zwischen Mensch und Maschine sowie die Bestimmung eines erstrebenswerten Automatisierungsgrads in der Produktion mit ausgeglichenem Kosten-Nutzen-Verhältnis.[690] Um diesen weitreichenden Herausforderungen im Rahmen der Forschung adäquat zu begegnen, sind interdisziplinäre Forschungskooperationen zwischen den Ingenieurwissenschaften, der Informatik, der Wirtschaftsinformatik sowie den Wirtschaftswissenschaften empfehlenswert.

Die Konsequenzen und Handlungsfelder für Unternehmen werden im nächsten Kapitel thematisiert.

---

[685] Vgl. Diedrich u.a. (2015), S. 4 und S. 6; Windmann et al. (2016), pp. 45-46.
[686] Vgl. Anderl u.a. (2016a), S. 29.
[687] Vgl. Diab et al. (2017), pp. 9-15.
[688] Zum digitalen Zwilling vgl. Jasti et al. (2017), p. 23; Müller et al. (2017), p. 147; Stark u.a. (2016), S. 182-184.
[689] Vgl. Mertens und Barbian (2015), S. 264-266.
[690] Vgl. Mertens and Barbian (2015), pp. 398-399.

6.3 Gestaltungsbereiche für Industrieunternehmen, Softwareanbieter und Gesellschaft

Abschließend ergeben sich aus der vorliegenden Arbeit drei Gestaltungsbereiche, in denen Unternehmen aktiv werden sollten, um die Potenziale cyber-physischer Produktionssysteme auszuschöpfen: Informationssysteme, Organisation sowie Fort- und Weiterbildungskonzepte.

- Gestaltungsbereich Informationssysteme: Die vorliegende Arbeit hat sich ausführlich mit Informationssystemen in Industrieunternehmen und ihrer Eignung für Produktionsumgebungen mit cyber-physischen Produktionssystemen auseinandergesetzt. Im Verlauf der Arbeit wurde deutlich, dass bestehende Informationssysteme angepasst werden sollten, um den veränderten Rahmenbedingungen und Aufgaben gerecht zu werden.
  Für die Prozess- und Produktionsplanung wurde in der Arbeit ein Konzept zur Entscheidungsunterstützung vorgeschlagen, das geeignet ist, die Informationsbedarfe der Aufgabenträger zu decken. Daraus können Softwareanbieter Tools zur Marktreife entwickeln, sodass sie letztlich in Industrieunternehmen eingesetzt werden können.
  Des Weiteren kommt es zu Veränderungen durch die Verschiebung von traditionellen Arbeitsplänen zu dynamischen Regelkonzepten. Hier müssen Unternehmen geeignete Lösungen finden, um diese abzubilden. Denkbar wäre es, das Digitale Produktmodell um produktbezogene Regeln zu erweitern, sodass die Reihenfolge der Produktionsschritte im Digitalen Produktmodell als digitale Repräsentation auch für die Produktion verwendet werden kann.
- Gestaltungsbereich Organisation: Wie in der Arbeit gezeigt, rücken Produktentwicklung, Produktion, IT sowie Prozess- und Produktionsplanung aufgrund ihrer zunehmenden Abhängigkeiten enger zusammen. Im englischen Sprachraum wird im industriellen Kontext beispielsweise davon gesprochen, IT und Operations Technology zusammenzuführen. Damit ist gemeint, Entwicklung und Betrieb von Software und Hardware in Maschinen im industriellen Einsatz mit Entwicklung und Betrieb von Unternehmenssoftware abzugleichen.[691] Unterneh-

[691] Vgl. Industrial Internet Consortium (Ed., 2017c), p. 8; Rostetter et al. (2016), p. 7; Scharma (2017), p. 361.

men sind aufgefordert, hier organisatorische Lösungen zu entwickeln, die diesen Entwicklungen gerecht werden. Es müssen geeignete Strukturen und Koordinationsmechanismen etabliert werden, die den zunehmenden Herausforderungen trotzen und die Zusammenarbeit innerhalb der Unternehmen sicherstellen.

Als erster Schritt wäre anzudenken, ob Prozess- und Produktionsplanung zu einer integrierten Organisationseinheit zusammengeführt werden können.[692] Durch die Veränderung dieser beiden Bereiche können die Aufgaben dann auf Aufgabenträger verschiedener Hintergründe verteilt werden, um deren Kompetenzen zu nutzen. Als weiterer Schritt wäre der Ausbau von Ansätzen zur integrierten Produkterstellung möglich, um Verantwortung produktbezogen auf Teams mit Beteiligten aus den Bereichen Planung, Produktion, IT und Produktentwicklung zu übertragen.

- Gestaltungsbereich Fort- und Weiterbildung: Für die im Fokus dieser Arbeit stehende Prozess- und Produktionsplanung verändern sich die Aufgaben der beteiligten Aufgabenträger. Wie in der vorliegenden Arbeit dargelegt, werden tendenziell strukturierte Aufgaben durch die zunehmende Automatisierung und Autonomisierung von maschinellen Aufgabenträgern übernommen. Dafür kommen andere, tendenziell unstrukturierte Aufgaben hinzu.[693] Die verbleibenden unstrukturierten Aufgaben in einem cyber-physischen Produktionssystem werden nach wie vor den Menschen als Entscheider erfordern, vor allem um strategische Entscheidungen bezüglich Prioritäten zu treffen, die Auswirkungen auf den Erfolg eines Unternehmens haben können.[694] Gerade diese strategischen Entscheidungen sind für Menschen aufgrund der Komplexität der Realität oft schwierig zu treffen, umso mehr benötigen sie hierfür neben der in dieser Arbeit adressierten adäquaten Informationsbasis eine entsprechende Qualifikation.[695]

[692] Vgl. Bauernhansl (2017), S. 15.

[693] Eine Abfrage der Datenbank des Job Futuromaten der ARD, der Bundesagentur für Arbeit und des Instituts für Arbeitsmarkt- und Berufsforschung bestätigt dies. Hier werden ca. 40 % der Aufgaben im Berufsbild des Produktionsplaners als automatisierbar eingestuft. Vgl. Radio Bremen (Hrsg., 2016), URL siehe Literaturverzeichnis.

[694] Vgl. Horx u.a. (Hrsg., 2016), S. 27; Spath u.a. (2013), S. 58-59.

[695] Vgl. Kagermann u.a. (Hrsg., 2013), S. 20; Müller et al. (2017), pp. 150-152; Strohhecker and Größler (2012), p. 563.

Für die Erreichung der notwendigen Qualifikation von Mitarbeitern ist eine professionalisierte Aus- und Weiterbildung erforderlich. Auf das dynamische Umfeld, in dem sich Unternehmen heute befinden, müssen auch die Bildungseinrichtungen und -maßnahmen reagieren, um Menschen zu befähigen, auch unter veränderten Rahmenbedingungen tätig zu sein.[696] Eine aktuelle, repräsentative Studie mit über 500 beteiligten Unternehmen deutet auch auf einen Bedarf an unternehmensspezifischen Weiterbildungskonzepten hin, da 26 % der Teilnehmer angeben, keine geeigneten Angebote für den Bedarf ihres Unternehmens zu finden.[697] Die berufs- und unternehmensbezogene Weiterbildung in Corporate Universities können ein erster Ansatz sein, um Mitarbeitern bedarfsangemessene Angebote anzubieten.[698]

Letztlich sind Industrie 4.0 und cyber-physische Produktionssysteme nur ein Teilaspekt der digitalen Transformation, die derzeit die Wertschöpfung verändert.[699] Zum Umgang mit den Herausforderungen, die dadurch entstehen, sind nicht nur die Unternehmen gefragt, sondern es müssen gesamtgesellschaftliche Antworten gefunden werden, die einen langfristigen Ausblick auf eine sichere Zukunft ermöglichen.

---

[696] Eine Metaanalyse verschiedener Studien zeigt, dass das Gesamtbeschäftigungsniveau in Deutschland bis 2030 voraussichtlich gleichbleibt. Einzelne Tätigkeiten bestimmter Berufsgruppen könnten jedoch aufgrund der zunehmenden Digitalisierung und Automatisierung wegfallen. Vgl. Bundesministerium für Arbeit und Soziales (Hrsg., 2017), S. 47-54.

[697] Vgl. Bitkom e.V. und Verband der TÜV e.V. (Hrsg., 2018), S. 10 und S. 34.

[698] Vgl. Baets and van der Linden (2003), p. x; Meister (2001), p. 59; Rio (2018), p. 38.

[699] Vgl. Kemper und Morar (2018), S. 54-55; Mertens u.a. (2017b), S. X; Pousttchi (2017), o.S.

Anhang

Liste der durchgeführten Interviews

Interviews in der Vorstudie

Interview-Nr.	Branche	Rolle des Befragten
1	Werkzeughersteller	Wissensingenieur
2	Softwareanbieter	PLM-Bereichsleiter
3	Automatisierungstechnik	Leiter Engineering-IT
4	Beratungshaus Produktentwicklung	Geschäftsführer
5	Softwarehaus für Vertriebslösungen	Sales Manager
6	Automobilzulieferer	Mitarbeiter Vorentwicklung
7	Maschinenbau	Leiter CAD-Methoden
8	Automobilhersteller	Abteilungsleiter CAD-Methoden und Spezialist CAD-Methoden
9	Maschinenbau	Geschäftsführer Innovationsmanagement
10	Automobilhersteller	Reifegradmanager
11	Softwareanbieter	Leiter PLM-Entwicklung
12	Automobilhersteller	Enterprise Architekt Bereich Produktion

Tabelle 17: Interviews in der Vorstudie

Interviews zur etablierten Prozess- und Produktionsplanung

Interview-Nr.	Branche	Rolle des Befragten
1	Automobilzulieferer	Fabrikdatenmanager
2	Automobilzulieferer	Produktionsleiter und Leiter Produktentwicklung
3	Motorenbau	Produktionsleiter
4	Automobilzulieferer	Qualitätsmanager
5	Automobilzulieferer	Leiter Produktentwicklung
6	Maschinenbau	Assistent der Geschäftsführung
7	Automatisierungstechnik	Produktionsplaner (zwei)
8	Maschinenbau	Leiter Engineering IT
9	Maschinenbau	Entwicklungsleiter
10	Maschinenbau	Prokurist/IT-Leiter

Tabelle 18: Interviews zur etablierten Prozess- und Produktionsplanung

Interviews zu cyber-physischen Produktionssystemen

Interview-Nr.	Branche	Rolle des Befragten
1	Motorenfertigung, Automobilbranche	Ehemaliger Produktionsleiter
2	Motorenfertigung, Automobilbranche	Fertigungsleiter und Verantwortlicher für Prozessplanung und Steuerungstechnik
3	Motorenfertigung, Automobilbranche	Leiter Produktentwicklung Motoren
4	Motorenfertigung, Automobilbranche	Verantwortlicher für Prozessplanung und Steuerungstechnik
5	Maschinenbau und Elektronik	Solution-Architekt
6	Maschinenbau	Prozessplaner

Tabelle 19: Interviews zu cyber-physischen Produktionssystemen

Interviews zur Evaluation

Interview-Nr.	Branche	Rolle des Befragten
1	Motorenfertigung, Automobilbranche	Verantwortlicher für Prozessplanung und Steuerungstechnik
2	Maschinenbau	Assistent der Geschäftsführung
3	Maschinenbau	CAD-CAM-Experte und Leiter Engineering-IT
4	Maschinenbau und Elektronik	Geschäftsführer/Gründer
5	Maschinenbau und Elektronik	Solution-Architekt

Tabelle 20: Interviews zur Evaluation

Suchstrings aus der Literaturanalyse zum Stand der Forschung und zur Forschungslücke

Englischsprachiger Suchausdruck:

(data OR information OR intelligence OR decision) AND ("production planning" OR "process planning" OR "capacity planning" OR "work plan" OR "production management") AND ("Industry 4.0" OR "advanced manufacturing" OR "smart factory" OR "smart manufacturing" OR "industrial internet" OR CIM OR "computer integrated manufacturing" OR "manufacturing 2.0" OR CPS OR "cyber physical system" OR "cyber physical production system")

Deutschsprachiger Suchausdruck:

(Daten OR Information OR Informationsbedarf OR Informationsversorgung OR Informationswirtschaft OR Intelligence OR Entscheidung*) AND (Produktionsplanung OR Prozessplanung OR Kapazitätsplanung OR Arbeitsplan OR Arbeitsvorbereitung OR Produktionsmanagement) AND ("Industrie 4.0" OR "cyber-physische Systeme" OR "cyber-physisches Produktionssystem" OR "cyber-physische Produktionssysteme" OR "smart factory" OR CPS OR CIM OR "computer integrated manufacturing").

Interviewleitfaden für die Erhebung der Aufgaben und des Informationsbedarfs

Anmerkung: Da es sich in diesem Fall um eine Exploration des Bereichs handelt, wurden in den Gesprächen in der Regel zahlreiche weitere Aspekte beleuchtet, die sich im Laufe des Interviews ergaben.

Rahmendaten

- In welcher Branche ist Ihr Unternehmen tätig?
- Wie viele Mitarbeiter und welchen Umsatz hatte Ihr Unternehmen im letzten abgeschlossenen Geschäftsjahr? (Anmerkung: Dies wurde in der Regel schon vor dem Interview durch eigene Recherchen auf der Unternehmenswebseite beantwortet.)
- Welche Position haben Sie aktuell im Unternehmen inne?
- Welche Produkte stellt Ihr Unternehmen her?

Ablauf der Prozessplanung (Anmerkung: wird nur gefragt, wenn der Ansprechpartner in diesem Bereich arbeitet.)

- Wie läuft in Ihrem Unternehmen aktuell die Prozessplanung ab? Wie wird aus dem Digitalen Produktmodell ein Arbeitsplan erzeugt?
- Wer ist daran beteiligt?

Aufgaben

- Welche Aufgaben hat Ihr Bereich?
- Welche betrieblichen Aufgaben nehmen Sie persönlich wahr?

Informationsbedarf

- Welche Informationen benötigen Sie zur Erfüllung dieser Aufgaben? (Anmerkung: Gefragt wird hier nach der Informationsart.)
- Wie müssen diese Informationen vorliegen, damit sie Ihnen bei Ihrer Arbeit helfen? (Anmerkung: Gefragt wird hier nach der Informationsgüte.)
    - Wie aktuell müssen die Informationen sein? Echtzeit, tagesaktuell, älter?
    - Genügen Ihnen Schätzwerte oder benötigen Sie genaue Informationen?
    - Wären historische Informationen über ähnliche Fälle bzw. Situationen in der Vergangenheit nützlich?

- Nach welchen Zielgrößen wird Ihr Bereich bewertet? Welche Kennzahlen sind für Sie maßgeblich?

Anforderungen

- Hätten Sie gerne die Möglichkeit, in Datenbeständen selbstständig nach Informationen zu suchen?
- Möchten Sie die Informationen lieber regelmäßig zugesendet bekommen oder bei Bedarf aktiv einholen?

Informationssysteme

- Welche Anwendungssysteme setzen Sie aktuell ein ...
    - zur Produktentwicklung? (z.B. CAD-System)
    - zur Produktionsplanung? (z.B. ERP-System)
    - zur Prozessplanung? (z.B. CAD-CAM-Systeme)
    - zur Managementunterstützung? (z.B. BI- oder DWH-Systeme)
- In welchem Umfang wurden die Anwendungssysteme für Ihr Unternehmen angepasst (Customizing)?
- Wie funktioniert in Ihrem Unternehmen der Datenaustausch zwischen betriebswirtschaftlichen Systemen (z.B. ERP-System) und Engineering-IT (z.B. PDM- oder CAD-System)? Welches ist das führende System? Wie sind die Systeme gegebenenfalls integriert?

Beispiele

- Sind Ihnen beispielhafte Szenarien aus der Vergangenheit bekannt, bei denen in Ihrem Unternehmen mit Datenanalysen Probleme gelöst wurden? Bitte schildern Sie diese.

Sonstiges

- Sie können gerne weitere Aspekte, die Ihnen relevant scheinen, ergänzen.

Diskussionsleitfaden für die Evaluation mit Experten aus der Praxis

Leitfrage für die Evaluation: Ist das entwickelte BIA-Konzept geeignet, um den Informationsbedarf zu decken?

Expertise

- Welche Position haben Sie in Ihrem Unternehmen aktuell inne?
- Wie lange haben Sie diese bereits inne bzw. wie lange arbeiten Sie schon in diesem Bereich, ggf. auch in anderen Unternehmen?

Vollständigkeit

- Ist das Artefakt aus Ihrer Sicht vollständig? Fehlen relevante Daten oder Informationen? Falls ja, welche?
- Gibt es Ihrer Erfahrung nach darüberhinausgehend bislang ungedeckten Informationsbedarf?
- Deckt das Konzept den Bedarf an flexiblen Analysen?

Nutzen und Relevanz

- Ist das Artefakt aus Ihrer Sicht relevant?
- Bringt das BIA-Konzept Ihrer Meinung nach einen Mehrwert bedingt durch den Wegfall von Arbeitsplänen und der dezentralen Produktionssteuerung?
- Finden Sie das Artefakt nützlich (für Sie und die Arbeit Ihrer Kollegen bzw. in Ihrem Unternehmen)?
    - Bringt es Kostenersparnis?
    - Bringt es Zeitersparnis?
    - Trägt es zur Fehlervermeidung bei?
    - Weiterer Nutzen?
- Wie könnten sich Ihrer Ansicht nach Abläufe und Prozesse durch den Einsatz des Konzepts verändern? Müssen sich diese ändern? (z.B. neue Verantwortlichkeiten)

Originalität

- Sind Ihnen bereits andere Systeme o.ä. (z.B. in Ihrem Unternehmen oder von Messen) bekannt, die das Konzept ersetzen bzw. eine Alternative dazu darstellen?

Begründung

- Ist die Änderung der Aufgaben im Kontext CPPS für Sie plausibel?
- Wie verändert sich Ihrer Meinung nach der Informationsbedarf durch Industrie 4.0?

Abstraktion

- Ist das Konzept auf ein Unternehmen beschränkt oder generell in der Branche/Industrie anwendbar? Wo sehen Sie Probleme?
- Wäre das System auch in Ihrem Unternehmen umsetzbar/machbar? Welche Hindernisse sehen Sie?
- Wer wäre (in Ihrem Unternehmen/generell) ein möglicher Adressat für ein BIA-System, das auf dem Konzept basiert? Wer kann damit arbeiten? Für welche Aufgabenträger ist es Ihrer Meinung geeignet (Team der PPP)? Gibt es konkrete Fragestellungen/Probleme, die Sie damit angehen könnten, die bisher nicht berücksichtigt wurden? Gibt es weitere potenzielle Anwender neben den Aufgabenträgern der Prozess- und Produktionsplanung, die aus dem Konzept einen Nutzen erwarten können? Wem würde es Ihrer Meinung nach am meisten nützen und warum?

Sonstiges

- Gerne können Sie beliebige freie Kommentare einbringen.

Literaturverzeichnis

Abbas, B. (2017), Verteilte Multi-Agenten zur Planung und Steuerung von Produktionsumgebungen auf Basis der Gewaltenteilung und Gewaltenverschränkung, Aachen 2017.

Abele, E. (Hrsg.), Bauernhansl, T., Krüger, J., Reinhart, G. und Schuh, G. (2016), WGP-Standpunkt Industrie 4.0, Darmstadt 2016.

Abele, E. und Reinhart, G. (2011), Zukunft der Produktion: Herausforderungen – Forschungsfelder – Chancen, München 2011.

Abramovici, M. (2015), Smart Product, in: Laperrière and Reinhart (Eds., 2014), pp. 1-5.

Abramovici, M., Gebus, P. und Savarino, P. (2018), Engineering smarter Produkte und Services, München 2018.

Adam, D. (2001), Produktions-Management, 9. Aufl., Wiesbaden 2001.

Adamson, C. (2010), Star Schema: The Complete Reference, New York, Chicago, San Francisco et al. 2010.

Adamson, C. and Venerable, M. (1998), Data Warehouse Design Solutions, New York 1998.

Adolph, L., Ammon, E., Bausch, U., Beck, S., Bedenbender, H., Bentkus, A., Billmann, M., Braunmandl, A., Brumby, L., Börkircher, M., Clasen, M., Meer, J. de, Diedrich, C., Dirzus, D., Elmas, F., Epple, U., Focke, G., Fliehe, M., Franchi, N., Friedrich, J., Fritz, J., Gayko, J., Gerhardt, H.-U., Graus, M., Hagedorn, J., Hauck, A., Heidel, R., Hörcher, G., Jeske, T., Jännicke, L., Kirchhoff, B., Klasen, W., Klemm, E., Köpp, T., Kötter, W., Krug, C., Leboucher, Y., Lemke, M., Löwen, U., Lutsch, C., Meister, G., Mehrfeld, J., Metzger, T., Meurer, D., Meyer, O., Middelkamp, S., Mosch, C., Rannenberg, K., Rauchhaupt, L., Rehm, G., Reischle-Schedler, G., Rolle, I., Sagert, S., Schmidt, J., Steiger, G., Stock, P., Tausch, A., Tenhagen, D., Uslar, M., Wei, W. und Wischmann, S. (2018), Deutsche Normungsroadmap Industrie 4.0: Version 3, Berlin und Frankfurt am Main 2018.

Adolph, L., Anlahr, T., Bedenbender, H., Bentkus, A., Brumby, L., Diedrich, C., Dirzus, D., Elmas, F., Epple, U., Friedrich, J., Fritz, J., Gebhardt, H., Geilen, J., Hecker, C., Heidel, R., Hemberger, K., Hiensch, S., Hilgendorf, E., Hörcher, G., Klemm, E., Mehrfeld, J., Metzger, T., Middelkamp, S., Mosch, C., Nickel, P., Pichler, R., Prinz, C., Rauchhaupt, L., Rolle, I., Sasaki, F., Seidel, U., Stein, J., Tieves-Sander, D., Ullrich, C., Weber, I., Wei, W. und Winkel, L. (2015), Deutsche Normungs-Roadmap Industrie 4.0, 2. Aufl., Berlin und Frankfurt am Main 2015.

Adolphs, P., Auer, S., Bedenbender, H., Billmann, M., Coskun, G., Ehlich, M., Epple, U., Hadlich, T., Hankel, M., Heidel, R., Hoffmeister, M., Huhle, H., Jochem, M., Kiele-Dunschle, M., Koschnick, G., Koziolek, H., Pichler, R., Pollmeier, S., Rauscher, B., Schewe, F., Schneider, C., Walter, A., Waser, B., Weber, I., Wollschlaeger, M. und Zinn, M. (2016b), Fortentwicklung des Referenzmodells für die Industrie 4.0-Komponente: Struktur der Verwaltungsschale, Düsseldorf und Frankfurt am Main 2016.

Adolphs, P., Auer, S., Bedenbender, H., Billmann, M., Hankel, M., Heidel, R., Hoffmeister, M., Huhle, H., Jochem, M., Kiele-Dunsche, M., Koschnick, G., Koziolek, H., Linke, L., Pichler, R., Schewe, F., Schneider, K. und Waser, B. (2016c), Struktur der Verwaltungsschale: Fortentwicklung des Referenzmodells für die Industrie 4.0-Komponente, Berlin 2016.

Adolphs, P., Bedenbender, H. Ehlich, M., Epple, U., Hankel, M., Heidel, R., Hoffmeister, M., Huhle, H., Kärcher, B. Koziolek, H., Pichler, R. Pollmeier, S., Schewe, F., Schulz, T., Schweichhart, K., Walter, A., Wasser, B. und Wollschlaeger, M. (2015a), Referenzarchitektur, Standardisierung, Normung, in: BITKOM e.V. u.a. (Hrsg., 2015), S. 40-70.

Adolphs, P., Bedenbender, H., Dirzus, D., Ehlich, M., Epple, U., Hankel, M., Heidel, R. Hoffmeister, M., Huhle, H., Kärcher, B., Koziolek, H., Pichler, R., Pollmeier, S., Schewe, F., Walter, A., Waser, B. und Wollschlaeger, M. (2015b), Referenzarchitektur Industrie 4.0 (RAMI 4.0): Statusbericht, Düsseldorf und Frankfurt am Main 2015.

Adolphs, P., Berlik, S., Dorst, W., Friedrich, J., Gericke, C., Hankel, M., Heidel, R., Hoffmeister, M., Mosch, C., Pichler, R., Rauschecker, U., Schulz, T., Schweichhart, K., Steffens, E.J., Taube, M., Weber, I., Wollschlaeger, M. und Mätzler, S. (2016a), DIN SPEC 91345 – Referenzarchitekturmodell Industrie 4.0 (RAMI4.0), o.O. 2016.

Aken, J.E. van (2013), Design Science: Valid Knowledge for Socio-technical System Design, in: Helfert and Donnellan (Eds., 2013), pp. 1-13.

Aldakhhilallah, K.A. and Ramesh, R. (1999), Computer-Integrated Process Planning and Scheduling (CIPPS) – intelligent support for product design, process planning and control, in: International Journal of Production Research, Vol. 37, 1999, Iss. 3, pp. 481-500.

Alpar, P., Alt, R., Bensberg, F., Grob, H.L., Weimann, P. und Winter, R. (2016), Anwendungsorientierte Wirtschaftsinformatik: Strategische Planung, Entwicklung und Nutzung von Informationssystemen, 8. Aufl., Wiesbaden 2016.

Andelfinger, V.P. und Hänisch, T. (2015), Grundlagen – das Internet der Dinge, in: Andelfinger und Hänisch (Hrsg., 2015), S. 9-76.

Andelfinger, V.P. und Hänisch, T. (Hrsg., 2015), Internet der Dinge: Technik, Trends und Geschäftsmodelle, Wiesbaden 2015.

Andelfinger, V.P. und Hänisch, T. (Hrsg., 2017), Industrie 4.0: Wie cyber-physische Systeme die Arbeitswelt verändern, Wiesbaden 2017.

Anderl, R. (2014), Industrie 4.0 – Advanced Engineering of Smart Products and Smart Production, in: Proceedings of the 19th International Seminar on High Technology, pp. 1-14.

Anderl, R., Anokhin, O. und Arndt, A. (2016), Effiziente Fabrik 4.0 Darmstadt: Industrie 4.0 Implementierung für die mittelständige Industrie, in: Sendler (Hrsg., 2016), S. 121-136.

Anderl, R., Bauer, C., Bauernhansl, T., Diegner, B., Diemer, J., Fay, A., Goericke, D., Grotepass, J., Hilger, C., Jasperneite, J., Kalhoff, J., Kubach, U., Löwen, U., Menges, G., Michels, J.S., Schmidt, F., Stiedl, T., Hompel, M. ten und Zeidler, C. (2016b), Fortschreibung der Anwendungsszenarien der Plattform Industrie 4.0, Berlin 2016.

Anderl, R., Bauer, K., Bauernhansl, T., Berlik, S., Broy, M., Diegner, B., Diemer, J., Fay, A., Gausemeier, J., Goericke, D., Grotepass, J., Hilger, C., Hornung, G., Jasperneite, J., Kalhoff, J., Kubach, U., Lanza, G., Löwen, U., Menges, G., Meyer-Kahlen, J.-P., Michels, J. S., Nebel, W., Reinhart, G., Ripperda, C., Rödig, H., Schmidt, F., Stiedl,

T., Hompel, M. ten und Zeidler, C. (2016a), Forschungsagenda Industrie 4.0: Aktualisierung des Forschungsbedarfs, Berlin 2016.

Anderl, R. und Castro, P. (1990), CAD/CAM: Auf dem Weg zu einer branchenübergreifenden Integration, Berlin und Heidelberg 1990.

Anderl, R., Picard, A., Wang, Y., Fleischer, J., Dosch, S., Klee, B. und Bauer, J. (2015), Leitfaden Industrie 4.0: Orientierungshilfe zur Einführung in den Mittelstand, Frankfurt am Main 2015.

Apel, D., Behme, W., Eberlein, R. und Merighi, C. (2015), Datenqualität erfolgreich steuern: Praxislösungen für Business-Intelligence-Projekte, 3. Aufl., Heidelberg 2015.

Appelfeller, W. und Buchholz, W. (2011), Supplier Relationship Management: Strategie, Organisation und IT des modernen Beschaffungsmanagements, 2. Aufl., Wiesbaden 2011.

Arbeitsgruppe 5 der Plattform Industrie 4.0 und Rogalla, I. (2018), Kompetenzen für die Produktion der Zukunft: Arbeitsgestaltung 4.0 am Beispiel der auftragsgesteuerten Produktion, München 2018.

Archimède, B., Memon, M.A. and Ishak, K. (2017), Combining multi-agent model, SOA and ontologies in a distributed and interoperable architecture to manage multi-site production projects, in: International Journal of Computer Integrated Manufacturing, Vol. 30, 2017, Iss. 8, pp. 856-870.

Ariyachandra, T. and Watson, H.J. (2006), Which Data Warehouse Architecture Is Most Successful?, in: Business Intelligence Journal, Vol. 11, 2006, No.1, pp. 4-6.

Ashton, K. (2009), That 'Internet of Things' Thing – In the real world, things matter more than ideas, auf den Webseiten des RFID Journals, http://www.rfidjournal.com/articles/view?4986, Stand: 22.06.2009.

Association for Information Systems (2017), AIS Electronic Library (AISeL), auf den Webseiten der Association for Information Systems, http://aisel.aisnet.org/, letzter Zugriff am 15.06.2017.

Baars, H. (2018), Die Cloud als Agilitätstreiber für Business Intelligence & Analytics, in: Finger (Hrsg., 2018), S. 37-54.

Baars, H. und Kemper, H.-G. (2016), Business Intelligence für Industrie 4.0: Potenziale – Anwendungen – Architekturen, Troisdorf 2016.

Baars, H. und Kemper, H.-G. (in Druck), Business Intelligence & Analytics: Grundlagen und praktische Anwendungen, 4. Aufl., Wiesbaden in Druck.

Baars, H. und Lasi, H. (2016), Innovative Business-Intelligence-Anwendungen in Logistik und Produktion, in: Gluchowski und Chamoni (Hrsg., 2016), S. 283-302.

Baars, H. und Zimmer, M. (2013), A Classification for Business Intelligence Agility Indicators, in: Proceedings of the 21st European Conference on Information Systems (ECIS), pp. 1-12.

Badr, I. (2011), Agent-Based Dynamic Scheduling for Flexible Manufacturing Systems, Stuttgart 2011.

Baetge, J. (1974), Betriebswirtschaftliche Systemtheorie: Regelungstheoretische Planungs-Überwachungsmodelle für Produktion, Lagerung und Absatz, Opladen 1974.

Baets, W.R.J. and van der Linden, G. (2003), Virtual Corporate Universities: A Matrix of Knowledge and Learning for the New Digital Dawn, New York 2003.

Balzert, H. (2011), Lehrbuch der Softwaretechnik: Entwurf, Implementierung, Installation und Betrieb, 3. Aufl., Heidelberg 2011.

Bange, C. (2006), Werkzeuge für analytische Informationssysteme, in: Chamoni und Gluchowski (Hrsg. 2006), S. 89-110.

Bangemann, T., Bauer, C., Bedenbender, H., Diesner, M., Epple, U., Elmas, F., Friedrich, J., Goldschmidt, T., Göbe, F., Grüner, S., Hankel, M., Heidel, R., Hesselmann, K., Hüttemann, G., Kehl, H., Löwen, U., Pfrommer, J., Schleipen, M., Schlich, B., Usländer, T., Westerkamp, C., Winter, A. und Wollschlaeger, M. (2015), Industrie 4.0 – Technical Assets: Grundlegende Begriffe, Konzepte, Lebenszyklen und Verwaltung, Düsseldorf 2015.

Bartel, J., Böken, A., Buschbacher, F., Falkenberg, G., Feulner, J., Fuchs, G., Gödecke, N., Hemsen, H., Henß, S., Kemperdick, R., Kisker, H., Klenk, S., Klömpges, H., Landrock, H., Lenz, M., Lipp, S., Mahnkopf, D., Markl, V., Mester, A., Paaß, G., Ribbrock, A., Roser, O., Rüping, S., Schinkel, F., Sylla, K.-H., Urban, G., Urbanski, J.,

Jouanne-Diedrich, H.K. von, Voß, A., Weber, M. und Wieser, H. (2014), Big-Data-Technologien: Wissen für Entscheider, Berlin 2014.

Barthelmäs, N. Flad, D., Haußmann, T., Kupke, T., Schneider, S. und Selbach, K. (2017), Industrie 4.0 – eine industrielle Revolution, in: Andelfinger und Hänisch (Hrsg., 2017), S. 33-56.

Basshuysen, R. van (Hrsg., 2017), Ottomotor mit Direkteinspritzung und Direkteinblasung: Ottokraftstoffe – Erdgas – Methan – Wasserstoff, 4. Aufl., Wiesbaden 2017.

Bauer, A. (Hrsg.), Günzel, H. (Hrsg.). Bange, C., Behme, W., Dittmar, C., Düsing, R., Frietsch, H., Frisch, M., Gatziu, S., Görlich, O., Heidensieck, C., Heinze, H., Herden, O., Hinrichs, H., Hümmer, W., Jossen, C., Pohl, C., Priebe, T., Quix, C., Sapia, C., Schinzer, H., Stock, S., Tako, J., Tomsich, P., Totok, A., Unterreitmayer, A., Vaduva, A., Vavouras, A., Völlinger, H., Zeh, T. und Zimmermann, K. (2013), Data Warehouse Systeme: Architektur – Entwicklung – Anwendung, 4. Aufl., Heidelberg 2013.

Bauer, W., Braunreuther, S., Berger, C. Brandt, P., Breiter, S., Dirzus, D., Eickhoff, G., Gloy, Y., Jeske, T., Korge, A., Kurz, C., Lippert, I., Schlund, S., Schwede, C., Schweppe, K., Strölin, T., Urbas, L., Veerkamp-Walz, A., Wischmann, S. und Ziegler, J. (2016), Arbeitswelt Industrie 4.0: Statusreport, Düsseldorf 2016.

Bauer, K., Diemer, J., Ensthaler, J., Hilger, C., Jänicke, L., Jochem, M., Klingenburg, K., Kosch, B. Krammel, M., Legat, C., Schauf, T., Schipp, J., Schlinkert, H.-J., Schweichhart, K. und Schweinoch, M. (2017), Anwendungsszenario trifft Praxis: Auftragsgesteuerte Produktion eines individuellen Fahrradlenkers, München 2017.

Bauernhansl, T. (2017), Die Vierte Industrielle Revolution: Der Weg in ein wertschaffendes Produktionsparadigma, in: Vogel-Heuser u.a. (Hrsg., 2017a), S. 1-32.

Bauernhansl, T., Diegner, B., Diemer, J., Dümmler, M., Eckert, C., Herfs, W., Heyn, H., Hilger, C., Hompel, M. ten, Kalhoff, J., Kubach, U., Liggesmeyer, P., Loewen, U., Nebel, W., Quetschlich, M., Steffens, E.-J., Stiedl, T. und Spaeth, B. (2014), Industrie 4.0: Whitepaper FuE-Themen, o.O. 2014.

Baum, D., Metzner, S., Schiereth, F., Stockreiter, B., Tegeler, F., Wasitscheck, A. and Weresch, S. (2018), Trendbook 2021: The Encyclopedia of the most important trends – From Trends to Innovation, no place given 2018.

Baur, N. und Blasius, J. (Hrsg., 2014), Handbuch Methoden der empirischen Sozialforschung, Wiesbaden 2014.

Bea, F.X. und Schweitzer, M. (Hrsg., 2011), Allgemeine Betriebswirtschaftslehre – Band 2: Führung, 10. Aufl., Konstanz und München 2011.

Becker, F.G. (1993), Explorative Forschung mittels Bezugsrahmen: ein Beitrag zur Methodologie des Entdeckungszusammenhangs, in: Becker und Martin (Hrsg., 1993), S. 111-128.

Becker, F.G. und Martin, A. (Hrsg., 1993), Empirische Personalforschung: Methoden und Beispiele, München und Mering 1993.

Becker, J., Krcmar, H. und Niehaves, B. (Hrsg., 2009), Wissenschaftstheorie und gestaltungsorientierte Wirtschaftsinformatik, Heidelberg 2009.

Bedenbender, H., Bentkus, A., Epple, U., Hadlich, T., Heidel, R., Hillermeier, O., Hoffmeister, M., Huhle, H., Kiele-Dunsche, M., Koziolek, H., Lohmann, S., Mendes, M., Neidig, J., Palm, F., Pollmeier, S., Rauscher, B., Schewe, F., Waser, B., Weber, I. and Wollschlaeger, M. (2017), Industrie 4.0 Plug-and-Produce for Adaptable Factories: Example Use Case Definition, Models, and Implementation, Berlin 2017.

Bedenbender, H., Billmann, M., Epple, U., Hadlich, T., Hankel, M., Heidel, R., Hillermeier, O., Hoffmeister, M., Huhle, H., Jochem, M., Kiele-Dunsche, M., Koschnick, G., Koziolek, H., Linke, L., Lohmann, S., Palm, F., Pichler, R., Pollmeier, S., Rauscher, B., Schewe, F., Schneider, K., Waser, B., Weber, I., Wollschlaeger, M. und Zinn, M. (2016), Welche Kriterien müssen Industrie-4.0-Produkte erfüllen?, Frankfurt am Main 2016.

Bedenbender, H., Billmann, M., Hankel, M., Heidel, R., Hoffmeister, M., Huhle, H., Jochem, M., Kiele-Dunsche, M., Koziolek, H., Mendes, M., Uhl, A., Palm, F., Pollmeier, S., Rauscher, B. und Waser, B. (2018), Welche Kriterien müssen Industrie-4.0-Produkte erfüllen? Leitfaden 2018, Frankfurt am Main 2018.

Behrbom, P. (1985), Flexibilität in der industriellen Produktion: Grundüberlegungen zur Systematisierung und Gestaltung der produktionswirtschaftlichen Flexibilität, Frankfurt am Main, Bern und New York 1985.

Belo, O., Gomes, C., Oliveira, B., Marques, R. and Santos, V. (2015), Automatic Generation of ETL Physical Systems from BPMN Conceptual Models, in: Proceedings of the 5th International Conference on Model and Data Engineering (MEDI 2015), pp. 239-247.

Beyer, M. und Herzberg, S. (2015), Daimler AG erhöht Produktqualität mit Business Intelligence: Industrie 4.0 in der Praxis, in: BI Spektrum, Jg. 2015, 2015, Nr. 2, S. 28-30.

Bibliotheksservice-Zentrum (2017), Südwestdeutscher Bibliotheksverbund Baden-Württemberg, Saarland, Sachsen (SWB), auf den Seiten des Bibliotheksservice-Zentrums, Stand vom 20.12.2017, URL: http://www.bsz-bw.de/index.html.

Bichler, M., Frank, U., Avsion, D., Malaurent, J., Fettke, P., Hovorka, D., Krämer, J., Schnurr, D., Müller, B., Suhl, L. and Tahlheim, B. (2016), Theories in Business and Information Systems Engineering, in: Business Information Systems Engineering, Vol. 58, 2016, Iss. 4, pp. 291-319.

Biethahn, J., Mucksch, H. und Ruf, W. (2004), Ganzheitliches Informationsmanagement – Band 1: Grundlagen, 6. Aufl., München und Wien 2004.

Binner, H.F. (2003), Prozessorientierte Arbeitsvorbereitung, 2. Aufl., München und Wien 2003.

Bischoff, J. (Hrsg.), Taphorn, C., Wolter, D., Braun, N., Fellbaum, M., Goloverov, A., Ludwig, S., Hegmanns, T., Prasse, C., Henke, M., Hompel, M. ten, Döbbeler, F., Fuss, E., Kirsch, C. Mättig, B., Braun, S., Guth, M., Kaspers, M. und Scheffler, D. (2015), Erschließen der Potenziale der Anwendung von ‚Industrie 4.0' im Mittelstand: Studie im Auftrag des Bundesministeriums für Wirtschaft und Energie (BMWi), Mülheim an der Ruhr 2015.

BITKOM e.V., VDMA e.V., ZVEI e.V. (Hrsg., 2015), Umsetzungsstrategie Industrie 4.0: Ergebnisbericht der Plattform Industrie 4.0, o.O. 2015.

Bitkom e.V. und Verband der TÜV e.V. (Hrsg., 2018), Weiterbildung für die digitale Arbeitswelt: Eine repräsentative Untersuchung von Bitkom Research im Auftrag des VdTÜV e. V. und des Bitkom e. V., Berlin 2018.

Bitran, G.R. and Hax, A.C. (1977), On the Design of hierarchical Production Planning Systems, in: Decision Science, Vol. 8, 1977, Iss. 1, pp. 28-55.

Bleiholder, J., Buschek, S. und Flecken, T. (2016), Anforderungsmanagement durch User Stories, in: Trahasch und Zimmer (Hrsg., 2016), S. 45-60.

Blumer, H. (2004), Der methodologische Standort des symbolischen Interaktionismus, in: Strübing und Schnettler (Hrsg., 2004), S. 319-388.

Bodendorf, F. (2006), Daten- und Wissensmanagement, 2. Aufl., Berlin und Heidelberg 2006.

Bögel, G. vom (2007), Technologische Trends bei RFID-Systemen für den Einsatz im Internet der Dinge, in: Bullinger und Hompel (Hrsg., 2007), S. 157-178.

Böhle, F. and Huchler, N. (2017), Cyber-physical Systems and human Action: A Re-Definition of distributed Agency between Humans and Technology, using the Example of explicit and implicit Knowledge, in: Song et al. (Eds., 2017), pp. 115-127.

Bond, A.H. and Gasser, L. (1988), An Analysis of Problems and Research in DAI, in: Bond and Gasser (Eds., 1988), pp. 3-36.

Bond, A.H. and Gasser, L. (Eds., 1988), Readings in Distributed Artificial Intelligence, San Mateo 1988.

Botthof, A. und Hartmann, E.A. (Hrsg., 2015), Zukunft der Arbeit in Industrie 4.0, o.O. 2015.

Boutellier, R., Schuh, G. und Seghezzi, H.D. (1997), Industrielle Produktion und Kundennähe – Ein Widerspruch?, in: Schuh und Wiendahl (Hrsg., 1997), S. 37 -64.

Braß, E. (2009), Konstruieren mit CATIA V5: Methodik der parametrisch-assoziativen Flächenmodellierung, 4. Aufl., München 2009.

Braun, R. and Esswein, W. (2014), Extending BPMN for modeling resource aspects in the domain of machine tools, in: WIT Transactions on Engineering Sciences., Vol. 87, 2014, No. 1, pp. 450-460.

Bray, T., Paoli, J., Sperberg-McQueen, C.M., Maler, E. and Yergeau, F. (Eds., 2013), Extensible Markup Language (XML) 1.0, 6th Ed., no place given 2013.

Brendle, S., Stamm, S., Sibold, J. und Vogel, U. (2016), Industrie 4.0: Deutscher Industrie 4.0 Index 2016, Köngen 2016.

Breslin, M. (2004), Data Warehousing Battle of the Giants – Comparing the Basics of the Kimball and Inmon Models, in: Business Intelligence Journal, Vol. 9, 2004, No. 1, pp. 6-20.

Brocke, J. vom, Simons, A., Niehaves, B., Riemer, K., Plattfaut, R., and Cleven, A. (2009), Reconstructing the Giant – On the Importance of rigour in documenting the literature search process, in: Proceedings of the 17th European Conference on Information Systems (ECIS), pp. 1-12.

Brocke, J. vom, Simons, A., Riemer, K., Niehaves, B., Plattfaut, R. and Cleven, A. (2015), Standing on the Shoulders of Giants – Challenges and Recommendations of Literature Search in Information Systems Research, in: Communications of the Association for Information Systems: Vol. 37, 2015, Iss. 1, pp.205-224.

Brockhoff, K. (1983), Informationsverarbeitung in Entscheidungsprozessen: Skizzen einer Taxonomie, in: Zeitschrift für Betriebswirtschaft, Jg. 53, 1983, Nr. 1, S. 53-62.

Bronner, R., Witte, E. und Wossidlo, P. R. (1972), Betriebswirtschaftliche Experimente zum Informations-Verhalten in Entscheidungsprozessen, in: Witte (Hrsg., 1972), S. 163-204.

Broy, M. (2010), Cyber-physical Systems: Wissenschaftliche Herausforderungen bei der Entwicklung, in: Broy (Hrsg., 2010), S. 17-32.

Broy, M. (Hrsg., 2010), Cyber-physical Systems: Innovation durch Software-intensive eingebettete Systeme, Berlin und Heidelberg 2010.

Buchholz, M. (2012), Theorie der Variantenvielfalt: Ein produktions- und absatzwirtschaftliches Erklärungsmodell, Wiesbaden 2012.

Budde, R., Kuhlenkamp, K., Mathiassen, L. and Züllighoven, H. (Eds., 1984), Approaches to Prototyping: Proceedings of the Working Conference on Prototyping, Berlin and Heidelberg 1984.

Bugow, R. (1996), Die Bereitstellung von Teilebibliotheken im rechnerunterstützten Konstruktionsprozess, Berlin, Wien und Zürich 1996.

Bullinger, H.-J. und Hompel, M. ten (2007), Internet der Dinge – www.internet-der-dinge.de, Berlin, Heidelberg und New York 2007.

Bullinger, H.-J., Spath, D., Warnecke, H.-J. und Westkämper, E. (Hrsg., 2009), Handbuch Unternehmensorganisation: Strategien – Planung – Umsetzung, 3. Aufl., Berlin und Heidelberg 2009.

Bulos, D. (1996), OLAP Database Design – A New Dimension, in: Database Programming and Design, Vol. 9, 1996, Iss. 6, pp. 33-37.

Bulos, D. and Foreman, S. (2006), Getting Started with ADAPT: OLAP Database Design, San Rafael 2006.

Bundesministerium für Arbeit und Soziales (Hrsg., 2017), Weißbuch Arbeiten 4.0: Arbeit weiter denken, Berlin 2017.

Bundesministerium für Bildung und Forschung (Hrsg., 2014), Die neue Hightech-Strategie: Innovationen für Deutschland, Berlin 2014.

Bundesministerium für Bildung und Forschung (Hrsg., 2015), Industrie 4.0: Innovationen für die Produktion von morgen, 2. Aufl., Bonn 2015.

Bundesministerium für Bildung und Forschung (Hrsg., 2017a), Fortschritt durch Forschung und Innovation, Berlin 2017.

Bundesministerium für Bildung und Forschung (Hrsg., 2017b), Industrie 4.0: Innovationen für die Produktion von morgen, Berlin 2017.

Bundesministerium für Bildung und Forschung (Hrsg., 2018), Bundesbericht Forschung und Innovation: Forschungs- und innovationspolitische Ziele und Maßnahmen, o.O. 2018.

Bundesministerium für Wirtschaft und Energie (Ed., 2016), Sino-German Cooperation on Industrie 4.0, Berlin 2016.

Bundesministerium für Wirtschaft und Energie (Hrsg., 2015a), Industrie 4.0 und digitale Wirtschaft: Impulse für Wachstum, Beschäftigung und Innovation, Berlin 2015.

Bundesministerium für Wirtschaft und Energie (Hrsg., 2015b), Memorandum der Plattform Industrie 4.0, Berlin 2015.

Büttner, K.-H. und Brück, U. (2017), Use Case Industrie 4.0-Fertigung im Siemens Elektronikwerk Amberg, in: Vogel-Heuser u.a. (2017d), S. 45-68.

Büttner, R. (2011), Automatisierte Verhandlungen in Multi-Agenten-Systemen: Entwurf eines argumentationsbasierten Mechanismus für nur imperfekt beschreibbare Verhandlungsgegenstände, Wiesbaden 2011.

Byström, K. and Järvelin, K. (1995), Task complexity affects information seeking and use, in: Information Processing and Management, Vol. 31, 1995, Iss. 2, pp. 191-213.

Cantner, U., Krüger, J. und Hanusch, H. (2007), Produktivitäts- und Effizienzanalyse: der nichtparametrische Ansatz, Berlin und Heidelberg 2007.

Chamoni, P. und Gluchowski, P. (Hrsg., 2006), Analytische Informationssysteme: Business Intelligence-Technologien und -Anwendungen, 3. Aufl., Berlin und Heidelberg 2006.

Chapman, P., Clinton, J., Kerber, R., Khabaza, T., Reinartz, T., Shearer, C. and Wirth, R. (2000), CRISP-DM 1.0: Step-by-step data mining guide, no place given 2000.

Chen, H., Chiang, R.H.L. and Storey, V.C. (2012), Business Intelligence and Analytics: From Big Data to Big Impact, in: MIS Quarterly, Vol. 36, 2012, Iss. 4, pp. 1165-1188.

Chen, P.P.-S. (1976), The entity-relationship model – toward a unified view of data, in: ACM Transactions on Database Systems, Vol. 1, 1976, Iss. 1, pp. 9-36.

Chen, S. and Weiss, G. (2019), Automated Negotiation: An Efficient Approach to Interaction Among Agents, in: Hao and Leung (Eds., 2019), pp. 149-177.

Codd, E.F., Codd, S.B. and Salley, C.T. (1993), Beyond Decision Support, in: Computer World – The Newsletter for Information Technology Leaders, Vol. 27, 1993, Iss. 30, pp. 87-89.

Colquhoun, G. J. and Baines, R. W. (1991), A generic IDEF0 model of process planning, in: International Journal of Production Research, Vol. 29, 1991, Iss. 11, pp. 2239-2257.

Conrad, K.-J. (2013), Grundlagen der Konstruktionslehre: Methoden und Beispiele für den Maschinenbau und die Gerontik, 6. Aufl., München 2013.

Cooper, R.G. (2000), Winning with new Products – Doing it right, in: Ivey Business Journal, Vol. 64, 2000, Iss. 6, pp. 53-60.

Corney, J., Hayes, C., Sundararajan, V. and Wright, P. (2005), The CAD/CAM Interface – A 25-Year Retrospective, in: Journal of Computing and Information Science in Engineering, Vol. 5, 2005, Iss. 3, pp. 188-197.

Corr, L. and Stagnitto, J. (2012), Agile Data Warehouse Design: Collaborative Dimensional Modeling from Whiteboard to Star Schema, 2nd Ed., Leeds 2012.

Corsten, H. und Gössinger, R. (2008), Nutzenarten, in: Corsten und Gössinger (Hrsg., 2008), S. 564-565.

Corsten, H. und Gössinger, R. (2016), Produktionswirtschaft: Einführung in das industrielle Produktionsmanagement, 14. Aufl., Berlin und Boston 2016.

Corsten, H. und Gössinger, R. (Hrsg., 2008), Lexikon der Betriebswirtschaftslehre, 5. Aufl., München und Wien 2008.

Czichos, H. und Hennecke, M. (Hrsg., 2012), Hütte: Das Ingenieurwesen, 34. Aufl., Berlin und Heidelberg 2012.

Daimer, S., Berghäuser, H., Braun, A., Korte, S., Kripp, K., Kulicke, M., Meyer, N. und Rijkers-Defrasne, S. (2014), Begleitende Evaluierung der Fördermaßnahme Validierung des Innovationspotenzials wissenschaftlicher Forschung – VIP: Executive Summary, Karlsruhe und Düsseldorf 2014.

Dangelmaier, W. (2001), Fertigungsplanung: Planung von Aufbau und Ablauf der Fertigung – Grundlagen, Algorithmen und Beispiele, 2. Aufl., Berlin und Heidelberg 2001.

Dangelmaier, W. (1995), Fertigungssteuerung, in: Warnecke (Hrsg., 1995), S. 299-378.

Dangelmaier, W. (2003), Produktion und Information: System und Modell, Berlin und Heidelberg 2003.

Davis, S. (1996), Future Perfect, 2nd Ed., Reading 1996.

Denkena, B., Dittrich, M.-A., Uhlich, F., Maibaum, L. und Mörke, T. (2017), Das gentelligente Werkstück, in: Reinhart (Hrsg., 2017), S. 295-321.

Denzin, N.K. (2017), The Research Act: A Theoretical Introduction to Sociological Methods, Milton Park and New York 2017.

Deuse, J., Weisner, K., Hengstebeck, A. und Busch, F. (2015), Gestaltung von Produktionssystemen im Kontext von Industrie 4.0, in: Botthoff und Hartmann (Hrsg., 2015), S. 99-110.

Diab, W. W., Harper, K.E., Lin, S.-W. and Sobel, W. (2017), Industrial Analytics: The Engine Driving the IIoT Revolution – An Industrial Internet Consortium Technical White Paper, no place given 2017.

Diedrich, A., Bunte, A., Maier, A. und Niggemann, O. (2015), Kognitive Architektur zum Konzeptlernen in technischen Systemen, in: Proceedings of the 1st Conference on Machine Learning for Cyber Physical Systems and Industry 4.0 (ML4CPS) 2015, S. 1-11.

Diegner, B., Diemer, J., Dümmler, M., Erker, S., Herfs, W., Hilger, C., Jänicke, L., Jasperneite, J., Kalhoff, J., Kubach, U., Löwen, U., Mattis, G., Menges, G., Mildner, F., Quetschlich, M. Steffens, E.J. und Stiedl, T. (2015), Forschung und Innovation, in: BITKOM e.V. u.a. (Hrsg., 2015), S. 18-39.

DIN 66025-1 (1983), Programmaufbau für numerisch gesteuerte Arbeitsmaschinen, Berlin 1983.

DIN 8580 (2003), Fertigungsverfahren: Begriffe – Einteilung, Berlin 2003.

DIN EN 62890 (2017). Life-cycle-Management von Systemen und Produkten der Mess-, Steuer- und Regelungstechnik der Industrie, Berlin 2017.

DIN EN 62264-1 (2014), Integration von Unternehmensführungs- und Leitsystemen – Teil 1: Modelle und Terminologie, Berlin 2014.

DIN IEC 60050-351 (2014), Internationales Elektrotechnisches Wörterbuch – Teil 351: Leittechnik, Berlin 2014.

Dinter, B. und Winter, R. (Hrsg., 2008), Integrierte Informationslogistik, Berlin und Heidelberg 2008.

Dittmar, C. und Felden, C. (2016), Big Data: Einführung, in: Dittmar u.a. (Hrsg., 2016), S. 2-6.

Dittmar, C., Felden, C., Finger, R., Scheuch, R. und Tams, L. (Hrsg., 2016), Big Data: Ein Überblick, Heidelberg 2016.

Döring (2014), Evaluationsforschung, in: Baur und Blasisus (Hrsg., 2014), S. 167-182.

Dorst, W. Glohr, C., Hahn, T., Knafla, F. Loewen, U., Rosen, R. Schiemann, T., Vollmar, F. und Winterhalter, C. (2015), Übergreifende Darstellung von Industrie 4.0, in: BITKOM e.V. u.a. (Hrsg., 2015), S. 8-11.

Dorst, W. und Heyer, T. (2015), Industrie 4.0: Deutschland als Vorreiter der digitalisierten Vernetzung von Produkten und Produktionsprozessen, o.O. 2015.

Dresch, A., Pacheco Lacerda, D. and Valle Antunes, J.A. (2015), Design Science Research: A Method for Science and Technology Advancement, no place given 2015.

Drumm, O., Eckardt, R., Fay, A., Gutermuth, G., Krumsiek, D., Löwen, U., Makait, T., Mersch, T., Schertl, A., Schindler, T., Schleipen, M. und Schröck, S. (2016), Durchgängiges Engineering in Industrie 4.0-Wertschöpfungsketten: Statusreport, o.O. 2016.

Dyckhoff, H. und Spengler, T.S. (2010), Produktionswirtschaft: Eine Einführung, 3. Aufl., Berlin und Heidelberg 2010.

EBSCO Information Service (2017), Business Source Premier Magazines and Journals, auf den Webseiten des EBSCO Information Service, https://www.ebscohost.com/titleLists/buh-journals.htm, letzter Zugriff am 15.06.2017.

Ehrlenspiel, K. und Meerkamm, H. (2017), Integrierte Produktentwicklung: Denkabläufe – Methodeneinsatz – Zusammenarbeit, 6. Aufl., München und Wien 2017.

Eigner, M. und Stelzer, R. (2009), Product Lifecycle Management: Ein Leitfaden für Product Development und Life Cycle Management, 2. Aufl., Berlin und Heidelberg 2009.

Eisenhauer, M., Oppermann, R. und Prinz, W. (2007), Internet der Dinge: Anwendung von RFID- und Tracking-Technologien zur intelligenten kooperativen Assistenz im Arbeitsprozess, in: Bullinger und Hompel (Hrsg., 2007), S. 49-62.

Elsevier (Ed., 2016), Scopus: Content Coverage Guide, no place given 2016.

Engelmann, F. und Großmann, C. (2015), Was wissen wir über Informationen?, in: Hildebrandt u.a. (Hrsg., 2015), S. 3-24.

Europäische Kommission (2010), Europa 2020: Eine Strategie für intelligentes, nachhaltiges und integratives Wachstum, Brüssel 2010.

Europäische Kommission (2011), Horizont 2020: Das Rahmenprogramm für Forschung und Innovation, Brüssel 2011.

European Commission (Ed., 2013), Factories of the Future: Multi-annual roadmap for the contractual PPP under Horizon 2020, Brüssel 2013.

Eversheim, W. (2002), Organisation in der Produktionstechnik: Arbeitsvorbereitung, 4. Aufl., Berlin und Heidelberg 2002.

Eversheim, W. und Schuh, G. (Hrsg., 2005), Integrierte Produkt- und Prozessgestaltung, Berlin und Heidelberg 2005.

Eversheim, W., Klocke, F., Schuh, G., Knoche, K. und Willms, H. (2005b), Einsatzplanung von Fertigungstechnologien, in: Eversheim und Schuh (Hrsg., 2005), S. 170-190.

Eversheim, W., Schuh, G. und Assmuss, D. (2005a), Integrierte Produkt- und Prozessgestaltung, in: Eversheim und Schuh (Hrsg., 2005), S. 5-20.

Farkisch, K. (2011), Data-Warehouse-Systeme kompakt: Aufbau – Architektur – Grundfunktionen, Berlin und Heidelberg 2011.

Fasel, D. und Meier, A. (2016), Was versteht man unter Big Data und NoSQL?, in: Fasel und Meier (Hrsg., 2016), S. 1-16.

Fasel, D. und Meier, A. (Hrsg., 2016), Big Data: Grundlagen, Systeme und Nutzungspotenziale, Wiesbaden 2016.

Feldhusen, J. und Grote, K.-H. (Hrsg., 2013), Pahl/Beitz Konstruktionslehre: Methoden und Anwendung erfolgreicher Produktentwicklung, 8. Aufl., Berlin und Heidelberg 2013.

Fellbaum, K. und Hartlep, R. (1985), Lexikon der Telekommunikation, 2. Aufl., Berlin und Offenbach 1985.

Fensel, D. (2011), Internet of Services: Herausforderung und Potenzial, in: Heuser und Wahlster (Hrsg., 2011), S. 59-65.

Finger, R. (Hrsg., 2018), BI & Analytics in der Cloud: Architektur, Vorgehen und Praxis, Heidelberg 2018.

Finger, R. und Müller, U. (2018), Cloud BI & Analytics: Ein Überblick, in: Finger (Hrsg., 2018), S. 3-18.

Finkenzeller, K. (2015), RFID Handbuch: Grundlagen und praktische Anwendungen von Transpondern, kontaktlosen Chipkarten und NFC, 7. Aufl., München 2015.

Fleisch, E. und Mattern, F. (Hrsg., 2005), Das Internet der Dinge: Ubiquitous Computing und RFID in der Praxis – Visionen – Technologien – Anwendungen – Handlungsanleitungen, Berlin und Heidelberg 2005.

Fleisch, E., Weinberger, M. und Wortmann, F. (2017), Geschäftsmodelle im Internet der Dinge, in: Reinheimer (Hrsg., 2017), S. 1-16.

Flick, U. (2014), Gütekriterien qualitativer Sozialforschung. In: Baur und Blasius (Hrsg., 2014), S. 411-424.

Floyd, C. (1984), A Systematic Look on Prototyping, in: Budde et al. (Eds., 1984), pp. 1-18.

Frank, H. und Riess, M. (2015), Cyber-Physische Produktionssysteme: Produktivitäts- und Flexibilitätssteigerung durch die Vernetzung intelligenter Systeme in der Fabrik, in: Reinhart u.a. (Hrsg., 2015), S. 9-34.

Frank, U. (2000a), Evaluation von Artefakten in der Wirtschaftsinformatik, in: Heinrich und Häntschel (Hrsg., 2000), S. 35-48.

Frank, U. (2000b), Modelle als Evaluationsobjekt: Einführung und Grundlegung, in: Heinrich und Häntschel (Hrsg., 2000), S. 339-352.

Frank, U. (2016), Konstruktionsorientierter Forschungsansatz, In: Gronau u.a. (Hrsg., o.J.), o.S., Stand: 23.11.2016.

Frank, U. (2017), Theories in the Light of Contingency and Change: Possible Future Worlds and Well-Grounded Hope as a Supplement to Truth, in: Proceedings of the 50th Hawaii International Conference on System Sciences (HICSS), pp. 5727-5736.

Freiling, J. (2001), Resource-based View und ökonomische Theorie: Grundlagen und Positionierung des Ressourcenansatzes, Wiesbaden 2001.

Frese, E., Graumann, M. und Theuvsen, L. (2012), Grundlagen der Organisation: Entscheidungsorientiertes Konzept der Organisationsgestaltung, 10. Aufl., Wiesbaden 2012.

Freund, J. und Rücker, B. (2017), Praxishandbuch BPMN: Mit Einführung in CMMN und DMN, 5. Aufl., München 2017.

Frieling, E., Gall, P. und Henniges, D. (1994), Bedarfsgerechte Gestaltung von Informations- und CAD-Datenflüssen in Produktentwicklungsprozeßketten, Düsseldorf 1994.

Fritz, A.H. (2018), Umformen, in Fritz, A.H. (Hrsg., 2018), S. 133-224.

Fritz, A.H. (Hrsg., 2018), Fertigungstechnik, 12. Aufl., Berlin 2018.

Fujita, K. Bai, Q., Ito, T., Zhang, M., Ren, F., Aydogan, R. and Hadfi, R. (Eds, 2017), Modern Approaches to Agent-based Complex Automated Negotiation, Cham 2017.

Gadatsch, A. (2017), Grundkurs Geschäftsprozess-Management: Analyse, Modellierung, Optimierung und Controlling von Prozessen, 8. Aufl., Wiesbaden 2017.

Gahm, C. und Kruse, J. (2011), Konzeption und Umsetzung eines DSS zur robusten Ressourcenbelegungsplanung im Spezialmaschinenbau, in: Proceedings of the 10th International Conference on Wirtschaftsinformatik (WI11), S. 272-281.

Gansor, T. und Totok, A. (2015), Von der Strategie zum Business Intelligence Competency Center (BICC): Konzeption – Betrieb – Praxis, 2. Aufl., Heidelberg 2015

Gausemeier, J. und Plass, C. (2014), Zukunftsorientierte Unternehmensgestaltung: Strategien, Geschäftsprozesse und IT-Systeme für die Produktion von morgen, 2. Aufl., München 2014.

Gausemeier, J., Ebbesmeyer, P. und Grafe, M. (2005), Prototyping und Produktmodellierung, in: Schäppi u.a. (Hrsg., 2005), S. 603-624.

Geisberger, E. (Hrsg.), Broy, M. (Hrsg.), Cengarle, M.V., Keil, P., Niehaus, J., Tiehl, C. und Thönnißen-Fries, H.-J. (2012), Agenda CPS: Integrierte Forschungsagenda Cyber-Physical Systems, Berlin und Heidelberg 2012.

Gerwin, D. (2005), An agenda for research on the flexibility of manufacturing processes, in: International Journal of Operations and Production Management, Vol. 25, 2005, Iss. 12, pp.1171-1182.

Gesellschaft für Mathematik und Datenverarbeitung (Hrsg., 1987), Jahresbericht 1987, Bonn 1987.

Gienke, H. und Kämpf, R. (Hrsg., 2007), Handbuch Produktion: Innovatives Produktionsmanagement – Organisation – Konzepte – Controlling, München 2007.

GI-Fachgruppe Management Support Systems (Hrsg., 2011), Umbenennung der GI-Fachgruppe „Management Support Systems“ (MSS) in „Business Intelligence“: Positionspapier des Leitungsgremiums der GI-Fachgruppe Management Support Systems, o.O. 2011.

Gilchrist, A. (2016), Industry 4.0: The Industrial Internet of Things, New York City 2016.

Glaser, H., Geiger, W. und Rohde, V. (1992), PPS – Produktionsplanung und -steuerung: Grundlagen – Konzepte – Anwendungen, 2. Aufl., Wiesbaden 1992.

Gläser, J. und Laudel, G. (2010), Experteninterviews und qualitative Inhaltsanalyse: als Instrumente rekonstruierender Untersuchungen, 4. Aufl., Wiesbaden 2010.

Gleich, R., Munck, J.C. und Tkotz, A. (2016), Entwicklungscontrolling: Ausgestaltung in einem ganzheitlichen Innovationscontrolling-Ansatz, in: Lindemann (Hrsg., 2016), S. 349-398.

Gluchowski, P. und Chamoni, P. (Hrsg., 2016), Analytische Informationssysteme: Business Intelligence-Technologien und -Anwendungen, 5. Aufl., Berlin und Heidelberg 2016.

Gluchowski, P., Gabriel, R. und Dittmar, C. (2008), Management Support Systeme und Business Intelligence: Computergestützte Informationssysteme für Fach- und Führungskräfte, 2. Aufl., Berlin und Heidelberg 2008.

Goeken, M. (2006), Entwicklung von Data-Warehouse-Systemen: Anforderungsmanagement – Modellierung – Implementierung, Wiesbaden 2006.

Göhner, P. (Hrsg., 2013), Agentensysteme in der Automatisierungstechnik, Berlin und Heidelberg 2013.

Golfarelli, M. and Rizzi, S (2009), Data Warehouse Design: Modern Principles and Methodologies. McGraw-Hill, New York, Chicago et al. 2009.

Grace, B., Bennett, B. and Hu, F. (2014), Cyber-physical Medication Systems and Devices to improve Health Care, in: Hu (Ed., 2014), pp. 293-308.

Gregor, S. and Hevner, A.R. (2013), Positioning and Presenting Design Science Research for maximum Impact, in: MIS Quarterly, Vol. 37, 2013, No. 2, pp. 337-355.

Greschner, J. und Zahn, E. (1992), Strategischer Erfolgsfaktor Information, in: Krallmann u.a. (1992), S. 9-28.

Grieshaber, H. und Raatz, T. (2014), Grundlagen des Dieselmotors, in: Reif (Hrsg., 2014), S. 14-30.

Gröger, C. (2015), Advanced Manufacturing Analytics: Datengetriebene Optimierung von Fertigungsprozessen, Lohmar 2015.

Gronau, N. (1994), Führungsinformationssysteme für das Management der Produktion, München 1994.

Gronau, N. (2014), Enterprise Ressource Planning: Architektur, Funktionen und Management von ERP-Systemen, 3. Aufl., München 2014.

Gronau, N. (2015), Industrie 4.0, in: Gronau u.a. (Hrsg., o.J.), o.S., Stand 23.06.2015.

Gronau, N., Becker, J.; Leimeister, J. M.; Sinz, E. und Suhl, L. (Hrsg., o.J.), Enzyklopädie der Wirtschaftsinformatik: Online-Lexikon, o.O. o.J.

Gronwald, K.-D. (2015), Integrierte Business-Informationssysteme: ERP, SCM, CRM, BI, Big Data Analytics – Prozesssimulation, Rollenspiel, Serious Gaming, Berlin und Heidelberg 2015.

Größler, A., Laugen, B.T., Arkader, R. and Fleury, A. (2013), Differences in outsourcing strategies between firms in emerging and in developed markets, in: International Journal of Operations and Production Management, Vol. 33, 2013, Iss. 3, pp. 296-321.

Grossmann, W. and Rinderle-Ma, S. (2015), Fundamentals of Business Intelligence, Berlin and Heidelberg 2015.

Grundig, C.-G. (2018), Fabrikplanung: Planungssystematik – Methoden – Anwendungen, 6. Aufl., München 2018.

Günther, H.-O. und Tempelmeier, H. (2016), Produktion und Logistik: Supply Chain und Operations Management, 12. Aufl., Norderstedt 2016.

Günther, O., Kubach, U. and Kletti, W. (Eds., 2008), RFID in Manufacturing, Berlin and Heidelberg 2008.

Günther, O., Kubach, U., Kletti, W., Ivantysynova, L. and Ziekow, H. (2008), From Shop Floor to Top Floor, in: Günther et al. (Eds., 2008), pp. 1-24.

Günthner, W.A., Wilke, M., Zäh, M.F. und Rudolf, H. (2006), Planung von Produktionsprozessen und Materialflusssteuerung, in: Lindemann u.a. (Hrsg., 2006), S. 151-162.

Gusig, L.-O. (Hrsg.), Kruse, A. (Hrsg.), Baumann, T., Ehret, C., Gasig, L., Härter, M., Herbst, S., Kalarickal, R., Lück, M., Motzkus, S., Peuschoff, A., Schneider, R.A., Schlott, M. und Thome, N. (2010), Fahrzeugentwicklung im Automobilbau: Aktuelle Werkzeuge für den Praxiseinsatz, München 2010.

Gutenberg, E. (1983), Grundlagen der Betriebswirtschaftslehre, 24. Aufl., Berlin und Heidelberg 1983.

Haasis, S. (1995), Wissens- und featurebasierte Unterstützung der Konstruktion von Stirnradgetrieben unter besonderer Berücksichtigung des Gußgehäuses, Düsseldorf 1995.

Haasis, S., Frank, D., Rommel, B. and Weyrich, M. (2003), Feature-based Integration of Product, Process and Resources, in: Soenen and Olling (Eds., 2003), pp. 93-108.

Haberfellner, R. (1975), Die Unternehmung als dynamisches System: Der Prozesscharakter der Unternehmensaktivitäten, Zürich 1975.

Häder, M. (2015), Empirische Sozialforschung: Eine Einführung, 3. Aufl., Wiesbaden 2015.

Haffar, J. (2015), Have you seen ASUM-DM?, Auf den Webseiten der IBM Corporation, https://developer.ibm.com/predictiveanalytics/2015/10/16/have-you-seen-asum-dm/, Stand: 16.10.2015.

Hahn, D. (1996), Strategische Produktionsplanung, in: Kern u.a. (Hrsg., 1996), S. 1521-1534.

Hahne, M. (2002), Logische Modellierung mehrdimensionaler Datenbanksysteme, Wiesbaden 2002.

Hahne, M. (2014), Modellierung von Business-Intelligence-Systemen: Leitfaden für erfolgreiche Projekte auf Basis flexibler Data-Warehouse-Architekturen, Heidelberg 2014.

Hahne, M. (2016a), Architekturkonzepte und Modellierungsverfahren für BI-Systeme, in: Gluchowksi und Chamoni (Hrsg., 2016), S. 147-186.

Hahne, M. (2016b), Modellierung agiler BI-Systeme, in: Trahasch und Zimmer (Hrsg., 2016), S. 61-82.

Haller, S. (2017), Dienstleistungsmanagement: Grundlagen – Konzepte – Instrumente, 7. Aufl., Wiesbaden 2017.

Han, H., Kamber, M. and Pei, J. (2012), Data Mining: Concept and Techniques, 3rd Ed., Waltham 2012.

Hänel, T. und Felden, C. (2016), Operational Business Intelligence im Zukunftsszenario der Industrie 4.0, in: Gluchowski und Chamoni (Hrsg., 2016), S.259-282.

Hankel, M. (2016), Produktkriterien für Industrie-4.0-Technologien, Frankfurt am Main 2016.

Hansen, R.C. (2002), Overall Equipment Effectiveness: A powerful production/maintenance Tool for increased Profits, New York 2002.

Hao, J. and Leung, H.-F. (Eds., 2019), Interactions in Multiagent Systems, Singapore 2019.

Haußmann, C. and Kemper, H.-G. (2016), A feature-based concept for decision support to cope with product variety, in: Proceedings of the 48th CIRP Conference on Manufacturing Systems (CIRP CMS), pp. 454-459.

Haußmann, C., Lachenmaier, J., Lasi, H. und Kemper, H.-G. (2017), Produktkalkulation im Kontext von Industrie 4.0, in: Obermaier (Hrsg., 2017), S. 245-251.

Haußmann, C., Mayer, M. und Kemper, H.-G. (2014), Untersuchung zum Stand und Entwicklungspotential der Digitalisierung im Produktionsbereich deutscher Unternehmen, Arbeitspapier des Lehrstuhls für ABWL und Wirtschaftsinformatik 1 der Universität Stuttgart, Stuttgart 2014.

Hehenberger, P. (2011), Computerunterstützte Fertigung: Eine kompakte Einführung, Berlin und Heidelberg 2011.

Heidel, R. und Döbrich, U. (2017), Industrie 4.0, RAMI 4.0 und Industrie-4.0-Komponente – Ohne Normung geht es nicht, in: Manzei u.a. (Hrsg., 2017), S. 88-102.

Heidel, R., Hoffmeister, M., Hankel, M. und Döbrich, U. (2017), Industrie 4.0 – Basiswissen RAMI4.0: Referenzarchitekturmodell mit Industrie 4.0-Komponente, Berlin, Wien u.a. 2017.

Heinrich, L. (2000), Bedeutung von Evaluation und Evaluationsforschung in der Wirtschaftsinformatik, in: Heinrich und Häntschel (Hrsg., 2000), S. 7-22.

Heinrich, L.J. und Ardelt, R.G. (2011), Geschichte der Wirtschaftsinformatik: Entstehung und Entwicklung einer Wissenschaftsdisziplin, 2. Aufl., Berlin und Heidelberg 2012.

Heinrich, L.J. und Häntschel, I. (Hrsg., 2000), Evaluation und Evaluationsforschung in der Wirtschaftsinformatik: Handbuch für Praxis, Lehre und Forschung, München und Wien 2000.

Heinrich, L.J., Diel, R. und Stelzer, D. (2014), Informationsmanagement: Grundlagen – Aufgaben – Methoden, 11. Aufl., München 2014.

Helfert, M. (2000), Maßnahmen und Konzepte zur Sicherung der Datenqualität, in: Jung und Winter (Hrsg., 2000), S. 61-78.

Helfert, M. and Donnellan, B. (Eds., 2013), Design Science: Perspectives from Europe, Cham, Heidelberg, New York et al. 2013.

Helfert, M., Donnellan, B. and Kenneally, J. (Eds., 2014), Design Science: Perspectives from Europe, Cham, Heidelberg, New York et al. 2014.

Helfferich, C. (2014), Leitfaden- und Experteninterviews, in: Baur und Blasius (Hrsg., 2014), S. 559-574.

Helmke, S., Uebel, M. und Dangelmaier, W. (Hrsg., 2017), Effektives Customer Relationship Management: Instrumente – Einführungskonzepte – Organisation, 6. Aufl., Wiesbaden 2017.

Hering, L. und Schmidt, R.J. (2014), Einzelfallanalyse, in: Baur und Blasius (Hrsg., 2014), S. 529-541.

Herzwurm, G. und Pietsch, W. (2009), Management von IT-Produkten: Geschäftsmodelle, Leitlinien und Werkzeugkasten für softwareintensive Systeme und Dienstleistungen, Heidelberg 2009.

Herzwurm, G. und Stelzer, D. (2008), Wirtschaftsinformatik versus Information Systems: Eine Gegenüberstellung, Arbeitspapier 2008-01 des Instituts für Wirtschaftsinformatik der Technischen Universität Ilmenau, Ilmenau 2008.

Hesseler, M. und Görtz, M. (2014), Basiswissen ERP-Systeme: Auswahl, Einführung und Einsatz betriebswirtschaftlicher Standardsoftware, Dortmund 2014.

Heuser, L. und Wahlster, W. (Hrsg., 2011), Internet der Dienste, Berlin und Heidelberg 2011.

Hevner, A. and Chatterjee, S. (2010), Design Research in Information Systems: Theory and Practice, New York, Dordrecht, Heidelberg et al. 2010.

Hevner, A.R., March, S.T., Park, J. and Ram, S. (2004), Design Science in Information Systems Research, in: MIS Quarterly, Vol. 28, 2004, Iss. 1, pp. 75-105.

Hildebrandt, K., Hinrichs, H., Gebauer, M. und Mielke, M. (Hrsg., 2015), Daten- und Informationsqualität: Auf dem Weg zur Information Excellence, 3. Aufl., Wiesbaden 2015.

Hilgers, M. (2016), Dieselmotor, Wiesbaden 2016.

Hinrichs, H. (2002), Datenqualitätsmanagement in Data Warehouse-Systemen, Dissertation an der Universität Oldenburg, Oldenburg 2002.

Hippenmeyer, H. und Moosmann, T. (2016), Automatische Identifikation für Industrie 4.0, Berlin 2016.

Hoberman, S. (2009), Data Modelling made simple: A Practical Guide for Business and IT Professionals, 2nd Ed., Bradley Beach 2009.

Hoffmann, C.M. and Joan-Arinyo, R. (1998), On User-Defined Features, in: Computer-Aided-Design, Vol. 30, 1998, Iss. 5, pp. 321-332.

Hoffmeister, M. (2015), Industrie 4.0: Die Industrie 4.0-Komponente, Frankfurt am Main 2015.

Hofmann, J. (2017), Die digitale Fabrik: Auf dem Weg zur digitalen Produktion, Berlin, Wien und Zürich 2017.

Höhn, R. (2000), Der Data Warehouse Spezialist: Entwurf, Methoden und Umsetzung eines Data Warehouse, München 2000.

Hollstein, P. (2016), Das maschinenorientierte Data Warehouse: IT-basierte Entscheidungsunterstützung in der wandlungsfähigen Produktion, Lohmar 2016.

Hollstein, P., Lachenmaier, J., Lasi, H. und Kemper, H.-G. (2012), Handlungsfelder der gestaltungsorientierten Wirtschaftsinformatik im Kontext der Digitalen Fabrik, in: Proceedings of the Multikonferenz Wirtschaftsinformatik 2012 (MKWI), S. 71-82.

Horvath, P., Gleich, R. und Seiter, M. (2015), Controlling, 13. Aufl., München 2015.

Horx, M. (Hrsg.), Brandes, N., Dettling, D., Friebe, H., Horx-Strathern, O., Lanzinger, C., Muntschick, V., Papasabbas, L. und Schuldt, C. (2016), Zukunftsreport 2017: Das Jahrbuch für gesellschaftliche Trends und Business-Innovationen, Frankfurt am Main 2016.

Hu, F. (Ed., 2014), Cyber-physical Systems: Integrated Computing and Engineering Design, Boca Raton 2014.

Hu, Y., Schwind, M. and Wendt, O. (2008), An Agent-based Cooperative Mechanism for integrated Production and Transportation Planning, in: Proceedings of the Pacific Asia Conference on Information Systems (PACIS) 2008, pp. 429-436.

Hughes, R. (2008), Agile Data Warehousing: Delivering world-class Business Intelligence Systems Using SCRUM and XP, Bloomington 2008.

Hummel, M. (2009), Verwendung von Ontologien zur Integration relevanter Informationen im Bereich der Produktentwicklung, Masterarbeit an der Universität Stuttgart, Stuttgart 2009.

Hummel, V., Rönnecke, T. und Westkämper, E. (2009), Ganzheitliche Produktionssysteme, in: Westkämper und Zahn (Hrsg., 2009), S. 25-46.

Hummel, V. und Westkämper, E. (2009), Grundlagen des Stuttgarter Unternehmensmodells, in: Westkämper und Zahn (Hrsg., 2009), S. 47-66.

IBM (2015), IBM Analytics Solutions Unified Method (ASUM): IBM ASUM-DM Implementation Roadmap: Master Version 1.0, no place given 2015.

IEEE 1012-2016 (2017), IEEE Standard for System, Software, and Hardware Verification and Validation, New York 2017.

Industrial Internet Consortium (Ed., 2017a), Industrial Internet Consortium and Plattform Industrie 4.0: Collaboration for Interoperability, auf den Webseiten des Industrial Internet Consortiums, http://www.iiconsortium.org/iic-and-i40.htm, letzter Besuch am 06.07.2017.

Industrial Internet Consortium (Ed., 2017b), About us, auf den Seiten des Industrial Internet Consortiums, http://www.iiconsortium.org/about-us.htm, Zuletzt abgerufen am 10.07.2017.

Industrial Internet Consortium (Ed., 2017c), Smart Factory Applications in discrete Manufacturing: An Industrial Internet Consortium White Paper, no place given 2017.

Inmon, W.H. (2005), Building the Data Warehouse, 4th Ed., Indianapolis 2005.

Isenberg, R. (1990), Wissensbasierte Integration von Produktionsplanung in CIM, Dissertation an der Technischen Hochschule Aachen, Aachen 1990.

ISO 10303-242 (2014), Industrial automation systems and integration - Product data representation and exchange - Part 242: Application protocol: Managed model-based 3D engineering, Genf 2014.

ISO 14306 (2012), Industrial automation systems and integration: JT file format specification for 3D visualization, Genf 2012.

ISO 15531-44 (2010), Industrial automation systems and integration – Industrial manufacturing management data – Part 44: Information modelling for shop floor data acquisition, Genf 2010.

ISO 8000-8 (2015), Data quality – Part 8: Information and data quality: Concepts and measuring, Genf 2015.

ISO 9001 (2016), Qualitätsmanagementsysteme: Anforderungen, Berlin 2016.

ISO/IEC 19510 (2013), Information technology – Object Management Group: Business Process Model and Notation, no place given 2013.

Jacob, M. (2012), Informationsorientiertes Management: Ein Überblick für Studierende und Praktiker, Wiesbaden 2012.

Jakobi, H.-F. (2013), Computer Integrated Manufacturing (CIM), in: Westkämper u.a. (Hrsg., 2013), S. 51-92.

Janiesch, C. (2017), Cyber-physische Systeme, in: Gronau u.a. (Hrsg., o.J.), o.S., Stand: 13.11.2017.

Jarke, M., Lenzerini, M., Vassiliuo, Y., and Vassiliadis, P. (2003), Fundamentals of Data Warehouses, 2nd edition, Berlin and Heidelberg 2003.

Jasperneite, J. (2012), Alter Wein in neuen Schläuchen, in: Computer und Automation, Jg. 2, 2012, Nr. 12, S. 24-28.

Jasti, A., Rochelau, C., Previtali, D., Ramesh, D., Walenza-Slabe, E., Kowal, J., Schwarzer, K., Albrecht, K., Maas, M., Klement, P. and Nuth, T. (2017), Smart Factory Applications in Discrete Manufacturing: An Industrial Internet Consortium White Paper, no place given 2017.

Jennings, N.R. (2000), On agent-based software engineering, in: Artificial Intelligence, Vol. 117, 2000, Iss. 2, pp. 277-296.

Jung, R. und Winter, R. (Hrsg., 2000), Data Warehouse Strategie: Erfahrungen – Methoden – Visionen, Berlin und Heidelberg 2000.

Kagermann, H., Anderl, R., Gausemeier, J., Schuh, G. und Wahlster, W. (Hrsg., 2016), Industrie 4.0 im globalen Kontext: Strategien der Zusammenarbeit mit internationalen Partnern, München 2016.

Kagermann, H. (Hrsg.), Wahlster, W. (Hrsg.), Helbig, J. (Hrsg.), Bauer, K., Diegner, B., Diemer, J., Dort, W., Ferber, S., Glatz, R., Hellinger, A., Herfs, W., Horstmann, M., Kaufmann, T., Kurz, C., Löwen, U. und Stumpf, V. (2013), Umsetzungsempfehlungen für das Zukunftsprojekt Industrie 4.0: Abschlussbericht des Arbeitskreises Industrie 4.0, Frankfurt am Main, 2013.

Kagermann, H., Wahlster, W. und Helbig, J. (2012), Im Fokus – Das Zukunftsprojekt Industrie 4.0: Handlungsempfehlungen zur Umsetzung, Berlin 2012.

Kämpf, R. (2007a), Typen flexibler, automatisierter Produktionssysteme, in: Gienke und Kämpf (Hrsg., 2007), S. 74-87.

Kämpf, R. (2007b), Strukturplanung zur Festlegung der Produktionsorganisation, in: Gienke und Kämpf (Hrsg., 2007), S. 56-68.

Kämpf, R. (2007c), Ziele, Strategien und Aufgaben des Produktionsmanagements, in: Gienke und Kämpf (Hrsg., 2007), S. 5-8.

Kaiser, R. (2014), Qualitative Experteninterviews: Konzeptionelle Grundlagen und praktische Durchführung, Wiesbaden 2014.

Kay, M. (2017), XSL Transformations (XSLT) Version 3.0, no place given 2017.

Kasen, R.-D., Meerkamm, H. und Sander, S. (1999), Ein Konzept zur Erstellung von Featurebibliotheken, in: VDI (Hrsg., 1999), S. 393-410.

Kemper, H.-G. (2014), Validierung eines Konzepts zur multidimensionalen Analyse Digitaler Produktmodelle in Business-Intelligence-Infrastrukturen (DIPRO-BI): Schlussbericht, Schlussbericht des Lehrstuhls für ABWL und Wirtschaftsinformatik 1 der Universität Stuttgart, Stuttgart 2014.

Kemper, H.-G. und Finger, R. (2016), Konzeptionelle Überlegungen zur Filterung, Harmonisierung, Aggregation und Anreicherung im Data Warehouse (DWH), in: Gluchowski und Chamoni (Hrsg., 2016), S. 129-145.

Kemper, H.-G. und Lasi, H. (2015), Industrie 4.0 – definitorische Einordnung und Ausblick: Neues Einsatzfeld für BI-Konzepte, in: BI-Spektrum, Jg. 2015, 2015, Nr. 2, S. 11-13.

Kemper, H.-G. und Morar, D. (2018), Digitale Transformation: Informationsmanagement vor neuen Herausforderungen, in: Controlling, Jg. 30, 2018, Nr. 4, S. 54-61.

Kemper, H.-G., Baars, H. und Lasi, H. (2011b), Business-Intelligence-Systeme in produzierenden Unternehmen: Neue Ansätze einer ganzheitlichen Informationsversorgung, in: Kemper u.a. (Hrsg., 2011), S. 117-130.

Kemper, H.-G., Baars, H. und Mehanna, W. (2010), Business Intelligence: Grundlagen und praktische Anwendungen – Eine Einführung in die IT-basierte Managementunterstützung, 3. Aufl., Wiesbaden 2010.

Kemper, H.-G., Lasi, H., Haussmann, C., Hollstein, P., Koch, M. und Lachenmaier, J. (2016), Industrial Intelligence: Aus historischen Daten lernen, in: IT and Production, auf den Seiten der TeDo Verlags GmbH, https://www.it-production.com/allgemein/maschinen-und-produktbezogene-it-strukturenaus-historischen-daten-lernen/, Stand: 13.05.2016.

Kemper, H.-G., Lasi, H. und Zahn, E. (2011a), Informationstechnologie und Informationsmanagement, in: Bea und Schweitzer (Hrsg., 2011), S. 448-488.

Kemper, H.-G., Pedell, B. und Schäfer, H. (Hrsg., 2011), Management vernetzter Produktionssysteme: Innovation, Nachhaltigkeit und Risikomanagement, München 2011.

Kern, C. (2007), Anwendung von RFID-Systemen, 2. Aufl., Berlin und Heidelberg 2007.

Kern, W., Schröder, H.H. und Weber, J. (Hrsg., 1996), Handwörterbuch der Produktionswirtschaft, 2. Aufl., Stuttgart 1996.

Kestel, R. (1995), Variantenvielfalt und Logistiksysteme: Ursachen – Auswirkungen – Lösungen, Wiesbaden 1995.

Kief, H.B., Roschiwal, H.A. und Schwarz, K. (2017), CNC-Handbuch: CNC – DNC – CAD – CAM – FFS – SPS – RPD – LAN – CNC-Maschinen – CNC-Roboter – Antriebe – Energieeffizienz – Werkzeuge – Industrie 4.0 – Fertigungstechnik – Richtlinien – Normen – Simulation – Fachwortverzeichnis, 30. Aufl., München 2017.

Kiener, S., Maier-Scheubeck, N., Obermaier, R. und Weiß, M. (2012), Produktions-Management: Grundlagen der Produktionsplanung und -steuerung, 10. Aufl., München 2012.

Kilger, C., Bley, S. und Gudat, J. (2017), Industrie 4.0 – Status Quo und Perspektiven: Ergebnisse einer repräsentativen Unternehmensbefragung in Deutschland und der Schweiz, o.O. 2017.

Kimball, R. and Casereta, J. (2004), The Data Warehouse ETL Toolkit: Practical Techniques for Extracting, Cleaning, Conforming, and Delivering Data, Indianapolis 2004.

Kimball, R. and Ross, M. (2002), The Data Warehouse Toolkit: The Definitive Guide to Dimensional Modeling, 2nd Ed., New York, Chichester, Weinheim et al. 2002.

Kimball, R. and Ross, M. (2013), The Data Warehouse Toolkit: The Definitive Guide to Dimensional Modeling, 3rd Ed., Indianapolis 2013.

Kimball, R., Ross, M., Thomthwaite, W., Mundy, J. and Becker, B. (2008), Practical Techniques for Building Data Warehouse and Business Intelligence Systems, 2nd Ed., Indianapolis 2008.

Kirn, S., Herzog, O., Lockemann, P. and Spaniol, O. (Eds., 2006), Multiagent Engineering: Theory and Applications in Enterprises, Heidelberg et al. 2006.

Kirsch, M. (2013), Wissensschutz im Engineering mit CATIA V5: Ein Whitepaper der :em Engineering Methods AG, Darmstadt 2013.

Kitsios, V. und Haslauer, R, (2014), 3D-Master: Zeichnungslose Produktbeschreibung mit CATIA V5, Wiesbaden 2014.

Klein, B. (2012), Toleranzmanagement im Maschinen- und Fahrzeugbau: Dimensionelle und geometrische Toleranzen (F+L) – Tolerierungsprinzipien – Tolerierungsverknüpfungen – Maßketten – Oberflächen, 2. Aufl., München 2012.

Kleinemeier, M. (2017), Von der Automatisierungspyramide zu Unternehmenssteuerungsnetzwerken, in: Vogel-Heuser u.a. (Hrsg., 2017a), S. 219-226.

Klepzig, W. und Weißbach, L. (2005), 3D-Konstruktion mit CATIA V5: Parametrisch-assoziatives Konstruieren von Teilen und Baugruppen in 3D, 2. Aufl., München und Wien 2005.

Kletti, J. (Hrsg.), Deisenroth, R., Diesner, M., Kletti, W., Lübbert, J.-P., Schumacher, J. und Strebel, T. (2015), MES Manufacturing Execution System: Moderne Informationstechnologie unterstützt die Wertschöpfung, 2. Aufl., Berlin und Heidelberg 2015.

Knieps, M. (2004), Entwicklung von Konstruktionsrichtlinien für die Handhabung von 3D-CAD-Systemen zur Generierung komplexer Maschinenbaugruppen, Dissertation an der Universität Duisburg-Essen, Wildberg-Effringen 2004.

Koberstein, A., Bihlmaier, R., Obst, R. und Suhl, L. (2009), Ein Optimierungssystem für die strategische Produktions- und Kapazitätsplanung in der Automobilindustrie, in: Proceedings of the 9th International Conference on Wirtschaftsinformatik (WI), S. 86-96.

Koch, A. (2016), OEE für das Produktionsteam: Das vollständige OEE-Benutzerhandbuch – oder wie Sie die verborgene Maschine entdecken, 3. Aufl., Herrieden 2016.

Koch, M. (2014), Entwicklung eines Informationsversorgungskonzepts als Basis unternehmensspezifischer Business-Intelligence-Lösungen industrieller Unternehmen, Lohmar 2014.

Koch, M., Lasi, H. und Kemper, H.-G. (2011), Informationsmanagement in der Produktion – Empirische Ableitung eines Konzepts zur Ermittlung produktionsspezifischer Informationsbedarfe, in: Proceedings of the 10th International Conference on Wirtschaftsinformatik (WI11), S. 456-465.

Koch, M., Lasi, H. und Kemper, H.-G. (2013), Bestimmung aufgabenträgerorientierter Informationsbedarfe in industriellen Unternehmen, in: Proceedings of the 11th International Conference on Wirtschaftsinformatik (WI13), pp. 213-228.

Koch, M.T., Baars, H., Lasi, H. and Kemper, H.-G. (2011), Manufacturing Execution Systems and Business Intelligence for Production Environments, in: Proceedings of the 16th Americas Conference on Information Systems (AMCIS), pp. 1-10.

Kohl, H., Mertins, K. und Seidel, H. (Hrsg., 2016), Wissensmanagement im Mittelstand, 2. Aufl., Berlin und Heidelberg 2016.

Kohlberg, D. (2015), Referenzarchitektur für die CPS-basierte Fabrik, in: Reinhart u.a. (Hrsg., 2015), S. 53-68.

Köhler, P. (Hrsg.), Andrae, R., Danjou, S., Heinemann, A., Humpa, M., Hungenberg, P., Manoharan, T., und Martha, A. (2016), CAD-Praktikum für den Maschinen- und Anlagenbau mit PTC Creo, Wiesbaden 2016.

Köhler, R. (Hrsg., 1977), Empirische und handlungstheoretische Forschungskonzeption in der Betriebswirtschaftslehre, Stuttgart 1977.

Köppen, V., Saake, G. und Sattler, K.U. (2014), Data Warehouse Technologien, 2. Aufl., Heidelberg, München u.a. 2014.

Kor, A. (1996), Management industrieller Produktion: Ein Produktions- und Kostenmodell zur Planung und Steuerung bei flexibler Fertigung, Wiesbaden 1996.

Koreimann, D.S. (1975), Methoden der Informationsbedarfsanalyse, Berlin 1975.

Kornmeier, M. (2007), Wissenschaftstheorie und wissenschaftliches Arbeiten: Eine Einführung für Wirtschaftswissenschaftler, Heidelberg 2007.

Kornprobst, P. (2016), CATIA V5-6 für Einsteiger: Volumenkörper, Baugruppen und Zeichnungen, München 2016.

Kowalewski, S., Braune, A., Greiner, T., Kozolek, H., Loskyll, M., Niggemann, O., Gatica, C.P. und Reißig, G. (2014), Industrie 4.0 – CPS-basierte Automation: Forschungsbedarf anhand konkreter Fallbeispiele, o.O. 2014.

Koziol, E. (1976), Organisation der Unternehmung, 2. Aufl., Wiesbaden 1976.

Kraemer, W. und Müller, M. (Hrsg., 2001), Corporate Universities und E-Learning – Personalentwicklung und lebenslanges Lernen: Strategien – Lösungen – Perspektiven, Wiesbaden 2001.

Krallmann, H., Bobrik, A. und Levina, O. (2013), Systemanalyse im Unternehmen: Prozessorientierte Methoden der Wirtschaftsinformatik, 6. Aufl., München 2013.

Krallmann, H., Papke, J. und Rieger, B. (Hrsg., 1992), Rechnergestützte Werkzeuge für das Management: Grundlagen – Methoden – Anwendungen, Berlin 1992.

Krcmar, H. (2015), Informationsmanagement, 6. Aufl., Berlin und Heidelberg 2015.

Krippendorff, K. (2012), Content Analysis: An Introduction to Its Methodology, 3rd Edition, Los Angeles et al. 2012.

Kromrey, H., Roose, J. und Strübing, J. (2016), Empirische Sozialforschung: Modelle und Methoden der standardisierten Datenerhebung und Datenauswertung mit Annotationen aus qualitativ-interpretativer Perspektive, 13. Aufl., Konstanz und München 2016.

Kropik, M. (2009), Produktionsleitsysteme in der Automobilfertigung, Berlin und Heidelberg 2009.

Krumeich, J., Worh, D. and Loos, P. (2016), Prescriptive Control of Business Processes – New Potentials Through Predictive Analytics of Big Data in the Process Manufacturing Industry, in: Business and Information Systems Engineering, Vol. 58, 2016, Iss. 4, pp. 261-280.

Kubicek, H. (1977), Heuristische Bezugsrahmen und heuristisch angelegte Forschungsdesigns als Elemente einer Konstruktionsstrategie empirischer Forschung, in: Köhler (Hrsg., 1977), S. 3-36.

Kuckartz, U. (2018), Qualitative Inhaltsanalyse: Methoden, Praxis, Computerunterstützung, 4. Aufl., Weinheim und Basel 2018.

Kühn, W. (2006), Digitale Fabrik: Fabriksimulation für Produktionsplaner, München und Wien 2006.

Kühnle, H. and Bitsch, G. (2015), Foundations and Principles of Distributed Manufacturing: Elements of Manufacturing Networks, Cyber-Physical Production Systems and Smart Automation, Heidelberg, New York, Dordrecht et al. 2015.

Kumar, M. and Rajotia, S. (2006), Integration of process planning and scheduling in a job shop environment, in: International Journal of Advanced Manufacturing Technology, Vol. 28, 2006, Iss.1-2, pp. 109-116.

Kumar, V. and Reinartz, W. (2018), Customer Relationship Management: Concept, Strategy, and Tools, 3rd Ed., Berlin 2018.

Kunz, A. und Moryson, R. (2003), CAPP-basierter Assistent für Digitale Fabrik Tools innerhalb des Produktentstehungsprozesses, in: Proceedings of the 14th Symposium Design for X (DfX), S. 17-29.

Küpper, H.-U., Fiedl, G., Hofmann, C., Hofmann, Y. und Pedell, B. (2013), Controlling: Konzeption – Aufgaben – Instrumente, 6. Aufl., Stuttgart 2013.

Kuprat, T., Mayer, J. und Nyhuis, P. (2015), Aufgaben der Produktionsplanung im Kontext von Industrie 4.0, in: Industrie 4.0 Management, Jg. 31/2015, 2015, Nr. 2, pp. 11-14.

Kurbel, K. (2016), Enterprise Ressource Planning und Supply Chain Management in der Industrie: Von MRP bis Industrie 4.0, 8. Aufl., Berlin und Boston 2016.

Lachenmaier, J.F. and Kemper, H.-G. (2015), A business-intelligence-based concept for the identification of similar parts, in: Proceedings of the Conference on Management of Engineering and Technology (PICMET15), pp. 1362-1368.

Lachenmaier, J.F., Lasi, H. und Kemper, H.-G. (2013), Produktionsprozesse und Formen des IT-Einsatzes, in: Productivity Management, Jg. 18/2013, 2013, Nr. 3, S. 43-46.

Lachenmaier, J.F., Lasi, H. und Kemper, H.-G. (2015), A Concept for Extracting and Sharing Technical Data from Digital Product Models for Subsequent Processing, in: Proceedings of the 48th Hawaii International Conference on System Sciences (HICSS), pp. 987-996.

Lachenmaier, J.F., Lasi, H. und Kemper, H.-G. (2015), Entwicklung und Evaluation eines Informationsversorgungskonzepts für die Prozess- und Produktionsplanung im Kontext von Industrie 4.0, in: Proceedings of the 12th international Conference on Wirtschaftsinformatik (WI15), S. 1-13.

Lachenmaier, J.F., Lasi, H. und Kemper, H.-G. (2017), Simulation of Production Processes involving cyber-physical Systems, in: Proceedings of the 10th Conference on Intelligent Computation in Manufacturing Engineering (CIRP ICME), pp. 577-582.

Lachenmaier, J.F., Lasi, H., Kemper, H.-G. und Slama, D. (2018), Interdisziplinäre und kollaborative Lösungsentwicklung im IIoT: Ein Ansatz zur Erstellung neuer Industrial-Internet-of-Things-Lösungen in innovativen Partnerschaften, in: Fabriksoftware, Jg. 23, 2018, Nr. 4, S. 26-28.

Lahrmann, G. und Stroh, F. (2008), Systemarchitekturen für die Informationslogistik, in: Dinter und Winter (Hrsg., 2008), S. 137-166.

Lamnek, S. und Krell, C. (2016), Qualitative Sozialforschung, 6. Aufl., Weinheim und Basel 2016.

Landherr, M. H. (2014), Integrierte Produkt- und Montagekonfiguration für die variantenreiche Serienfertigung, Stuttgart 2014.

Lantermann, T. (2017), Industrial Value Chain Initiative: Impulsgeber in Japan und Asien, in: Manzei u.a. (Hrsg., 2017), S. 153-157.

Laperrière, L. and Reinhart, G. (Eds., 2014), CIRP Encyclopedia of Production Engineering, Berlin and Heidelberg 2014.

Large, R. (2012), Logistikfunktionen: Betriebswirtschaftliche Logistik – Band 1, München 2012.

Large, R. (2016), Logistikmanagement: Betriebswirtschaftliche Logistik – Band 2, Berlin und Boston 2016.

Lashin, G. (2013), Rechnerunterstützung in der Produktentwicklung und -konstruktion, in: Lashin u.a. (2013), S. 413-455.

Lashin, G., Feldhusen, J. und Grote, K.-G. (2013), Hilfsmittel für die Entwicklung und Konstruktion, in: Feldhusen und Grote (Hrsg., 2013), S. 411- 462.

Lasi, H. (2009), Aufbau eines IT-basierten Integrationskonzepts zur Unterstützung von Produktentwicklungs- und Produktionsprozessen, Lohmar 2009.

Lasi, H. (2012a), Decision Support within Knowledge-Based Engineering – a Business Intelligence-Based Concept, in: Proceedings of the 18th Americas Conference on Information Systems (AMCIS), pp. 1-9.

Lasi, H. (2012b), Industrial Intelligence – A Business Intelligence-based Approach to Enhance Manufacturing Engineering in Industrial Companies, in: Proceedings of the 8th CIRP Conference on Intelligent Computation in Manufacturing Engineering (CIRP ICME), pp. 384-389.

Lasi, H., Kemper, H.-G., Fettke, P., Feld, T. und Hoffmann, M. (2014), Industrie 4.0, in: Business and Information Systems Engineering, Vol. 56, 2014, Iss. 4, S. 261-264.

Lass, S. (2018), Nutzenvalidierung cyber-physischer Systeme in komplexen Fabrikumgebungen: Ein hybrides Simulationskonzept für Industrie 4.0, Berlin 2018.

Laudon, K.C., Laudon, J.P. und Schoder, D. (2015), Wirtschaftsinformatik: Eine Einführung, 3. Aufl., München 2015.

Laux, H., Gillenkirch, R.M. und Schenk-Mathes, H. (2014), Entscheidungstheorie, 9. Aufl., Berlin und Heidelberg 2014.

Lebioda, A. (2018), Steuerung cyber-physischer Produktionssysteme: Ein Fachkonzept zur Unterstützung der Koordination von Multiagentensystemen durch die Distributed-Ledger-Technologie, Masterarbeit an der Universität Stuttgart, Stuttgart 2018.

Lebioda, A., Lachenmaier, J. und Burkhardt, D. (2019), Control of Cyber-Physical Production Systems: A Concept to Increase the Trustworthiness within Multi-Agent Systems with Distributed Ledger Technology, in: Proceedings of the 23rd Pacific Asia Conference on Information Systems (PACIS) 2019.

Lee, E.A. (2008), Cyber physical systems – Design Challenges, in: Proceedings of the 11th IEEE Symposium on Object Oriented Real-Time Distributed Computing, pp. 363-369.

Lee, E.A. (2010), CPS Foundations, in: Proceedings of the 47th Conference on Design Automation, pp. 737-742.

Lee, E.A. and Seshia, S.A. (2017), Introduction to Embedded Systems: A cyber-physical Systems approach, 2nd Ed., Cambridge 2017.

Leimeister, J.M. (2015), Einführung in die Wirtschaftsinformatik, 12. Aufl., Berlin und Heidelberg 2015.

Lejsek, D., Kufferath, A., Kulzer, A. und Reif, K. (2015), Grundlagen des Ottomotors, in: Reif (Hrsg., 2015), S. 1-23.

Lerner, D. (2016), Data Vault für agile Data-Warehouse-Architekturen in: Trahasch und Zimmer (Hrsg., 2016), S. 83-98.

Levy, Y. and Ellis, T.J. (2006), A Systems Approach to Conduct an Effective Literature Review in Support of Information Systems Research, in: Informing Science Journal, Vol. 9, 2006, No Iss., pp. 181-211.

Leymann, F. and Roller, D. (2000), Production Workflow: Concepts and Techniques, Upper Saddle River 2000.

Lichtblau, K., Stich, V., Bertenrath, R., Blum, M., Bleider, M., Millack, A., Schmitt, K., Schmitz, E. und Schröter, M. (2015), Industrie 4.0-Readiness, Frankfurt am Main 2015.

Lin, C.P. and Jeng, M. (2006), An Expanded SEMATECH CIM Framework for Heterogeneous Applications Integration, in: IEEE Transactions on Systems, Manufacturing and Cybernetics, Vol. 36, 2006, Iss. 1, pp. 76-90.

Lin, S.-W. (Ed.), Crawford, M. (Ed.), Mellor, S. (Ed.), Miller, B., Durand, J., Bleakley, G., Chigani, A., Martin, R. and Murphy, B. (2017), The Industrial Internet of Things Volume G1: Reference Architecture, 2nd Ed., no place given 2017.

Lindemann, U. (Hrsg., 2016), Handbuch Produktentwicklung, München 2016.

Lindemann, U., Reichwald, R. und Zäh, M.F. (Hrsg., 2006), Individualisierte Produkte: Komplexität beherrschen in Entwicklung und Produktion, Berlin und Heidelberg 2006,

Linß, G. (2011), Qualitätsmanagement für Ingenieure, 3. Aufl., München 2011.

Linstedt, D. (2011), Super Charge your Data Warehouse: Invaluable Data Modelling Rules to Implement Your Data Vault, Charleston 2011.

Linstedt, D. and Olschmike, M. (2016), Building a scalable Data Warehouse with Data Vault 2.0, Waltham 2016.

List, R. (2017), CATIA V5: Grundkurs für Maschinenbauer – Bauteil- und Baugruppenkonstruktion – Zeichnungsableitung, 8. Aufl., Wiesbaden 2017.

Littlefield, M. (2015), Smart Connected Operations: Capturing the Business Value of the Industrial IoT, Cambridge 2015.

Lochmann, M. (1999), Operative Planung und Steuerung von Mehrprodukt-Fließlinien, Wiesbaden 1999.

Loos, P. (2019), Prioritätsregel, in: Gronau u.a. (Hrsg., o.J.), o.S., Stand: 27.02.2019.

Lopez-Carmona M.A., Marsa-Maestre I. and Hoz, E. de la (2017) A Cooperative Framework for Mediated Group Decision Making, in: Fujita et al. (Eds., 2017), pp. 35-50.

Lopez-Carmona, M.A., Marsa-Maestre, I. and Klein, M. (2011), Consensus Policy Based Multi-Agent Negotiation, in: Proceedings of the 4th International Workshop on Agent-based Complex Automated Negotiations, pp. 1-8.

Lorenzen, L., Scholz, T., Timm, I.J. Woelk, P.-O.; Denkena, B. and Herzog, O. (2006). Integrated Process Planning and Production Control, in: Kirn, S. et al. (Eds., 2006), pp. 91-113.

Lotter, B. (2012), Einführung, in: Lotter und Wiendahl (Hrsg., 2012), S. 1-8.

Lotter, B. und Wiendahl, H.P. (Hrsg., 2012), Montage in der industriellen Produktion: Ein Handbuch für die Praxis, 2. Aufl., Berlin und Heidelberg 2012.

Lück, W. (Hrsg., 2004), Lexikon der Betriebswirtschaft, 6. Aufl., München 2004.

Lucke, D., Constantinescu, C. and Westkämper, E. (2008), Smart Factory – A Step towards the Next Generation of Manufacturing, in: Proceedings of the 41st CIRP Conference on Manufacturing Systems (CIRP ICMS), pp. 115-118.

Lucke, D.M. (2013), Ad hoc Informationsbeschaffung unter Einsatz kontextbezogener Systeme in der variantenreichen Serienfertigung, Stuttgart 2013.

Lüder, A. und Schmidt, N. (2017a), AutomationML in a Nutshell, in: Vogel-Heuser u.a. (Hrsg., 2017b), S. 213-258.

Lüder, A. und Schmidt, N. (2017b), Herstellerunabhängiger Austausch von Entwurfsdaten für Steuerungssysteme mittels AutomationML, in: Manzei u.a. (Hrsg., 2017), S. 115-142.

Ludewig, J. und Lichter, H. (2013), Software Engineering: Grundlagen – Menschen – Prozesse – Techniken, 3. Aufl., Heidelberg 2013.

Lüth, C. (2017), Funktion und Herausforderungen von cyber-physical Systems, in: Manzei u.a. (Hrsg., 2017), S. 25-29.

Lutz, C. (2011), Rechnergestütztes Konfigurieren und Auslegen individualisierter Produkte: Rahmenwerk für die Konzeption und Einführung wissensbasierter Assistenzsysteme in die Konstruktion, München 2011.

Majumdar, A. and Szigeti, H. (2011), ICT for Manufacturing: The Action PlanT Vision for Manufacturing 2.0, o.O. 2011.

Mamalis, A. G., Malagardis, I. and Kambouris, K. (1996), On-line Integration of a Process Planning Module with Production Scheduling, in: International Journal of Advanced Manufacturing Technology, Vol. 12, 1996, Iss. 5, pp. 330-338.

Mandelbaum, M. (1978), Flexibility in Decision Making: An Exploration and Unification, Dissertation at the University of Toronto, Toronto 1978.

Mandelbaum, M. and Buzacott, J. (1990), Flexibility and Decision Making, in: European Journal of Operational Research, Vol. 44, 1990, Iss. 1, pp. 17-27.

Manzei, C., Schleupner, L. und Heinze, R. (Hrsg., 2017), Industrie 4.0 im internationalen Kontext: Kernkonzepte – Ergebnisse – Trends, 2. Aufl., Berlin, Offenbach, Wien u.a. 2017.

Masing, W. (2014), Das Unternehmen im Wettbewerb, in: Pfeifer und Schmitt (Hrsg., 2014), S. 4-14.

Mattern, F. (2005), Die technische Basis für das Internet der Dinge, in: Fleisch und Mattern (Hrsg., 2005), S. 39-66.

Matzler, K., Pechlaner, H. und Renzl, B. (Hrsg., 2014), Strategie und Leadership: Festschrift für Hans H. Hinterhuber, Wiesbaden 2014.

May, C. und Koch, A. (2008), Overall Equipment Effectiveness – Werkzeug zur Produktivitätssteigerung, in: Zeitschrift der Unternehmensberatung, Jg. 2008, 2008, Nr. 6, S. 245-250.

Mayer, H.O. (2013), Interview und schriftliche Befragung: Grundlagen und Methoden empirischer Sozialforschung, 6. Aufl., München 2013.

Mayring, P. (2015), Qualitative Inhaltsanalyse: Grundlagen und Techniken, 12. Aufl., Weinheim und Basel 2015.

Meier, H. und Uhlmann, E. (2012), Hybride Leistungsbündel: Ein neues Produktverständnis, in: Maier und Uhlmann (Hrsg., 2012), S. 1-22.

Meier, H. und Uhlmann, E. (Hrsg., 2012), Integrierte Industrielle Sach- und Dienstleistungen: Vermarktung, Entwicklung und Erbringung hybrider Leistungsbündel, Berlin und Heidelberg 2012.

Meindl, U. (1972), Überlegungen zur Informationsbedarfsanalyse bei der Entwicklung von Informationssystemen, München und Berlin 1972.

Meister, J. (2001), Corporate Universities: Vehicles for Continuous Learning, in: Kraemer und Müller (Hrsg., 2001), pp. 55-64.

Mellis, W., Herzwurm, G. und Stelzer D. (1998), TQM der Softwareentwicklung: Mit Prozessverbesserung, Kundenorientierung und Change Management zu erfolgreicher Software, 2. Aufl., Braunschweig, Wiesbaden 1998.

Melzer, I. (2010), Service-orientierte Architekturen mit Web Services: Konzepte – Standards – Praxis, 4. Aufl., Heidelberg 2010.

Mertens, P. (2002), Business Intelligence: ein Überblick, Arbeitspapier 2/2002 des Bereichs Wirtschaftsinformatik I der Universität Erlangen-Nürnberg, Nürnberg 2002.

Mertens, P. (2013), Integrierte Informationsverarbeitung 1: Operative Systeme in der Industrie, 18. Aufl., Wiesbaden 2013.

Mertens, P. (2014), Industrie 4.0 = CIM 2.0, in: Industrie Management, Jg. 30/2014, 2014, Nr. 1, S. 27-30.

Mertens, P. and Barbian, D. (2015), Researching Grand Challenges – A Grand Challenge, in: Business and Information Systems Engineering, Vol. 57, 2015, Iss. 6, pp. 391-403.

Mertens, P. und Barbian, D. (2015), Grand Challenges – Wesen und Abgrenzungen, in: Informatik Spektrum, Vol. 38, 2015, Iss 4, S. 264-268.

Mertens, P. und Meier, M.C. (2009), Integrierte Informationsverarbeitung 2: Planungs- und Kontrollsysteme in der Industrie, 10. Aufl., Wiesbaden 2009.

Mertens, P. und Wieczorrek, H.W. (2000), Data X Strategien: Data Warehouse, Data Mining und operationale Systeme für die Praxis, Berlin und Heidelberg 2000.

Mertens, B., Barbian, D. und Baier, S. (2017b), Digitalisierung und Industrie 4.0: eine Relativierung, Wiesbaden 2017.

Mertens, P., Bodendorf, F., König, W., Schumann, M., Hess, T. und Buxmann, P. (2017a), Grundzüge der Wirtschaftsinformatik, 12. Aufl., Berlin 2017.

Mertins, K., Kohl, I. und Orth, R. (2016), Ein Referenzmodell für Wissensmanagement, in: Kohl u.a. (Hrsg., 2016), S. 31-40.

Merton, R.K. (2017), Auf den Schultern von Riesen: Ein Leitfaden durch das Labyrinth der Gelehrsamkeit, 5. Aufl., Frankfurt am Main 2017.

Merz, S.L. (2016), Industrie 4.0-Strategie: So geht man bei der Einführung vor, in: Roth (Hrsg., 2016), S. 83-110.

Meyr, H., Wagner, M. and Rohde, J. (2015), Structure of Advanced Planning Systems, in: Stadtler et al. (Eds., 2015), pp. 99-106.

Michalik, B. (Ed., 2016), Case Study Research in Information Systems: Critical Analysis, Applications, and Recommendations, Dissertation an der Universität zu Köln, Köln 2016.

Michalik, B. (2016), Introduction, in: Michalik (2016, Ed.), pp. 2-11.

Michalik, B. and Basten, D. (2016), Reassessing Rigor of Positivist Case Studies Research in IS: Latest Practices, Recommendations, and Perspectives, in: Michalik (2016, Ed.), pp. 31-92.

Michelson, M. (2001), Betriebliche Informationswirtschaft, in: Riekert und Michelson (Hrsg., 2001), S. 19-38.

Mieke, C. (2017), Erarbeitung von Anpassungspotenzialen durch Planung von Prozessvarianten in Produktionsnetzwerken, in: Winkler u.a. (Hrsg., 2017), S. 229-242.

Milberg, J. und Reinhard, G. (1996), Produktionssystemplanung, in: Schuh und Eversheim (Hrsg., 1996), S. 10-1-10-127.

Mildenberger, U. (1998), Selbstorganisation von Produktionsnetzwerken: Erklärungsansatz auf Basis der neueren Systemtheorie, Wiesbaden 1998.

Minkus, A. (2011), Informationsversorgung in Dienstleistungsorganisationen: Ziele, Werkzeuge und effiziente Ressourcennutzung, Wiesbaden 2011.

Mokhtar, A., Tavakoli-Bina, A. and Houshmand, M. (2007), Approaches and Challenges in Machining Feature-Based Process Planning, in: Proceedings of the 4th International Conference on Digital Enterprise Technology (DET2007), pp. 1-9.

Molloy, O., Tilley, S. and Warman, E.A. (1998), Design for Manufacturing and Assembly: Concepts, Architectures and Implementation, London 1998.

Mönch, L. (2006), Agentenbasierte Produktionssteuerung komplexer Produktionssysteme, Wiesbaden 2006.

Morar, D., Kemper, H.-G. and Lasi, H. (2017), Challenges in Processing Digital and Physical Parts in Additive Manufacturing – An Exploration, in: Proceedings of the Portland International Conference on Management of Engineering and Technology 2017 (PICMET17), pp. 1265-1274.

Morena, A. (Ed., 2014), Interoperability for digital engineering systems, Milano 2014.

Mosler, A. (2017), Integrierte Unternehmensplanung: Anforderungen, Lösungen und Echtzeitsimulation im Rahmen von Industrie 4.0, Wiesbaden 2017.

Moss, L.T. and Atre, S. (2003), Business Intelligence Roadmap: The Complete Project Lifecycle for Decision-Support Applications, Boston 2003.

Muksch, H. und Behme, W. (2000), Das Data Warehouse-Konzept als Basis einer unternehmensweiten Informationslogistik, in: Muksch und Behme (Hrsg., 2000), S. 3-82.

Muksch, H. und Behme, W. (Hrsg., 2000), Das Data Warehouse-Konzept: Architektur – Datenmodelle – Anwendungen, 4. Aufl., Wiesbaden 2000.

Müller, J. und Renzl, B. (2014), Leadership im Wissenszeitalter – eine empirische Follow-up Studie, in: Matzler u.a. (Hrsg., 2014), S. 71-93.

Müller, R.M. und Lenz, H.-J. (2013), Business Intelligence, Berlin und Heidelberg 2013.

Müller, R., Narcis, S. and Urbas, L. (2017), Interfacing cyber-physical Systems with human Decision Makers, in: Song et al. (Eds., 2017), pp. 145-160.

Mundy, J., Thornthwaite, W. and Kimball, R. (2011), The Microsoft Data Warehouse Toolkit: With SQL Server 2008 R2 and the Microsoft Business Intelligence Toolset, 2nd Ed., Indianapolis 2011.

Nielsch, L. (2015), Blick auf erweiterte Konzepte – Das Richtige tun, damit Data-Vault-Projekte erfolgreich sind, in: BI-Spektrum, Jg. 2015, 2015, Nr. 1, S. 31-34.

Niggemann, O. and Beyerer, J. (Eds., 2016), Machine Learning for Cyber Physical Systems: Selected papers from the International Conference ML4CPS 2015, Berlin and Heidelberg 2016.

North, K. (2016), Wissensorientierte Unternehmensführung: Wissensmanagement gestalten, 6. Aufl., Wiesbaden 2016.

Nyhuis, P., Hübner, M., Quirco, M., Schäfers, P. und Schmidt, M. (2017), Veränderung in der Produktionsplanung und -steuerung, in: Reinhart (Hrsg., 2017), S. 31-50.

Nyhuis, P. (Hrsg.), Mayer, J., Pielmeier, J., Berger, C., Engehausen, F., Hempel, T. und Hünnekes, P. (2016), Aktuellen Herausforderungen der Produktionsplanung und -steuerung mittels Industrie 4.0 begegnen: Studienergebnisse, Garbsen 2016.

Obermaier, R. (2017), Industrie 4.0 als unternehmerische Gestaltungsaufgabe: Strategische und operative Handlungsfelder für Industriebetriebe, in: Obermaier (Hrsg., 2017), S. 3-34.

Obermaier, R. (Hrsg., 2017), Industrie 4.0 als unternehmerische Gestaltungsaufgabe: Betriebswirtschaftliche, technische und rechtliche Herausforderungen, 2. Aufl., Wiesbaden 2017.

Object Management Group (Ed., 2013), Business Process Model and Notation (BPMN): Version 2.0.2, Needham 2013.

Oliveira, B. and Belo, O. (2015), A Domain-Specific Language for ETL Patterns Specification in Data Warehousing Systems, in: Proceedings of the 17th Portuguese Conference on Artificial Intelligence (EPIA 2015), pp. 597-602.

Österle, H., Becker, J., Frank, U., Hess, T., Karagiannis, D., Krcmar, H., Loos, P., Mertens, P., Oberweis, A. und Sinz, E.J (2010), Memorandum zur gestaltungsorientierten Wirtschaftsinformatik, in: Zeitschrift für betriebswirtschaftliche Forschung, Jg. 6, 2010, Nr. 62, S. 664-679.

Pahl, G., Beitz, W., Feldhusen, J. und Grote, K.-H. (2007), Pahl/Beitz Konstruktionslehre: Grundlagen erfolgreicher Produktentwicklung – Methoden und Anwendung, 7. Aufl., Berlin und Heidelberg 2007.

Pantförder, D., Mayer, F., Diedrich, C., Göhner, P., Weyrich, M. und Vogel-Heuser, B. (2017), Agentenbasierte dynamische Rekonfiguration von vernetzten intelligenten Produktionsanlagen: Evolution statt Revolution, in: Vogel-Heuser u.a. (Hrsg., 2017b), S. 31-44.

Pawellek, G. (2007), Produktionslogistik: Planung – Steuerung – Controlling, München 2007.

Pawellek, G. (2014), Ganzheitliche Fabrikplanung: Grundlagen – Vorgehensweise – EDV-Unterstützung, 2. Aufl., Berlin und Heidelberg 2014.

Pedell, B. (2004), Target Costing, in: Lück (Hrsg., 2004), S. 656-657.

Peirce, C.S. (1994), The Collected Papers of Charles Sanders Peirce: Electronic Edition, Cambridge 1994.

Pendse, N. and Creeth, R. (1995), The OLAP Report: Succeeding with On-line Analytical Processing, o. O. 1995.

Peng, Q. and Yu, C. (2007), A visualised manufacturing information system for mass customization, in: International Journal of Manufacturing Technology and Management, Vol. 11, 2007, Iss. 3-4, pp. 278-295.

Pesendorfer, K. (2014), Konstruktionsrichtlinien: erstellen, implementieren und anwenden, o.O. 2014.

Petrick, I.J. and Simpson, T.W. (2013), 3D Printing Disrupts Manufacturing: How Economies of One Create New Rules of Competition, in: Research-Technology Management, Vol. 56, 2013, Iss. 6, pp. 12-16.

Pfeifer, T. und Schmitt, R. (Hrsg., 2014), Masing Handbuch Qualitätsmanagement, 6. Aufl., München und Wien 2014.

Picot, A., Reichwald, R. und Wigand, R.T. (2003), Die grenzenlose Unternehmung: Information, Organisation und Management, 5. Aufl., Wiesbaden 2003.

Piller, F.T. (2006), Mass Customization: Ein wettbewerbsstrategisches Konzept im Informationszeitalter, 4. Aufl., Wiesbaden 2006.

Pine, B.J. (1993), Mass Customization: The new Frontier in Business Competition, Brighton 1993.

Plattform Industrie 4.0 (Ed., 2016), Plattform Industrie 4.0 and Industrial Internet Consortium agree on cooperation, auf den Seiten der Plattform Industrie 4.0, https://www.plattform-i40.de/I40/Redaktion/EN/PressReleases/2016/2016-03-02-kooperation-iic.html, Stand: 03.02.2016.

Plattform Industrie 4.0 (Hrsg., 2017), Hintergrund zur Plattform Industrie 4.0, auf den Seiten der Plattform Industrie 4.0, http://www.plattform-i40.de/I40/Navigation/DE/Plattform/Plattform-Industrie-40/plattform-industrie-40.html, Letzter Zugriff am 13.12.2017.

Poe, V., Klauer, P. and Brobst, S. (1998), Building a Data Warehouse for Decision Support, 2nd Ed., Upper Saddle River 1998.

Pohl, K. (2008), Requirements Engineering: Grundlagen – Prinzipien – Techniken, 2. Aufl., Heidelberg 2008.

Pohl, K. und Rupp, C. (2015), Basiswissen Requirements Engineering: Aus- und Weiterbildung nach IREB-Standard zum Certified Professional for Requirements Engineering Foundation Level, 4. Aufl., Heidelberg 2015.

Porter, M. E. and Millar, V.E. (1985), How Information gives you competitive Advantage, in: Harvard Business Review, Vol. 63, 1985, Iss. 4, pp. 149-160.

Porter, M.E. (2013), Wettbewerbsstrategie: Methoden zur Analyse von Branchen und Konkurrenten, 12. Aufl., Frankfurt am Main 2013.

Porter, M.E. (2014), Wettbewerbsvorteile: Spitzenleistungen erreichen und behaupten, 8. Aufl., Frankfurt am Main 2014.

Porter, M.E. and Heppelmann, J.E. (2014), How Smart, Connected Products are Transforming Competition, in: Harvard Business Review, Vol 92, 2014, Iss. 11, pp. 64-88.

Porter, M.E. and Heppelmann, J.E. (2015), How Smart, Connected Products are Transforming Companies, in: Harvard Business Review, Vol 93, 2015, Iss. 10, pp. 96-114.

Pousttchi, K. (2017), Digitale Transformation, in: Gronau u.a. (Hrsg., o.J.), o.S., Stand 14.02.2017.

Prakash, A., Chan, F.T.S. and Deshmukh, S.G. (2012), Application of knowledge-based artificial immune system (KBAIS) for computer aided process planning in CIM context, in: International Journal of Production Research, Vol. 50, 2012, Iss. 18, pp. 4937-4954.

Prakash, N. and Prakash, D. (2018), Data Warehouse Requirements Engineering: A Decision Based Approach, Singapore 2018.

Prat, N., Comyn-Wattiau, I. and Aloka, J. (2014), Artifact Evaluation in Information Systems Design Science Research – A holistic View, in: Proceedings of the 23rd Pacific Asia Conference on Information Systems (PACIS), pp. 1-16.

Prengemann, U. (1994), Fertigungsinformationen im Konstruktionsprozess: Ein Konzept zur Sammlung, Dokumentation und Nutzung von Fertigungsinformationen, Düsseldorf 1994.

Probst, G., Raub, S. und Romhardt, K. (2012), Wissen managen: Wie Unternehmen ihre wertvollste Ressource optimal nutzen, 7. Aufl., Wiesbaden 2012.

Radhakrisnan, P., Subramanyan, S. and Raju, V. (2008), CAD/CAM/CIM, 3rd Ed., New Delhi 2008.

Radio Bremen (Hrsg., 2016), Job Futuromat, auf den Seiten der ARD, https://job-futuromat.ard.de/, letzter Zugriff am 18.12.2016.

Rainardi, V. (2008), Building a Data Warehouse: With Examples in SQL Server, Berkeley 2008.

Raithel, J. (2008), Quantitative Forschung: Ein Praxiskurs, 2. Aufl., Wiesbaden 2008.

Rajkumar, R., Lee, I., Sha, L. and Stankovic, J. (2010), Cyber-Physical Systems – The Next Computing Revolution, in: Proceedings of the 47th Conference on Design Automation, pp. 731-736.

Rebhäuser, J. und Krcmar, H. (1996), Wissensmanagement im Unternehmen, in: Schreyögg und Conrad (Hrsg., 1996), S. 1-40.

Rebstock, M. (2015), Erstellung eines Konzepts zur automatisierten Verteilung von Produktionsaufträgen in der diskreten Fertigung, Masterarbeit an der Universität Stuttgart, Stuttgart 2015.

Reif, K. (Hrsg., 2014), Dieselmotor-Management im Überblick: Einschließlich Abgastechnik, 2. Aufl., Wiesbaden 2014.

Reif, K. (Hrsg., 2015), Ottomotor-Management im Überblick, Wiesbaden 2015.

Reif, K. (2016), Grundlagen des Ottomotors, in: Reif (Hrsg., 2016), S. 36-57.

Reif, K. (Hrsg., 2016), Grundlagen Fahrzeug- und Motorentechnik im Überblick: Konventioneller Antrieb, Hybridantriebe, Bremsen, Elektrik und Elektronik, 2. Aufl., Wiesbaden 2016.

Reinhart, G. (2017), Vorwort, in: Reinhart, G. (Hrsg., 2017), S. VII-VIII.

Reinhart, G. (Hrsg., 2017), Handbuch Industrie 4.0: Geschäftsmodelle – Prozesse – Technik, München 2017.

Reinhart, G., Scholz-Reiter, B., Wahlser, W., Wittenstein, M. und Zühlke, D. (Hrsg., 2015), Intelligente Vernetzung in der Fabrik: Industrie 4.0 Umsetzungsbeispiele für die Praxis, Stuttgart 2015.

Reinheimer, S. (Hrsg., 2017), Industrie 4.0: Herausforderungen, Konzepte und Praxisbeispiele, Wiesbaden 2017.

Riege, C., Saat, J. und Bucher, T. (2009), Systematisierung von Evaluationsmethoden in der gestaltungsorientierten Wirtschaftsinformatik, in: Becker u.a. (Hrsg., 2009), S. 69-86.

Rieger, E. (1995), Semantikorientierte Features zur kontinuierlichen Unterstützung der Produktgestaltung, München und Wien 1995.

Riekert, W.-F. und Michelson, M. (Hrsg., 2001), Informationswirtschaft: Innovation für die neue Ökonomie, Wiesbaden 2001.

Rio, A. (2018), The Future of the Corporate University, in: Chief Learning Officer, Vol. 17, 2018, Iss. 4, pp. 36-56.

Roller, D. (2014), CAD: Grundlagen der graphischen Ingenieursysteme, 2. Aufl., Stuttgart 2014.

Rostetter, C., Khoshafian, S. and Adams, K. (2016), The adaptive digital Factory: The Internet of Everything in end-to-end Manufacturing and Product Lifecycle Management, no place given 2016.

Roth, A. (Hrsg., 2016), Einführung und Umsetzung von Industrie 4.0: Grundlagen, Vorgehensmodell und Use Cases aus der Praxis, Berlin und Heidelberg 2016.

Rüegg-Stürm, J. und Grand, S. (2017), Das St. Galler Management-Modell, 3. Aufl., Bern 2017.

Russwurm, S. (2013), Software: Die Zukunft der Industrie, in: Sendler (Hrsg., 2013), S. 21-36.

Ruth, F. (1998), Ein wissensbasierter Ansatz zur Modellierung von Planungsentscheidungen in der operativen Fertigungssteuerung, Dissertation an der Technischen Universität Ilmenau, Ilmenau 1998.

Saaksvuori, A. and Immonen, A. (2008), Product Lifecycle Management, 3rd Edition, Berlin and Heidelberg 2008.

Sabbour, S., Lasi, H. and Tessin, P. von (2012), Business Intelligence and Strategic Decision Simulation, in: International Journal of Social, Behavioral, Educational, Economic, Business and Industrial Engineering, Vol. 6, 2012, Iss. 1, pp. 108-115.

Sauter, V. L. (2010), Decision Support Systems for Business Intelligence, 2nd Ed., Hoboken 2010.

Schäppi, B., Andreasen, M. M., Kirchgeorg, M. und Radermacher, F.J. (Hrsg., 2005), Handbuch Produktentwicklung, München und Wien 2005.

Scharma, K.L.S. (2017), Overview of industrial Process Automation, 2nd Ed., Amsterdam, Oxford and Cambridge 2017.

Scheer, A.-W. (1990), CIM – Computer Integrated Manufacturing: Der computergesteuerte Industriebetrieb, 4. Aufl., Berlin und Heidelberg 1990.

Scheer, A.-W. (1998), Wirtschaftsinformatik: Referenzmodelle für industrielle Geschäftsprozesse – Studienausgabe, 2. Aufl., Berlin und Heidelberg 1998.

Scheer, A.-W. (2002), ARIS: Vom Geschäftsprozess zum Anwendungssystem, 4. Aufl., Berlin und Heidelberg 2002.

Scheer, A.-W. (2015), Industrie 4.0 – Von der Vision zur Implementierung, in: Controlling, Jg. 27, 2015, Nr. 8/9, S. 442-451.

Scheer, A.-W. (2017), Industrie 4.0 – Von der Vision zur Implementierung, in: Obermaier (Hrsg., 2017), S. 35-52.

Scheer, A.-W. (Hrsg., 2013), Industrie 4.0: Wie sehen Produktionsprozesse im Jahr 2020 aus?, Saarbrücken 2013.

Scherer, E., Hafen, U., Wäfler, T., Fischer, D., Beer Hungerbühler, U., Troxler, P. und Bärtschi, M. (Hrsg.) (1998). Auftragsabwicklung in der Produktion.: Ein Leitfaden für die erfolgreiche Reorganisation in kleinen und mittleren Unternehmen, Zürich 1998.

Scherm, E. und Pietsch, G. (2007), Organisation: Theorie – Gestaltung – Wandel, München 2007.

Schichtel, M. (2002), Produktdatenmodellierung in der Praxis, München und Wien 2002.

Schieder, C. (2016), Historische Fragmente einer Integrationsdisziplin – Beitrag zur Konstruktgeschichte der Business Intelligence, in: Gluchowski und Chamoni (Hrsg., 2016), S. 13-32.

Schindler, M., Hilgenberg, D., Patron, C. und Engelhardt, P. (2015), Integrierte Planung durch die Vernetzung der realen und der virtuellen Welt, in: Reinhart u.a. (Hrsg., 2015), S. 121-130.

Schlick, J., Stephan, P. und Greiner, T. (2013), Kontext, Dienste und Cloud Computing – Eigenschaften und Anwendungen cyber-physischer Systeme, in: atp-Edition, Jg. 55, 2013, Nr. 4, S. 32-41.

Schmelzer, H.J. und Sesselmann, W. (2013), Geschäftsprozessmanagement in der Praxis: Kunden zufrieden stellen – Produktivität steigern – Wert erhöhen, 8. Aufl., München 2013.

Schmid, B. und Baars, H. (2016), Programmierer oder Statistiker? Anforderungen an Data Scientists und Data Analysts – Ergebnisse einer Studie, in: BI-Spektrum, Jg. 2016, 2016, Nr. Spezial, S. 1-5.

Schmidt, M., Nyhuis, P., Schäfers, P., Quirco, M. und Hübner, M. (2017), Potenziale der Digitalisierung für die Aufgaben der PPS, in: Nyhuis u.a. (2017), S. 34-45.

Schnell, R., Hill, P.B. und Esser, E. (2013), Methoden der empirischen Sozialforschung, 10. Aufl., München 2013.

Schöler T., Ego C., Leimer J. und Lieback R. (2013), Von Softwareagenten zu Cyber-Physical Systems: Technologien und Anwendungen. In: Göhner (Hrsg., 2013), S. 129-150.

Scholz-Reiter, B. (1990), CIM – Informations- und Kommunikationssysteme: Darstellung von Methoden und Konzeption eines rechnergestützten Werkzeugs für die Planung, München 1990.

Scholz-Reiter, B. (1991), CIM Schnittstellen: Konzepte, Standards und Probleme der Verknüpfung von Systemkomponenten in der rechnerintegrierten Produktion, 2. Aufl., München 1991.

Schön, D. (2016), Planung und Reporting: Grundlagen, Business Intelligence, Mobile BI und Big-Data-Analytics, 2. Aufl., Wiesbaden 2016.

Schreyögg, G. und Conrad, P. (Hrsg., 1996), Wissensmanagement: Managementforschung 6, Berlin 1996.

Schryen, G. (2015), Writing Qualitative IS Literature Reviews – Guidelines for Synthesis, Interpretation, and Guidance of Research, in: Communications of the Association for Information Systems, Vol. 37, 2015, Iss. 1, pp. 287-325.

Schubert, M. (2007), Datenbanken: Theorie, Entwurf und Programmierung relationaler Datenbanken, 2. Aufl., Wiesbaden 2007.

Schuh, C., Strohmer, M.E., Easton, S., Hales, M. and Triplat, A. (2014), Supplier Relationship Management: How to Maximize Vendor Value and Opportunity, New York 2014.

Schuh, G. (1989), Gestaltung und Bewertung von Produktvarianten: Ein Beitrag zur systematischen Planung von Serienprodukten, Düsseldorf 1989.

Schuh, G., Anderl, R., Gausemeier, J., Hompel, M. ten und Wahlster, W. (Hrsg., 2017), Industrie 4.0 Maturity Index: Die digitale Transformation von Unternehmen gestalten, München 2017.

Schuh, G. und Eversheim, W. (Hrsg., 1996), Produktion und Management: Betriebshütte – Teil 2, 7. Aufl., Berlin und Heidelberg 1996.

Schuh, G. und Schmidt, C. (2014), Grundlagen des Produktionsmanagements, in: Schuh und Schmidt (Hrsg., 2014), S. 1-62.

Schuh, G. und Schmidt, C. (Hrsg., 2014), Produktionsmanagement: Handbuch Produktion und Management, 2. Aufl., Berlin und Heidelberg 2014.

Schuh, G. und Stich, V. (Hrsg., 2012), Produktionsplanung und -steuerung 1: Grundlagen der PPS, 4. Aufl., Berlin und Heidelberg 2012.

Schuh, G. und Wiendahl, H.-P. (Hrsg., 1997), Komplexität und Agilität: Steckt die Produktion in der Sackgasse?, Berlin und Heidelberg 1997.

Schuh, G., Brandenburg, U. und Cuber, S. (2012a), Aufgaben, in: Schuh und Stich (Hrsg., 2012), S. 29-91.

Schuh, G., Schmidt, C. und Helmig, J. (2012b), Prozesse, in: Schuh und Stich (Hrsg., 2012), S. 109-194.

Schweitzer, M. (2011), Planung und Steuerung, in: Bea und Schweitzer (Hrsg., 2011), S. 38-178.

Seibold, Z. und Furmanns, K. (2017), PlugAndPlay-Fördertechnik in der Industrie 4.0, in: Vogel-Heuser u.a. (Hrsg., 2017c), S. 3-20.

Seibt, D. (2012), Informationssysteme oder nur Anwendungssysteme, in: Heinrich und Ardelt (Hrsg., 2012), S. 152-163.

Seidemann, C. (2015), Monitoring von Cyber-physischen Produktionssystemen, in: Reinhart u.a. (Hrsg., 2015), S. 305-313.

Seidenberg, U. (1998), Ist Information als eigenständiger Produktionsfaktor aufzufassen?, Arbeitspapier des Fachgebiets Betriebswirtschaftslehre, insbesondere Produktionswirtschaft der Universität Siegen, Nr. DBW-Depot 99-4-1, Siegen 1998.

Seiter, M., Bayrle, C., Berlin, S., David, U., Rusch, M. und Treusch, O. (2016), Roadmap Industrie 4.0: Ihr Weg zur erfolgreichen Umsetzung von Industrie 4.0, o.O. 2016.

Seiter, M., Grünert, L. und Berlin, S. (Hrsg., 2017), Betriebswirtschaftliche Aspekte von Industrie 4.0, Wiesbaden 2017.

Sendler, U. (2009), Das PLM-Kompendium: Referenzbuch des Produkt-Lebenszyklus-Managements, Berlin und Heidelberg 2009.

Sendler, U. (2013), Industrie 4.0: Beherrschung der industriellen Komplexität mit SysML (Systems Lifecycle Management), in: Sendler (Hrsg., 2013), S. 1-20.

Sendler, U. (Hrsg., 2013), Industrie 4.0: Beherrschung der industriellen Komplexität mit SysML, Berlin und Heidelberg 2013.

Sendler, U. (Hrsg., 2016), Industrie 4.0 grenzenlos, Berlin und Heidelberg 2016.

Sendler, U. und Wawer, V. (2008), CAD und PDM: Prozessoptimierung durch Integration, 2. Aufl., München und Wien 2008.

Sendler, U. und Wawer, V. (2011), Von PDM zu PLM: Prozessoptimierung durch Integration, 3. Aufl., München 2011.

Sexauer, H.J. und Wellner, M. (2017), Vertriebssteuerung durch operative CRM-Systeme: Anwendungsstand und Nutzenpotenziale in der betrieblichen Praxis, in: Helmke u.a. (Hrsg., 2017), S. 101-112.

Shah, J.J. and Mäntylä, M. (1995), Parametric and Feature-based CAD/CAM: Concepts – Techniques – Applications, New York 1995.

Silver, B. (2011), BPMN Method and Style: With BPMN Implementer's Guide, 2nd Ed. 2.1, Aptos 2011.

Silvers, F. (2008), Building and Maintaining a Data Warehouse, Boca Raton 2008.

Silveira, G. da, Borenstein, D. and Fogliatto, F.S. (2001), Mass customization: Literature review and research directions, in: International Journal of Production Economics, Vol. 72, 2001, Iss. 1, pp. 1-13.

Singh, D.K.J. and Jebaraj, C. (2008) Feature-based design for process planning of the forging process, in: International Journal of Production Research, Vol. 46, 2008, Iss. 3, pp. 675-701.

Soder, J. (2017), Use Case Produktion: Von CIM über Lean Production zu Industrie 4.0, in: Vogel-Heuser u.a. (Hrsg., 2017d), S: 3-25.

Soenen, R. and Olling, G.J. (Eds., 2003), Feature based Life-Cycle Modeling: Proceedings of the Conference on Feature Modelling and Advanced Design-for-the-Life-Cycle Systems (FEATS), London 2003,

Sohrt, S., Heinke, A., Shchekutin, N., Eilert, B., Overmeyer, L. und Krühn, T. (2017), Kleinskalige, cyber-physische Fördertechnik, in: Vogel-Heuser u.a. (Hrsg., 2017c), S. 21-44.

Solano, L., Rosado, P. and Romera, F. (2014), Knowledge representation for product and processes development planning in collaborative environments, in: International Journal of Computer Integrated Manufacturing, Vol. 27, 2014, Iss. 8, pp. 787-801.

Song, H., Rawat, D.B., Jeschke, S. and Brecher, C. (2017) Preface, in: Song et al. (Eds., 2017), pp. xxix-xxx.

Song, H., Rawat, D.B., Jeschke, S., Brecher, C. and Xhafa, F. (Eds., 2017), Cyber-Physical Systems: Foundations, Principles and Applications, Amsterdam, Boston et al. 2017.

Sormaz, D. N., Arumugam, J., Harihara, R.S., Patel, C. and Neerukonda, N. (2010), Integration of product design, process planning, scheduling, and FMS control using XML data representation, in: Robotics and Computer-Integrated Manufacturing, Vol. 26, 2010, Iss. 6, pp. 583-595.

Spath, D. (2009), Grundlagen der Organisationsgestaltung, in: Bullinger u.a. (Hrsg., 2009), S. 3-24.

Spath, D. (Hrsg.), Ganschar, O., Gerlach, S., Hämmerle, M., Krause, T. und Schlund, S. (2013), Produktionsarbeit der Zukunft: Industrie 4.0 – Studie, Stuttgart 2013.

Spath, D., Schlund, S., Gerlach, S., Hämmerle; M. und Krause, T. (2013), Ausblick: Produktionsprozesse im Jahr 2030, in: Scheer (Hrsg., 2013), S. 55-63.

Spath, D., Weck, M. und Seliger, G. (1996), Produktionssysteme, in: Milberg und Reinhart (1996), S. 10-1-10-35.

Spicher, U. (2017), Ausblick, in: Basshuysen (Hrsg., 2017), S. 493-512.

Spohn, M. (2016), Konzeption und prototypische Umsetzung eines BI-Systems zur Unterstützung des IT-Change-Managements, Lohmar 2016.

Spors, K. und Hennig, H. (1999), Verwaltung von bauteilübergreifenden Feature-Informationen, in: VDI (Hrsg., 1999), S. 153-170.

Spur, G. (2012), Produktion, in: Czichos und Hennecke (Hrsg., 2012) S. L1-L55.

Stadtler, H., Kilger, C. and Meyr, H. (Eds., 2015), Supply Chain Management and Advanced Planning: Concepts, Models, Software, and Case Studies, 5th Ed., Berlin and Heidelberg 2015.

Stark, J. (2015), Product Lifecycle Management (Volume 1): 21st Century Paradigm for Product Realisation, 3rd Edition, Cham, Heidelberg, New York et al. 2015.

Stark, J. (2016), Product Lifecycle Management (Volume 2): The Devil is in the Details, 3rd Edition, Cham, Heidelberg, New York et al. 2016.

Stark, R., Damerau, T. und Lindow, K. (2016), Industrie 4.0 – Digitale Neugestaltung der Produktentstehung und Produktion am Standort Berlin: Herausforderungen und Lösungsansätze für die digitale Transformation und Innovation, in: Sendler (Hrsg., 2016), S. 169-184.

Statistisches Bundesamt (Destatis) (Hrsg., 2017a), Deutscher Außenhandel: Export und Import im Zeichen der Globalisierung, o.O. 2017.

Statistisches Bundesamt (Destatis) (Hrsg., 2017b), Statistisches Jahrbuch 2017: Deutschland und Internationales, o.O. 2017.

Statistisches Bundesamt (Destatis) (Hrsg., 2018), Statistisches Jahrbuch 2018: Deutschland und Internationales, o.O. 2018.

Staud, J.L. (2005), Datenmodellierung und Datenbankentwurf: Ein Vergleich aktueller Methoden, Berlin und Heidelberg 2005.

Steinhilper, R. (1995), Arbeitsvorbereitung, in: Warnecke (Hrsg., 1995), S. 245- 299.

Strang, D. and Anderl, R. (2014), Assembly Process driven Component Data Model in Cyber-physical Production Systems, in: Proceedings of the World Congress on Engineering and Computer Science, pp. 1-6.

Stroh, F., Winter, R. und Wortmann, F. (2011), Methodenunterstützung der Informationsbedarfsanalyse analytischer Informationssysteme – Stand der Forschung, Anforderungen aus der Praxis und Erweiterungspotenziale, in: Business Information Systems Engineering, Vol. 53, 2011, Iss. 1, S. 37-48.

Stroh, F. (2011), Methodische Unterstützung von Informationsbedarfsanalysen für die Gestaltung und den Betrieb analytischer Informationssysteme, Hamburg 2011.

Strohhecker, J. and Größler, A. (2012), Implementing Sustainable Business Strategies, in: Systems Research and Behavioral Science, Vol. 29, 2012, Iss. 6, pp. 547-570.

Strübing, J. und Schnettler, B. (Hrsg., 2004), Methodologie interpretativer Sozialforschung, Konstanz 2004.

Swindells, N. (2014), Introduction: Communicating engineering data, in: Morena (Ed., 2014), pp. 15-20.

Syska, A. und Lièvre, P. (2016), Illusion 4.0: Deutschlands naiver Traum von der smarten Fabrik, Bad Langensalza 2016.

Taisch, M. (Ed.), Majumdar, A. (Ed.), Majumdar, A., Kubach, U., Rode, J., Szigeti, H., Platter, K.-D., Soignet, M., Pajkovska-Goceva, S., Knothe, T., Ibarbia, J.A., Decubber, C. , Taisch, M. Stahl, B, Tavola, G., Cassina, J., Mavrikios, D., Kiritsis, D. and Bufardi, A. (2013), ICT for Manufacturing: The ActionPlanT Roadmap for Manufacturing 2.0, no place given 2013.

Tassi, E. J. (2005), Knowledge-Features für die Produkt- und Technologieentwicklung in umformtechnischen Prozessen, Zwickau 2005.

Taylor, F.W. und Wallichs, A. (2007), Die Betriebsleitung insbesondere der Werkstätten, 3. Aufl., Berlin und Heidelberg 2007.

Thiel, K. (2011), MES-Integriertes Produktionsmanagement: Leitfaden, Marktübersicht und Anwendungsbeispiele, München und Wien 2011.

Thiesse, F., Wirth, M., Kemper, H.-G., Moisa, M., Morar, D., Lasi, H., Piller, F., Buxmann, P., Mortara, L., Ford, S. and Minshall, T. (2015), Economic Implications of Additive Manufacturing and the Contribution of MIS, in: Business Information Systems Engineering, Vol. 57, 2015, Iss. 2, pp. 139-148.

Thome, R. und Winkelmann, A. (2015), Grundzüge der Wirtschaftsinformatik: Organisation und Informationsverarbeitung, Berlin und Heidelberg 2015.

Töpfer, A. (2007), Betriebswirtschaftslehre: Anwendungs- und prozessorientierte Grundlagen, 2. Aufl., Berlin und Heidelberg 2007.

Törngren, M., Asplund, F., Bensalem, S., McDermidt, J., Passerone, R., Pfeifer, H. Sangiovanni-Vincentelli, A. and Schätz, B. (2016), Characterization, Analysis, and Recommendations for Exploiting the Opportunities of cyber-physical Systems, in: Song et al. (Eds., 2017), pp. 3-13.

Trahasch, S. und Zimmer, M. (Hrsg., 2016), Agile Business Intelligence: Theorie und Praxis, Heidelberg 2016.

Trzesniowski, M. (2011), CAD mit CATIA V5: Handbuch mit praktischen Konstruktionsbeispielen aus dem Bereich Fahrzeugtechnik, 3. Aufl., Wiesbaden 2011.

Ullrey, B.R. (2007), Implementing a Data Warehouse: A methodology that worked, Bloomington 2007.

Vaduva, A. and Vetterli, T. (2001), Metadata Management for Data Warehousing – An Overview, in: International Journal of Cooperative Information Systems, Vol. 10, 2001, Iss. 3, pp. 273- 298.

Vahrenkamp, R. (2013), Von Taylor zu Toyota: Rationalisierungsdebatten im 20. Jahrhundert, 2. Aufl., Lohmar 2013.

Vaishnavi, V. and Kuechler, W. (2015), Design Science Research in Information Systems, no place given 2015.

Vaisman, A. and Zimanyi, E. (2014), Data Warehouse Systems: Design and Implementation, Berlin and Heidelberg 2014.

Vajna, S. (Hrsg.) und Wünsch, A. (2017), NX11 für Fortgeschrittene: kurz und bündig, 2. Aufl., Wiesbaden 2017.

Vajna, S. (Hrsg.), Wünsch, A. und Wiesner, M. (2016), CATIA V5: kurz und bündig: Grundlagen für Einsteiger, 5. Aufl., Wiesbaden 2016.

Vajna, S., Bley, H., Weber, C. und Zeman, K. (2009), CAx für Ingenieure: Eine praxisbezogene Einführung, 2. Aufl., Berlin und Heidelberg 2009.

VDI (Hrsg., 1999), Beschleunigung der Produktentwicklung durch EDM/PDM- und Feature-Technologie: Proceedings der Tagung Informationsverarbeitung in der Konstruktion, Düsseldorf 1999.

VDI 2209 (2009), 3-D-Produktmodellierung: Technische und organisatorische Voraussetzungen – Verfahren, Werkzeuge und Anwendungen – Wirtschaftlicher Einsatz in der Praxis, Berlin 2009.

VDI 2218 (2003), Informationsverarbeitung in der Produktentwicklung: Feature-Technologie, Berlin 2003.

VDI 2221-1 (2018), Entwicklung technischer Produkte und Systeme: Modell der Produktentwicklung, Berlin 2018.

VDI 2232 (2004), Methodische Auswahl fester Verbindungen: Systematik – Konstruktionskataloge – Arbeitshilfen, Berlin 2004.

VDI 3633-1 (2014), Simulation von Logistik-, Materialfluss und Produktionssystemen: Grundlagen, Berlin 2014.

VDI 3633-8 (2007), Simulation von Logistik-, Materialfluss und Produktionssystemen: Maschinennahe Simulation, Berlin 2007.

VDI 4499-1 (2008), Digitale Fabrik: Grundlagen, Berlin 2008.

VDI 4510 (2006), Ingenieur-Dienstleistungen und Anforderungen an Ingenieur-Dienstleister, Berlin 2006.

VDI 4520 (2017), Produktmanagement: Einführung und Grundlagen, Berlin 2017.

VDI 5600-1 (2016), Fertigungsmanagementsysteme (Manufacturing Execution Systems – MES), Berlin 2016.

VDI 5610-1 (2009), Wissensmanagement im Ingenieurwesen: Grundlagen – Konzepte – Vorgehen, Berlin 2009.

VDI 5610-2 (2017), Wissensmanagement im Ingenieurwesen: Wissensbasierte Konstruktion (KBE), Berlin 2017.

VDI e.V. (Hrsg., 2013), Cyber-Physical Systems: Chancen und Nutzen aus Sicht der Automation, o.O. 2013.

Verl, A. und Pritschow, G. (2014), Steuerungen, in: Grote und Feldhusen (Hrsg., 2014), S. T37-T53.

Vermesan, O. and Friess, P. (Eds., 2014), Internet of Things: From Research and Innovation to Market Deployment, Aalborg 2014.

Vermesan, O., Friess, P., Guillemin, P., Sundmaeker, H., Eisenhauer, M., Moessner, K., Arndt, M., Spirito, M., Medagliani, P., Giaffreda, R., Gusmeroli, S., Ladid, L., Serrano, M., Hauswirth, M. and Baldini, G., (2014), Internet of Things Strategic Research and Innovation Agenda, in: Vermesan and Friess (Eds., 2014), pp. 7-142.

Vetter, M. (1998), Aufbau betrieblicher Informationssysteme: mittels pseudo-objektorientierter, konzeptioneller Datenmodellierung, 8. Aufl., Stuttgart 1998.

Vialkowitsch, J., Schell, O., Willner, A., Vollmar, F., Schulz, T., Pethig, F., Neidig, J., Usländer, T., Reich, J., Nehls, D., Lieske, M., Diedrich, C., Belyaev, A., Bock, J. und Deppe, T. (2018), I4.0-Sprache: Vokabular, Nachrichtenstruktur und semantische Interaktionsprotokolle der I4.0-Sprache, Niestetal 2018.

Vogel-Heuser, B. (2017), Herausforderungen und Anforderungen aus Sicht der IT und der Automatisierungstechnik in: Vogel-Heuser u.a. (Hrsg., 2017a), S. 33-44.

Vogel-Heuser, B., Bauernhansl, T. und Hompel, M. ten (Hrsg., 2017a), Handbuch Industrie 4.0 Bd. 4: Allgemeine Grundlagen, 2. Aufl., o.O. 2017.

Vogel-Heuser, B., Bauernhansl, T. und Hompel, M. ten (Hrsg., 2017b), Handbuch Industrie 4.0 Bd. 2: Automation, 2. Aufl., o.O. 2017.

Vogel-Heuser, B., Bauernhansl, T. und Hompel, M. ten (Hrsg., 2017c), Handbuch Industrie 4.0 Bd. 3: Logistik, 2. Aufl., o.O. 2017.

Vogel-Heuser, B., Bauernhansl. T. und Hompel, M. ten (Hrsg., 2017d), Handbuch Industrie 4.0 Bd. 1: Produktion, 2. Aufl., o.O. 2017.

Voigt, S., Staiger, M. Finke, I. und Orth, R. (2006), Wissensmanagement in produzierenden KMU: Bedeutung und Herausforderungen – Studie, Magdeburg und Berlin 2006.

Volling, T. (2009), Auftragsbezogene Planung bei variantenreicher Serienproduktion: Eine Untersuchung mit Fallstudien aus der Automobilindustrie, Wiesbaden 2009.

Vonhoegen, H. (2015), Einstieg in XML: Grundlagen – Praxis – Referenz, 8. Aufl., Bonn 2015.

Voß, S. und Gutenschwager, K. (2001), Informationsmanagement, Berlin und Heidelberg 2001.

Wang, C., Jiang, P. and Lu, T. (2016), The Production Instruction System for Smart Job Shop, in: Proceedings of IEEE International Conference on Mechatronics and Automation, pp. 1850-1854.

Wang, J., Zhang, Y.F., Nee, A.Y.C., Wang, Y.F. and Fuh, J.Y.H. (2009), Reducing tardy jobs by integrating process planning and scheduling functions, in: International Journal of Production Research, Vol. 47, 2009, Iss. 21, pp. 6069-6084.

Wang, K., Tong, S., Eynard, B., Roucoules, L. and Matta, N. (2007), Review on Application of Data Mining in Product Design and Manufacturing, in: Proceedings of the 4th International Conference on Fuzzy Systems and Knowledge Discovery, pp. 613-618.

Wardhani, R. and Xu, X. (2016), Model-based manufacturing based on STEP AP242, in: Proceedings of the 12th IEEE/ASME International Conference on Mechatronic and Embedded Systems and Applications, pp. 1-5.

Warnecke, H.-J. (1992), Die Fraktale Fabrik: Revolution der Unternehmenskultur, Berlin und Heidelberg 1992.

Warnecke, H.-J. (1995), Der Produktionsbetrieb 1: Organisation – Produkt – Planung, 3. Aufl., Berlin, Heidelberg und New York 1995.

Wartzack, S. und Meerkamm, H. (1999), Durchgängige Rechnerunterstützung in der Produktentwicklung durch den Einsatz von semantisch hochwertigen Features, in: VDI (Hrsg., 1999), S. 369-390.

Weber, H. K. (1999), Industriebetriebslehre, 3. Aufl., Berlin und Heidelberg 1999.

Weber, U., Schmidtmann, V., Hong, N.A., Mainusch, A. und Schäfer, V. (2017), Umsetzung von Industrie 4.0 im eigenen Unternehmen, in: Manzei u.a. (Hrsg., 2017), S. 268-274.

Webster, J. and Watson, R.T. (2002), Analyzing the past to prepare for the future – writing a literature review, in: MIS Quarterly, Vol. 26, 2002, Iss. 2, pp. xiii-xxiii.

Weck, M. und Brecher, C. (2005), Werkzeugmaschinen 1: Maschinenarten und Anwendungsbereiche, 6. Aufl., Berlin und Heidelberg 2005.

Weigel, N. (2015), Datenqualitätsmanagement: Steigerung der Datenqualität mit Methode, in: Hildebrandt u.a. (Hrsg., 2015), S. 69-86.

Weiser, M. (1991), The Computer for the 21st Century, in: Scientific America, Vol. 265, 1991, Iss. 3, pp. 94-104.

Weking, J., Stöcker, M., Kowalkiewicz, M., Böhm, M. and Krcmar, H. (2018), Archetypes for Industry 4.0 Business Modell Innovations, in: Proceedings of the 24th Americas Conference on Information Systems (AMCIS), pp. 1-10.

Westkämper, E. (2009a), Turbulentes Umfeld von Unternehmen, in: Westkämper und Zahn (Hrsg., 2009), S. 7-24.

Westkämper, E. (2009b), Grundlagen des Stuttgarter Unternehmenmodells, in: Westkämper und Zahn (Hrsg., 2009), S. 47-66.

Westkämper, E. (2013), Struktureller Wandel durch Megatrends, in: Westkämper u.a. (Hrsg., 2013), S. 7-10.

Westkämper, E. (Hrsg.) und Zahn, E. (Hrsg.) (2009), Wandlungsfähige Produktionsunternehmen: Das Stuttgarter Unternehmensmodell, Berlin und Heidelberg 2009.

Westkämper, E. und Löffler, C. (2016), Strategien der Produktion: Technologien, Konzepte und Wege in die Praxis, Berlin und Heidelberg 2016.

Westkämper, E., Decker, M. und Jendoubi, L. (2006), Einführung in die Organisation der Produktion, Berlin und Heidelberg 2006.

Westkämper, E., Spath, D., Constantinescu, C. und Lentes, J. (Hrsg., 2013), Digitale Produktion, Berlin und Heidelberg 2013.

Wieland, U.; Hilbert, A. und Fischer, M. (2015), Vom Prozessmodell zum analytischen Informationssystem für diskrete Produktionsprozesse – Erweiterung einer Sprachbeschreibung, Proceedings of the 12th International Conference on Wirtschaftsinformatik (WI2015), pp. 512-526.

Wiendahl, H.H. (2011), Auftragsmanagement der industriellen Produktion: Grundlagen – Konfiguration – Einführung, Berlin und Heidelberg 2011.

Wiendahl, H.-P. (2014), Betriebsorganisation für Ingenieure, 8. Aufl., München 2014.

Wieringa, R.J. (2014), Design Science Methodology for Information Systems and Software Engineering, Berlin and Heidelberg 2014.

Wildemann, H. (2009), Dezentralisierung von Kompetenz und Verantwortung, in: Bullinger u.a. (Hrsg., 2009), S. 182 -197.

Wilhelm, W.E., Chiou, C.C. and Chang, D.B. (1998), Integrating design and planning considerations in cellular manufacturing – Technical Note, in: Annals of Operations Research, Vol. 77, 1998, Iss. 0, pp. 97-107.

Windmann, S., Eickmeyer, J., Jungbluth, F., Badinger, J. and Niggemann, O. (2016), Evaluation of Model-Based Condition Monitoring Systems in Industrial Application Cases, in: Niggemann and Beyerer (Eds., 2016), pp. 45-50.

Winkler, H., Berger, U., Mieke, C. und Schenk, M. (Hrsg., 2017), Flexibilisierung der Fabrik im Kontext von Industrie 4.0, Berlin 2017.

Winter, R. (2000), Zur Positionierung und Weiterentwicklung des Data Warehouse in der betrieblichen Applikationsarchitektur, in: Jung und Winter (Hrsg., 2000), S. 127-141.

Winter, R. (2014), Towards a Framework for Evidence-Based and Inductive Design in Information Systems Research, in: Helfert et al. (Eds., 2014), pp. 1-20.

Winter, R. and Strauch, B. (2003), A Method for Demand-driven Information Requirements Analysis in Data Warehousing Projects, in: Proceedings of the 36th Hawaii International Conference on System Sciences (HICSS), pp. 1-9.

Winter, R. and Strauch, B. (2004), Information Requirements Engineering for Data Warehouse Systems, in: Proceedings of the ACM Symposium on Applied Computing, pp. 1359-1365.

Wischmann, S., Wangler, L. und Botthof, A. (2015), Industrie 4.0 – Volks- und betriebswirtschaftliche Faktoren für den Standort Deutschland: Eine Studie im Rahmen der Begleitforschung zum Technologieprogramm Autonomik für Industrie 4.0, Berlin 2015.

Wisnosky, D.E. (1977), ICAM Program Prospectus, Ohio 1977.

Wissenschaftliche Kommission Wirtschaftsinformatik und Fachbereich Wirtschaftsinformatik in der Gesellschaft für Informatik e.V. (Hrsg., 2011), Profil der Wirtschaftsinformatik, o.O. 2011.

Witte, E. (Hrsg., 1972), Das Informationsverhalten in Entscheidungsprozessen, Tübingen 1972.

Witten, I.H., Frank, E. and Hall, M.A. (2011), Data Mining: Practical Machine Learning Tools and Techniques, 3rd Ed., Burlington 2011.

Wöhe, G., Döring, U. und Brösel, G. (2016), Einführung in die Allgemeine Betriebswirtschaftslehre, 26. Aufl., München 2016.

Wollnik, M. (1987), Aktionsfelder des Informationsmanagements, in: Gesellschaft für Mathematik und Datenverarbeitung (Hrsg., 1987), S. 148-166.

Wollnik, M. (1988), Ein Referenzmodell des Informationsmanagements, in: Information Management, Jg. 3, 1988, Nr. 3, S. 34-43.

Wooldridge, M. (2009), An Introduction to MultiAgent Systems, 2nd Ed., Chichester 2009.

Wortmann, F., Bilgeri, D., Weinberger, M. und Fleisch, E. (2017), Ertragsmodelle im Internet der Dinge, in: Seiter u.a. (Hrsg., 2017), S. 1-28.

Wöß, W. (1999), Integration wirtschaftlicher und technischer Komponenten in CIM-Systemen, in: e und i – Elektrotechnik und Informationstechnik, Jg. 116, 1999, Nr. 3, S. 195-200.

Wrede, S., Wojtynek, M., Steil, J., Beyer, O., Frobieter, C. und Franke, V. (2016), Modulare Fertigungslinien für die individualisierte Produktion – Gesteigerte Wandlungsfähigkeit durch produktionsnahe Geschäftsprozesse, in: werkzeugtechnik online, Jg. 2016, 2016, Nr. 4, S. 204-210.

Yin, R.K. (2018), Case Study Research and Applications: Design and Methods, 6th Edition, Los Angeles, London et al. 2018.

Zahn, E. und Schmid, U. (1996), Produktionswirtschaft I: Grundlagen und operatives Produktionsmanagement, Stuttgart 1996.

Zäpfel, G. (2000a), Strategisches Produktionsmanagement, 2. Aufl., München und Wien 2000.

Zäpfel, G. (2000b), Taktisches Produktionsmanagement, 2. Aufl., München und Wien 2000.

Zäpfel, G. (2001), Grundzüge des Produktions- und Logistikmanagement, 2. Aufl., München 2001.

Zattar, I.C., Ferreira, J.C.E., Rodrigues, J.G.G.G. and Sousa, C.H.B. de (2010), A multi-agent system for the integration of process planning and scheduling using operation-based time-extended negotiation protocols, in: International Journal of Computer Integrated Manufacturing, Vol. 23, 2010, No. 5, pp. 441-452.

Zelenovic, D.M. (1982), Flexibility – a condition for effective production systems, in: International Journal of Production Research, Vol. 20, 1982, Iss. 3, pp. 319-337.

Zenner, C. (2006), Durchgängiges Variantenmanagement in der Technischen Produktionsplanung, o.O. 2006.

Zhang, H.-C. (1993), IPPM – A Prototype to Integrate Process Planning and Job Shop Scheduling Functions, in: Annals of the CIRP, Vol. 42, 1993, Iss. 1, pp. 513- 518.

Zhen, H. and Hu, F. (2014), Cyber-physical Systems for Smart Grid Applications, in: Hu (Ed., 2014), pp. 233-252.

Zimmer, M. (2015), Agile Business Intelligence: Komponenten integrierter Gesamtarchitekturen, Lohmar 2015.

Zor, S., Schumm, D. and Leymann, F. (2011), A Proposal of BPMN Extensions for the Manufacturing Domain, in: Proceedings of the 44th CIRP International Conference on Manufacturing Systems (CIRP ICMS), pp. 1-6.

Zühlke, D. (2010), SmartFactory – Towards a Factory of Things, in: Annual Reviews in Control, Vol. 34, 2010, Iss. 1, pp. 129-138.

Zukunftsinstitut GmbH (Hrsg., 2017), Individualisierung, auf den Seiten der Zukunftsinstitut GmbH, http://www.zukunftsinstitut.de/mtglossar/individualisierung-glossar/, Zugriff am 12.01.2017.

WIRTSCHAFTSINFORMATIK

Herausgegeben von Prof. Dr. Dietrich Seibt, Köln, Prof. Dr. Hans-Georg Kemper, Stuttgart, Prof. Dr. Georg Herzwurm, Stuttgart, Prof. Dr. Dirk Stelzer, Ilmenau, und Prof. Dr. Detlef Schoder, Köln

Band 88
Norman Pelzl
Methodische Entwicklung von zukunftsorientierten Geschäftsmodellen im Cloud-Computing
Lohmar – Köln 2016 • 320 S. • € 68,- (D) • ISBN 978-3-8441-0466-0

Band 89
Philip Hollstein
Das maschinenorientierte Data Warehouse – IT-basierte Entscheidungsunterstützung in der wandlungsfähigen Produktion
Lohmar – Köln 2016 • 300 S. • € 66,- (D) • ISBN 978-3-8441-0472-1

Band 90
Marco Spohn
Konzeption und prototypische Umsetzung eines BI-Systems zur Unterstützung des IT-Change-Managements
Lohmar – Köln 2016 • 452 S. • € 82,- (D) • ISBN 978-3-8441-0481-3

Band 91
Sixten Schockert
Agiles Software Quality Function Deployment
Lohmar – Köln 2017 • 256 S. • € 62,- (D) • ISBN 978-3-8441-0533-9

Band 92
Tobias Tauterat
Verfahren zur Bewertung von Predictive Maintenance für Anbieter von Instandhaltungsdienstleistungen
Siegburg 2018 • 236 S. • € 60,- (D) • ISBN 978-3-8441-0561-2

Band 93
Jens Felix Lachenmaier
Konzeption und prototypische Implementierung eines entscheidungsunterstützenden IT-Systems für den Einsatz cyber-physischer Produktionssysteme
Siegburg 2019 • 316 S. • € 68,- (D) • ISBN 978-3-8441-0586-5

JOSEF EUL VERLAG